中国轻工业"十三五"规划教材

高 等 学 校 专 业 教 材

食品科学与工程专业实验指导

吴正云　主编

中国轻工业出版社

图书在版编目（CIP）数据

食品科学与工程专业实验指导 / 吴正云主编 . —北京：中国轻工业出版社，2024.1
ISBN 978-7-5184-3338-4

Ⅰ.①食…　Ⅱ.①吴…　Ⅲ.①食品科学—实验—高等学校—教材②食品工程学—实验—高等学校—教材　Ⅳ.①TS201-33

中国版本图书馆 CIP 数据核字（2020）第 259472 号

责任编辑：马　妍　　责任终审：许春英
文字编辑：巩孟悦　　责任校对：宋绿叶　　封面设计：锋尚设计
策划编辑：马　妍　　版式设计：砚祥志远　　责任监印：张　可

出版发行：中国轻工业出版社（北京鲁谷东街 5 号，邮编：100040）
印　　刷：三河市国英印务有限公司
经　　销：各地新华书店
版　　次：2024 年 1 月第 1 版第 1 次印刷
开　　本：787×1092　1/16　印张：15.25
字　　数：346 千字
书　　号：ISBN 978-7-5184-3338-4　定价：42.00 元
邮购电话：010-85119873
发行电话：010-85119832　　　010-85119912
网　　址：http：//www.chlip.com.cn
Email：club@ chlip.com.cn
版权所有　侵权必究
如发现图书残缺请与我社邮购联系调换
180686J1X101ZBW

本书编写人员

主　　编　　吴正云　四川大学

副 主 编　　曾　里　四川大学

　　　　　　彭　凌　西南科技大学

参编人员　　（按姓氏笔画排序）

　　　　　　王　芳　成都师范学院

　　　　　　王　娟　成都中医药大学

　　　　　　邓　莎　四川大学

　　　　　　刘　帅　河套学院

　　　　　　刘　绪　成都师范学院

　　　　　　李　莉　宜宾学院

　　　　　　李欣蔚　四川大学

　　　　　　张　清　四川农业大学

　　　　　　张佳琪　四川大学

　　　　　　陈　成　成都师范学院

　　　　　　陈　林　成都大学

　　　　　　罗玉龙　宁夏大学

　　　　　　袁华伟　宜宾学院

　　　　　　程立坤　内蒙古科技大学

　　　　　　潘　琳　宁夏大学

前言 | Preface

　　食品专业是实践性和综合性较强的应用型学科。在当前的专业学科评估和工程教育认证中，都十分强调综合运用多种食品科学原理和实验方法解决复杂问题能力的培养。食品专业实验涉及内容较多，方案设计相对复杂，目前国内覆盖范围较全面且操作性强的综合性实验教材不多。由于地域和文化的差异，国外的同类教材又不完全符合我国国情。

　　党的二十大报告中提出以中国式现代化全面推进中华民族伟大复兴。作为一门与国民生活关系密切，既延续传统又与时俱进的学科，食品专业的教学也有必要结合中国的食品资源及其文化特色来建设和实施。在这一背景下，我们组织四川大学、四川农业大学、成都大学、成都师范学院、成都中医药大学、西南科技大学和宜宾学院等高校中担任相关课程教学的教师，在前期食品专业实验教学基础上编写了本实验教材。

　　本书在内容上涵盖发酵食品，烘焙食品，果蔬制品，粮油及豆制品，肉、蛋、乳制品，饮料等主要食品类型，同时兼顾实验室和规模化生产中的操作。在实验方案设计上，力求以代表性的产品加工制作为线索，贯串食品微生物学、食品化学、食品生物化学、食品分析、食品物性学、食品工程原理等多学科的实验技术。通过实验操作训练，使学生体会食品生产和研发的基本流程、技术手段、分析检测方法以及一些主要仪器设备的使用等，为后续的专业学习、实际工作和学术研究奠定基础。此外，在各类食品的概述部分简要介绍相关的加工、检测技术和仪器设备；在各实验中除重点说明产品加工工艺和分析检测方法之外，对相关的产品标准也做了简单介绍。

　　本书的编写基于各校专业实验课程教学经验，在方案设计上从实际教学需要出发，避免采用太长的实验周期和过于复杂的操作，同时对每个实验的加工制作和分析检测操作进行模块划分，以便于实际教学中参考选用。

　　本书内容涉及范围较广且细节很多，因编者能力水平所限，疏漏和不足之处在所难免，欢迎各位专家同仁和读者批评指正。

编者

2023.10

目录 | Contents |

第一章
发酵食品

第一节　发酵食品概述

一、发酵食品及其分类

　　发酵食品（fermented food）是指经过微生物发酵的食品，即在食品形成过程中，由于微生物代谢活动的参与，食物原料原有的营养成分、色泽、形态等基本的化学和物理特性发生了一定程度的变化，形成了营养性和功能性均高于原有食物原料的具有食用安全性的食品类型，如酸乳、干酪、酒酿、泡菜、酱油、食醋、豆豉、豆腐乳、黄酒、啤酒、葡萄酒等。微生物转化食物原料形成新食品类型的过程，称为食品发酵。

　　食品发酵的本质是微生物将自然界的糖、蛋白质、脂肪等物质作为营养物和能源物质，在完成其生命活动过程中积累各种代谢产物（如醇类、有机酸、氨基酸等小分子物质），形成风味各异的发酵食品的过程。食品发酵的研究内容包括原料特性、菌种筛选、菌种代谢途径和机理、发酵工艺参数控制、发酵设备、食品工业废弃物微生物处理等。

　　食品发酵可以利用的微生物种类很多，包括酵母菌、霉菌和细菌。根据参与发酵的微生物种类可以将发酵食品分为：

　　1. 细菌发酵食品

　　常见的有：酸乳，主要由乳酸乳杆菌（*Lactobacillus lactis*）和乳链球菌（*Streptococcus lactis*）发酵而成；纳豆，主要由纳豆杆菌（*Bacillus natto*）发酵而成。

　　2. 酵母发酵食品

　　常见的有：啤酒，主要由酿酒酵母（*Saccharomyces cerevisiae*，上面发酵）或卡尔斯伯酵母（*Saccharomyces carlsbergensis*，下面发酵）发酵而成；面包，主要由面包酵母（*Bread yeast*）发酵而成。

　　3. 霉菌发酵食品

　　常见的有：豆腐乳，主要由鲁氏毛霉（*Mucor rouxianus*）发酵而成；酱油，主要由米曲霉（*Aspergillus oryzae*）发酵而成。

　　4. 混合菌发酵食品

　　传统食品发酵中很普遍。如食醋，由酿酒酵母（*Saccharomyces cerevisiae*）和巴氏醋酸杆菌

（*Acetobacter pasteurianus*）先后发酵而成；日本烧酒，主要由白曲霉（*Aspergillus kawachii*）和酿酒酵母（*Saccharomyces cerevisiae*）先后发酵而成。

从产品种类和原料来源的角度，可以将发酵食品分为：

1. 酒精饮料类

主要是利用酵母菌的作用，将原料中的糖类转化为酒精以及其他风味物质，如蒸馏白酒、黄酒、果酒、啤酒等。

2. 发酵乳制品类

以动物乳为主要原料，利用各种微生物的作用生产出来的乳制品，如酸乳、酸性奶油、马奶酒、干酪等。

3. 发酵豆制品类

以富含蛋白质的各种豆类为原料，利用各种微生物产生的蛋白酶使豆（初级品）中所含的蛋白质部分降解而制成的产品，如豆腐乳、豆豉、纳豆等。

4. 发酵蔬菜类

主要是利用乳酸菌分解蔬菜中的糖类产生乳酸而生产的各种蔬菜制品，如泡菜、酸菜、浆水等。

5. 发酵调味品类

这一类产品种类繁多，原料来源差异很大，所用微生物种类也各式各样，产品的主要用途是调节食品的风味，如醋、黄酱、酱油、甜味剂、增味剂（如 5′-核苷酸）、味精等。

6. 发酵面制品

以小麦面粉为主，经过酵母的作用产生 CO_2，部分 CO_2 被蛋白质网络截留，在随后的加热处理中，CO_2 膨胀使产品疏松、富于弹性，如馒头、面包、饼干、蛋糕等。

7. 发酵肉制品

主要是发酵肠类。

根据食品的外观状态，可以将发酵食品分为：

1. 液态发酵食品

如啤酒（酿酒酵母发酵）、果醋（葡萄酒酵母、醋酸杆菌发酵）等。

2. 半固态发酵食品

如酸乳（乳酸菌发酵）、醪糟（米曲霉、酿酒酵母发酵）等。

3. 固态发酵食品

如馒头（酿酒酵母发酵）、纳豆（纳豆杆菌发酵）等。

从食品食用功能的角度，可将发酵食品分为：

1. 饮料

如酒类、酸乳等。

2. 调味品

如酱油、豆瓣等。

3. 主食

如面包、馒头等。

4. 辅助食品

如臭豆腐、干酪等。

二、发酵食品的生产工艺、设备和分析检测

（一）发酵食品的基本生产工艺

尽管发酵食品种类繁多，但在生产工艺上有一些共同特点，一般包括原料的选择和加工、微生物菌种培养/制曲、微生物发酵、产物后处理等几个工序。各工序的主要内容如下。

1. 原料的选择和加工

包括原料的质量分析、原料筛选、原料预处理等过程。如酿酒中，原料通常需要经过淘洗、浸泡和蒸煮等步骤；泡菜发酵中包括原料的清洗、切分、预泡渍等。

2. 微生物菌种培养/制曲

一般包括菌种复壮、无菌条件准备、控制培养等操作过程。传统发酵食品多采用自然接种，如酿酒制曲中的微生物来源于母曲粉、原料和环境，泡菜制作中的微生物来源于泡菜母水、原料和环境；现代发酵食品较多地采用纯菌株生产，如啤酒生产中采用纯种酵母菌进行发酵。使用纯菌种发酵通常涉及菌种的保藏、传代、活化和扩大培养等。

3. 发酵

通过工艺操作的不同控制，原料成分经过多聚体大分子物质的降解、小分子有机物的形成、产物成分的再平衡三个阶段，构成发酵产品的基本风格。发酵的具体工艺操作依产品而异。根据发酵过程原料含水量的不同可分为固态发酵、半固态发酵和液态发酵；根据供氧的不同可分为好氧发酵和厌氧发酵。如酿酒生产在前期培菌阶段为好氧，后期的酒精发酵阶段为厌氧；酵母菌发酵生产酒精为厌氧发酵，但酵母菌培养则为好氧。厌氧发酵在工艺上一般采用封闭发酵方式（如白酒固态发酵采用封闭窖池、泡菜发酵采用坛沿水封等）；好氧发酵可采用自然或人工通气方式（如制曲中的浅盘培曲、翻曲、通风；酵母菌培养采用通气搅拌发酵罐等）。

4. 发酵产物后处理

通过生物分离、整形、调配、灭菌包装等，形成最终产品和最终发酵食品的性质和状态。具体操作也依产品而异。如黄酒生产发酵结束后采用压榨或过滤方式获得酒液；白酒发酵后将酒醅蒸馏获得酒液；酵母菌培养后采用沉降或离心方式收集菌体。其他后处理步骤可能还包括调味（勾兑）、灭菌、灌装等。

（二）发酵食品的生产设备

发酵食品生产的原料预处理（如原料贮藏、除杂、粉碎、清洗、蒸煮）和发酵后处理（如过滤、离心、蒸馏、存储、灌装）设备与其他食品生产类似，且因产品种类而异，在此不一一详述。以下简单介绍固态和液态发酵设备。

1. 固态发酵设备

根据发酵微生物对供氧需求的不同，可分为好氧、兼性好氧和厌氧固态发酵。

厌氧固态发酵生产较为简易，一般采用窖池堆积，压紧密封（如浓香型白酒生产）。好氧固态发酵可将接种后的培养基摊开铺在容器表面，静置发酵（如豆豉发酵）；也可通气和翻动，使之能迅速获得供氧并散除发酵热（如翻曲）。因通气状况、翻动效果、设备条件及菌种的不同，固态发酵设备种类很多。

根据发酵基质的运动情况，可将固态发酵设备分为静态和动态生物反应器。静态生物反应器中基质在发酵过程中基本处于静止状态，结构简单、操作方便，缺点是热量、氧气和其他营养物质的传递困难，基质内部温度、湿度、酸碱度和菌体生长状态不均匀；动态生物反应器中

基质处于间断或连续的运动状态，强化了传热和传质，设备结构紧凑，自动化程度相对较高，但机械部件多，结构复杂，灭菌消毒比较困难，此外固态基质的搅拌能耗大，物料的持续运动有可能会破坏菌丝体从而影响菌体的生长与代谢。

传统的固态酿造多采用静态的开放式或半开放式发酵设备，如制曲一般采用踩曲后装仓、翻仓或浅盘培曲等方式；酿酒发酵则多以窖池、陶缸等作为容器。近年来，随着研究的深入，出现了许多新型的固态发酵反应器。如圆盘制曲机由外驱动的回转圆盘、翻曲机构、进料排料机构、通风空调系统、隔温壳体等部件组成，集消毒、降温、进料、接种、送（排）风、调温、调湿、搅拌培养、发酵出料等为一体，可用于酿酒制曲、醋、酱油和酶制剂等发酵产品的生产。此外在窖池方面也有人提出采用不锈钢制作、增加温度等指标监控的改进方式。目前，在传统酿造设备方面的发展趋势有：（1）生产机械化，如白酒固态发酵生产的制曲、入窖、出窖等操作采用机械化代替人工操作；（2）酿造过程的数字化控制与管理，如白酒固态发酵的数字化窖池管理模式等。

2. 液态发酵设备

根据发酵过程对供氧的需求不同，液态发酵设备分为嫌气发酵设备和通风发酵设备两类。

（1）嫌气发酵设备　常见的嫌气发酵设备如下。

①酒精发酵罐：酒精发酵罐筒体为圆柱形，底盖和顶盖均为蝶形或锥形，有密闭式和开放式。密闭式酒精发酵罐可回收二氧化碳及其所带走的部分酒精。中小型酒精发酵罐一般采用夹套或罐内排管冷却；大型发酵罐采用蛇管、罐内排管或罐外螺旋板冷却。酒精发酵罐上一般设有人孔、视镜、二氧化碳回收管、进料管、接种管、冷却管和测量仪表接口等。

②啤酒发酵设备：常见的啤酒发酵设备为圆筒锥底发酵罐，其直径 D 与圆筒体高度 H 之比 $D:H=1:(1\sim4)$ 均可取得良好的发酵效果，但一般罐体不宜过高，否则引起酵母沉降的困难。罐身有夹套冷却管；罐体为密闭式，可回收二氧化碳，也可用于储酒。由于罐体高，发酵液可形成自然对流循环，无需搅拌器。发酵罐使用冷却夹套进行冷却。

（2）通风发酵设备　目前常用的通风发酵设备有机械搅拌式、气升式、鼓泡式、自吸式、喷射自吸式等多种类型。

机械搅拌通风发酵罐的原理是利用机械搅拌器的作用，使空气和发酵醪液充分混合，促使氧气在醪液中的溶解，以供给微生物生长繁殖代谢所需要的氧气。机械搅拌发酵罐是密封式受压设备，罐体由圆柱体及椭圆形或蝶形封头焊接而成。发酵罐主要结构有罐体、搅拌器、轴封、消泡器、中间轴承、空气分布管、挡板、冷却装置、人孔和视镜等。罐上的接管有补料管、排气管、接种管、压力表接管、冷却水进出管、进空气管、温度计管和测控仪表接口管等。用于研究的小型发酵设备通常还配套电热蒸汽发生器，小型空压机等辅助设备，从而构成完整的实验室发酵系统。液态发酵设备通常还配置温度、pH、溶氧、泡沫等检测电极，可在发酵中进行实时检测、控制和记录。机械搅拌通风发酵罐在食品、制药和生物制品等的开发和生产中广泛使用，如活性酵母的规模化培养即采用此种发酵设备。

除机械搅拌式发酵设备外，在食品生产中使用的通风发酵设备还有以下几种。

①气升式发酵罐：将无菌空气通过喷嘴和喷孔喷射到发酵液中，通过气液混合物的湍流作用而使空气泡分割细碎，同时由于形成的气液混合物密度降低向上运动，含气率小的发酵液向下运动，形成循环流动从而实现混合及溶氧传质。此种发酵设备反应溶液分布均匀，溶氧效率高，结构简单，剪切力小，较适合植物细胞和组织培养。

②自吸式发酵罐：不需要空气压缩机，在搅拌过程中自行吸入空气，搅拌和通气同时完成。此种设备可节省空气压缩机及其辅助设备，气液均匀接触、溶氧系数高。可广泛应用于酵母培养和有机酸、酶制剂等发酵产品生产。

③塔式发酵罐：又称鼓泡塔式或空气搅拌高位发酵罐。其原理是压缩空气由罐底导入，经过筛板逐渐上升，气泡在上升过程中带动发酵液同时上升，上升后的发酵液又通过筛板上带有液封作用的降液管下降而形成循环。其优点是设备简单、空气利用率高，目前在单细胞蛋白等产品生产有应用。

（三）发酵食品的分析检测

1. 生物量测定

常用的检测方法有微生物计数（包括显微镜直接计数、MPN 和平板培养活菌计数等）、干重、湿重和浊度测定等。

对传统酿造生产中的混菌发酵过程，常规的分离培养计数较为困难，目前多采用分子生物学技术进行快速检测，包括定量聚合酶链式反应（polymerase chain reaction，PCR）、变性梯度凝胶电泳（denaturing gradient gel electrophoresis，DGGE）、高通量测序和宏基因组学（metagenomics）分析等。

2. 化学指标分析检测

常规的检测指标有水分（干燥称重）、总酸（滴定法）、酒精（相对密度或比色法）、总酯（皂化反应后滴定）、含氮量（凯氏定氮法）、总糖和还原糖（斐林试剂法等）、粗纤维（酸碱处理后称重定量）、脂肪（抽提法）、单宁（福林酚法等）、食盐含量（滴定法）、水的硬度（滴定法）、微量元素（原子吸收光度计）、灰分（灼烧法）等。

不同的发酵产品有各自的标志性生成成分和风味组分，其分析检测方法根据实际需要确定，常用的分析检测方法包括可见-紫外分光光度分析、纸层析、薄层层析、柱层析、浸入式固相微萃取、顶空固相微萃取、超临界萃取、气相色谱、液相色谱，以及近年来发展起来的色谱-质谱联用和多维色谱等分析技术。

3. 生化指标分析检测

常见的是酶活力的测定，如曲的液化力、糖化力、酯化力等，在分析检测上一般采用生化反应并结合滴定、比色等化学分析方法，具体可参见有关标准或实验手册。

4. 物理指标分析检测

常用的检测指标有相对密度、旋光、折光、色度、硬度、黏度、电导率和质构参数等。一般采用相应的仪器进行分析检测，如密度计、旋光仪、折光仪、色度仪、硬度仪、黏度仪、电导仪和质构仪等。

5. 固态发酵过程参数的监测

固态发酵基质的异质性和发酵方式的复杂性使得对于各种过程参数的监测难度很大。固态发酵中的温度测定可采用热电偶、热敏电阻或金属探针等传感器；水分含量通常采用离线测定干重进行分析；水分活度和空气湿度也可采用电容式传感器进行在线测定；固供氧变化可在反应器顶部空间采用顺磁分析仪、红外探测器、气相色谱等进行测定；发酵基质的形态可采用CCD（Charge-coupled Device）摄像、数码化和计算机处理（图像分析）等技术进行分析。

6. 感官品评

感官指标，如外形、色泽、滋味、气味、均匀性等往往是描述和判断发酵食品产品质量最直观的指标，可以反映该食品的特征品质和质量要求，并影响到发酵食品品质的评价和质量安全控制。在实际操作时通常按照不同产品的感官评分表进行打分评价。

第二节　制曲

实验一　米曲制作及分析

一、实验目的

了解纯种米曲制备的原理、特点，掌握米曲制备的方法。

二、实验原理

传统酿造的制曲技术是通过微生物自然发酵过程对制曲原料原有的理化、生化及特性等发生一定程度的转化，因此传统酒曲的制备会受到制曲原料、菌种、自然环境等因素的影响，导致无法保证产品具有较高且稳定的品质及酶活力。

纯种制曲是通过人工接种优良的菌种来实现酒曲的稳定性及高效性。接种后的微生物在适宜的温度、相对湿度下利用大米的营养成分生长，同时产生大量的淀粉酶等。纯种米曲用于酿酒时，其大量的淀粉酶可迅速将发酵原料中的淀粉转化成小分子的糖，高效快速地完成糖化过程。

三、实验材料及仪器

1. 材料

大米，米曲霉、根霉菌种。

2. 仪器

恒温恒湿培养箱，灭菌锅，无菌操作台，搪瓷盘，纱布，牛皮纸，茄子瓶等。

四、实验步骤

1. 米曲霉、根霉菌悬浮液的制备

挑一环保存在马铃薯葡萄糖琼脂（PDA）培养基上的霉菌接种到灭菌冷却后的麸皮培养基上，在28℃的培养箱中培养2~3d。开始培养18h后摇动一次，使培养基分散疏松，利于菌丝体生成。过24h再摇动一次锥形瓶，使培养基混合均匀，利于孢子的形成。待大量的孢子形成后即培养完成。加入200mL灭菌水，摇匀后用灭菌后的双层纱布过滤，滤液即孢子悬浮液，测定悬浮液的孢子数。加入灭菌水，使悬浮液孢子浓度为$10^5 \sim 10^6$个/mL。

2. 蒸米

先将大米除杂，用水淘洗2~3遍，至洗米水不浑浊。清洗干净后，加水至高出大米5cm，浸泡1h，然后放入过滤器静置30min，滤掉多余水分。放于蒸锅上蒸煮1h，得到最终水分含量为30%~35%（质量分数）的熟米。注意一定要蒸煮至全部熟透用手捏富有弹性且不黏手时为止，以便微生物能更好利用。取出于无菌条件下冷却，备用。

3. 接种

在灭菌后的搪瓷盘中装入相当于 400g 原料米的蒸米。大米冷却后在 30~40℃接入孢子菌悬液 5mL（$1×10^5$ 孢子/g 大米）。

4. 培养

置于相对湿度 95%、32~34℃恒温恒湿培养箱中堆积培养，在 16~20h 期间将温度调至 36~40℃，摊开混合降温后再堆积一次，使制曲温度均匀，确保菌丝蔓延在整个大米表面，控制温度 36~40℃至 40h 左右。然后在 32℃和相对湿度 95%条件下培养 24h。最后，再次翻动一次曲，并摊开在搪瓷盘中，控制温度，除去湿度，32~34℃通风干燥培养至总时间为 72~76h。可直接出曲使用，也可在 40~45℃烘干 24h，最后水分含量为 6%左右，低温保藏备用。

优质纯种米曲为物料表面及内部长满白色菌丝，无或少见孢子着生，无杂色，口嚼酸甜味明显（图 1-1）。

图 1-1　纯种米曲

采用洞道式干燥器，以热空气为热源，测定经过 72~76h 培养米曲的干燥曲线。

5. 成品曲的分析

取成品曲测定糖化力、液化力、酯化力。

五、分析检测及产品标准

1. 水分测定

将一定量试样置于电热恒温干燥箱中，在常压下 105℃干燥至恒重，由减少的质量可计算试样中的水分。

测定步骤：称取 10.0g 样品（准确到 0.01g）于烘干至恒重的 80~100mm 直径的表面皿中，摊平，放入已升温至（105±1）℃电热恒温干燥箱中，干燥 1h，取出放在干燥器中冷却后称重。反复此过程直至恒重。

计算方法：

$$水分(\%) = (m - m_1 + m_2)/m × 100\% \tag{1-1}$$

式中　m——试样质量，g；

　　　m_1——干燥后试样与表面皿质量，g；

　　　m_2——干燥的表面皿质量，g。

2. 孢子数的测定

（1）制备孢子稀释液　精确称取米曲霉、根霉菌在麸皮培养基上培养好后的种曲 1g（称准至 0.002g），倒入盛有玻璃珠的 250mL 锥形瓶内，加入无菌水 20mL，在旋涡均匀器上充分振摇，使种曲孢子分散，然后用双层纱布过滤，用无菌水反复冲洗，使滤渣不含孢子，将得到的滤液稀释，至显微镜下观察血球计数板，每小格内有 4~5 个孢子，即得孢子稀释液。

（2）制片　取洁净干燥的血球计数板盖上盖玻片，用无菌滴管取孢子稀释液 1 小滴滴于盖玻片的边缘处（不宜过多），让滴液自行渗入计数室中，注意不可有气泡产生。若有多余液滴，可用吸水纸吸干，静止 5min，待孢子沉降。

（3）镜检观察　用低倍镜头和高倍镜头观察，由于稀释液中的孢子在血球计数板上处于不同的空间位置，要在不同的焦距下才能看到，因而计数时必须逐格调动微调螺旋，才能不使之遗漏。如孢子位于血球计数板小格的线上，数上线不数下线，数左线不数右线。

（4）计数　使用 16×25 规格的血球计数板时，只计板上四个角上的 4 个中格（即 100 个小格）；如果使用 25×16 规格的血球计数板时，除计四个角上的 4 个中格外，还需要计中央一个中格的数目（即 80 个小格）。每个样品重复观察计数不少于 2 次，然后取其平均值。

（5）计算　使用 16×25 的计数板时：

$$孢子数（个/g）= (N/100) ×400×10000× (V/G) = 4×10^4× (N·V/G) \tag{1-2}$$

式中　N——100 小格内孢子总数，个；

V——孢子稀释液体积，mL；

G——样品质量，g。

使用 25×16 的计数板时：

$$孢子数（个/g）= (N/80) ×400×10000× (V/G) = 5×10^4× (N·V/G) \tag{1-3}$$

式中　N——80 小格内孢子总数，个；

V——孢子稀释液体积，mL；

G——样品质量，g。

3. 糖化力测定

（1）定义及原理　糖化力即待测样品中糖化酶活力的高低。糖化酶是淀粉 α-1,4-葡萄糖苷酶，这类酶作用于淀粉分子末端，从淀粉非还原性末端顺次切开 α-1,4-葡萄糖苷键，水解生成葡萄糖，进而被微生物发酵生成酒精。用费林法测定所生成的葡萄糖量，以此来表示糖化力。

（2）仪器和耗材　电热恒温干燥箱、电炉、恒温水浴锅、烧杯、滴定管等。

（3）试剂和溶液

①200g/L 氢氧化钠溶液：称取 20g 氢氧化钠固体，溶于适量水中，加水稀释至 100mL。

②葡萄糖标准溶液（2.5g/L）：称取经 100~105℃烘干至恒重的无水葡萄糖 2.5g，精确至 0.0001g，用水溶解，加入 5mL 浓盐酸，并定容至 1000mL。此溶液需当天配制。

③次甲基蓝指示剂（10g/L）：称取 1.0g 次甲基蓝，加水溶解并定容至 100mL。

④乙酸-乙酸钠缓冲溶液（pH 4.6）：称取 164g 无水乙酸钠，溶解于水，加 114mL 冰乙酸，用水稀释至 1000mL。缓冲溶液的 pH 应以酸度计校正。

⑤20g/L 可溶性淀粉溶液：称取 100~105℃干燥 2h 的可溶性淀粉 2g（精确至 0.001g），用少量水调成糊状，不断搅拌注入 70mL 沸水，微火煮沸直至完全透明，冷却至室温，完全转移至 100mL 容量瓶中并定容。此溶液现配现用。

⑥费林试剂：甲液：称取 15g 硫酸铜、0.05g 次甲基蓝，溶解于水，稀释定容至 1L。乙液：称取 50g 酒石酸钾钠、75g 氢氧化钠，溶于水中，再加入 4g 亚铁氰化钾，完全溶解后，稀释定容至 1L。

（4）测定方法

①曲子样液的制备（50g/L）：根据测得曲子试样的水分，称取相当于 10g 干曲的试样，精确至 0.001g，放入 250mL 烧杯中，加 20mL 乙酸-乙酸钠缓冲溶液，再加水，用玻璃棒搅拌均匀，定容至 200mL。将上述烧杯置于 35℃ 恒温水浴中保温浸渍 1h，过滤，收集滤液，备用。

②曲子样液糖化液的制备：于一烧杯内加入 25.0mL 可溶性淀粉溶液，再加 5.0mL 曲子样液，摇匀，置于 35℃ 恒温水浴中，准确计时，糖化 1h，立即加入 200g/L NaOH 溶液 1mL，振荡以停止反应备用。

③空白液的制备：于另一烧杯内加入 25.0mL 可溶性淀粉溶液，再加 5.0mL 曲子样液，摇匀，加入 200g/L NaOH 溶液 1mL 备用。

④糖分测定预测：吸取糖化液 5.0mL 于盛有费林试剂甲、乙液各 5.0mL 的锥形瓶中，加水 10mL，摇匀后，置于电炉上加热至沸腾，保持瓶内溶液微沸 2min，加 2 滴次甲基蓝指示剂，在沸腾状态下于 1min 内用葡萄糖标准溶液滴定，直至溶液的蓝色完全消失为终点，记录消耗葡萄糖标准溶液的体积。

⑤糖分测定：吸取糖化液 5.0mL 于盛有费林试剂甲、乙液各 5.0mL 的锥形瓶中，加水 10mL 和比预测试验少 1mL 的葡萄糖标准溶液，摇匀后，置于电炉上加热至沸腾，保持瓶内溶液微沸 2min，加 2 滴次甲基蓝指示剂，在沸腾状态下于 1min 内用葡萄糖标准溶液滴定，直至溶液的蓝色完全消失为终点，记录消耗葡萄糖标准溶液的体积 V_1。

⑥空白测定：吸取 5.0mL 作为空白溶液代替糖化液，其他操作同上，记录消耗葡萄糖标准溶液的体积 V_2。

（5）结果计算　样品的糖化力计算公式：

$$糖化酶活力 = (V_2 - V_1) \times 2.5 \times 30 / (0.25 \times 5) = 60 \times (V_2 - V_1) \tag{1-4}$$

式中　糖化酶活力——1g 干曲在 35℃，pH 4.6 条件下反应 1h，将可溶性淀粉分解为葡萄糖的酶量，U/g；

V_2——滴定空白时，消耗葡萄糖标准溶液的体积，mL；

V_1——滴定试样时，消耗葡萄糖标准溶液的体积，mL；

2.5——每 mL 葡萄糖标准溶液中含有葡萄糖的质量，g；

30——糖化混合液（可溶性淀粉溶液加曲子样液）的总体积，mL；

0.25——5mL 曲子样液相当曲子的质量，g；

5——滴定时吸取的糖化液体积，mL。

4. 液化力的测定

（1）定义及原理　液化力是指能使淀粉由高分子状态（淀粉颗粒）转变为较低分子状态（糊精），同时淀粉的黏度降低，表现为由半固态变为溶液态的能力。液化型淀粉酶，俗称 α-淀粉酶，又称 α-1,4-糊精酶，是一类能够切开淀粉链内部 α-1,4-葡萄糖苷键的酶。虽然它不能水解淀粉分支点上 α-1,6-葡萄糖苷键以及作用于分支点附近的 α-1,4-葡萄糖苷键，但可超越 α-1,6-葡萄糖苷键而作用于分支内部的 α-1,4-葡萄糖苷键，因此水解产物除麦芽糖和少量葡萄糖外，还产生有 α-1,6-葡萄糖苷键的寡糖。由于 α-淀粉酶能作用于分子内部的 α-1,4-葡萄糖苷键，很容易将长链淀粉水解成短链的糊精，从而使黏稠的淀粉很快失去黏性而液化。淀粉与碘呈蓝紫色反应，液化后的淀粉与碘呈蓝紫色反应逐渐消失，颜色消失的速度可以衡量酶活力的高低。根据所需时间计算1g绝干曲在该条件下1h能液化淀粉的质量，表示液化力的大小。

（2）仪器和耗材　恒温水浴锅、电子天平、烧杯、试管等。

（3）试剂和溶液

①乙酸-乙酸钠缓冲溶液（pH 4.6）：称取164g无水乙酸钠，溶解于水，加114mL冰乙酸，用水稀释至1000mL。缓冲溶液的pH应以酸度计校正。

②20g/L可溶性淀粉溶液：称取100~105℃干燥2h的可溶性淀粉2g（精确至0.001g），用少量水调成糊状，不断搅拌注入70mL沸水，微火煮沸直至完全透明，冷却至室温，完全转移至100mL容量瓶中并定容。此溶液现配现用。

③碘液：取11.0g碘、22.0g碘化钾，置于研钵中，加少量水研磨至碘完全溶解，用水稀释定容至500mL，为原碘液，贮存于棕色瓶中。使用时，吸取2.0mL原碘液，加20.0g碘化钾，用水溶解定容至500mL，为稀碘液，贮存于棕色瓶中。

④标准比色液：取41mL甲液和4.5mL乙液混匀。甲液：称取40.2349g氯化钴，0.4878g重铬酸钾，溶解后，蒸馏水定容至500mL。乙液：称取0.04g铬黑T，溶解后，蒸馏水定容至100mL。

（4）测定方法

①5%酶液制备：称取相当于10g绝干试样量，精确至0.01g，于250mL烧杯中，根据试样水分计算加水量，加乙酸-乙酸钠缓冲液20mL后总体积为200mL，充分搅拌。将烧杯置于35℃恒温水浴锅中保温浸渍1h过滤备用。

②测定：取20mL可溶性淀粉于试管中，加5mL pH 4.6的缓冲液摇匀，于35℃水浴中预热至试液为35℃时，加入10mL 5%酶液充分摇匀并立即计时，定时用吸管吸取0.5mL反应液注入预先装了5mL稀碘液的试管中起呈色反应，或将反应液放入盛有约1.5mL稀碘液的白瓷板中，直至碘液不显蓝色（或与标准比色液对比）为终点，记下反应时间t。

（5）结果计算

$$液化力 = （20×0.02×60×V）/（10×10×t）= 0.24V/t \qquad (1-5)$$

式中　液化力——1g绝干曲在35℃，pH 4.6条件下1h能液化淀粉的酶量，U/g；

　　　20——可溶性淀粉体积，mL；

　　0.02——可溶性淀粉浓度，g/mL；

　　　V——酶液定容体积，mL；

　　　60——1小时之分钟数；

　　　t——反应完结耗用时间，min。

（6）注意事项　可溶性淀粉应当天配制；由于可溶性淀粉质量对结果影响大，建议每次测定均应采用酶制剂专用可溶性淀粉。

5. 酯化力的测定

（1）定义及原理　酯化酶是脂肪酶和酯酶的统称，它与短碳链酯的生物合成有关。在规定的试验条件下，曲子中酯化酶催化游离有机酸与乙醇合成酯，再用皂化法测定所生成的总酯（以己酸乙酯计），表示其酯化力。酯化力以1g干曲在30~32℃下使己酸和乙醇发生反应100h所产生的己酸乙酯的质量表示。

（2）仪器 恒温培养箱、微量滴定管、分析天平、电炉、500mL 玻璃蒸馏器、锥形瓶、250mL 具塞锥形瓶等。

（3）试剂和溶液 己酸（分析纯）、无水乙醇。

乙醇溶液（体积分数为30%）：用量筒量取 300mL 无水乙醇于 1000mL 容量瓶中，用蒸馏水定容。

氢氧化钠标准溶液（0.1mol/L）：按 GB/T 601—2016《化学试剂 标准滴定溶液的制备》配制与标定。

称取 110g 氢氧化钠，溶于 100mL 无二氧化碳的水中，摇匀，注入聚乙烯容器中，密闭放置至溶液清亮。用塑料管量取上层清液 5.4mL，用无二氧化碳的水稀释至 1000mL，摇匀。

称取于 105~110℃ 电热恒温干燥箱中干燥至恒量的工作基准试剂邻苯二甲酸氢钾 0.75g，加 50mL 无二氧化碳的水溶解，加 2 滴酚酞指示液（10g/L），用配制的氢氧化钠溶液滴定至溶液呈粉红色，并保持 30s。同时做空白试验。

氢氧化钠标准滴定溶液的浓度 $C_{(NaOH)}$ 按式（1-6）计算：

$$C_{(NaOH)} = m \times 1000/[(V_1 - V_2) \times M] \tag{1-6}$$

式中 m——邻苯二甲酸氢钾质量，g；

$\quad V_1$——氢氧化钠溶液体积，mL；

$\quad V_2$——空白试验消耗氢氧化钠溶液体积，mL；

$\quad M$——邻苯二甲酸氢钾的摩尔质量，g/mol $[M(KHC_8H_4O_4) = 204.22]$。

硫酸标准滴定溶液 $[C(1/2\ H_2SO_4) = 0.1mol/L]$：按 GB/T 601—2016《化学试剂 标准滴定溶液的制备》配制与标定。

量取 3mL 硫酸，缓缓注入 1000mL 水中，冷却，摇匀。称取于 270~300℃ 高温炉中灼烧至恒量的工作基准试剂无水碳酸钠 0.2g，溶于 50mL 水中，加 10 滴溴甲酚绿-甲基红指示液，用配制的硫酸溶液滴定至溶液由绿色变为暗红色，煮沸 2min，加盖具钠石灰管的橡胶塞，冷却，继续滴定至溶液再呈暗红色。同时做空白试验。

硫酸标准滴定溶液的浓度 $C_{(1/2H_2SO_4)}$ 按式（1-7）计算：

$$C_{(1/2H_2SO_4)} = m \times 1000/[(V_1 - V_2) \times M] \tag{1-7}$$

式中 m——无水碳酸钠质量，g；

$\quad V_1$——硫酸溶液体积，mL；

$\quad V_2$——空白试验消耗硫酸溶液体积，mL；

$\quad M$——无水碳酸钠的摩尔质量，g/mol $[M(1/2\ Na_2CO_3) = 52.994]$。

（4）测定方法

①酯化样品的制备：吸取 1.5mL 己酸于 250mL 锥形瓶中，加 25mL 无水乙醇，稍微振荡后，加入 75mL 蒸馏水，充分混匀。再称取相当于绝干试样量 25g，精确至 0.01g，加到锥形瓶中，摇匀后，用塞子塞上，置于 35℃ 恒温箱内保温酯化 7d，同时做空白试验。

②蒸馏：将酯化 7d 后的试样溶液全部移入 250mL 蒸馏瓶中，量取 50mL 乙醇溶液分数次充分洗涤锥形瓶，洗液也一并倒入蒸馏瓶中，用 50mL 容量瓶接收馏出液（外用冰水浴），缓缓加热蒸馏，当收集馏出液接近刻线时，取下容量瓶，调液温 20℃，用水定容，混匀，备用。

③皂化、滴定：将上述馏出液倒入 250mL 具塞锥形瓶中，加两滴酚酞，以氢氧化钠标准溶液中和（切勿过量），记录消耗氢氧化钠标准溶液的体积。再准确加入 25.0mL 氢氧化钠标准溶

液，摇匀，装上冷凝管，于沸水浴上回流 0.5h，取下，冷却至室温。然后，用硫酸标准溶液进行反滴定，使微红色刚好消失为其终点，记录消耗硫酸标准溶液的体积。

（5）结果计算

①试样的总酯含量（以己酸乙酯计）按式（1-8）计算：

$$A_1 = (C \times 25.0 - C_1 \times V_1) \times 0.142 \times 1000/50.0 = 2.84 \times (C \times 25.0 - C_1 \times V_1)$$

$$A = A_1 - A_0 \tag{1-8}$$

式中　A_1——测定的总酯含量（以己酸乙酯计），g/L；

　　　C——氢氧化钠标准溶液的浓度，mol/L；

　25.0——皂化时，加入 0.1mol/L 氢氧化钠标准溶液的体积，mL；

　　　C_1——硫酸标准滴定溶液的浓度，mol/L；

　　　V_1——滴定时，消耗 0.1mol/L 硫酸标准溶液的体积，mL；

0.142——与 1mL 氢氧化钠标准溶液［$c(\mathrm{NaOH}) = 1.00\mathrm{mol/L}$］相当的己酸乙酯质量，g；

　50.0——样品体积，mL；

　　　A——试样总酯含量（以己酸乙酯计），g/L；

　　　A_1——未扣除空白试验所测的总酯含量（以己酸乙酯计），g/L；

　　　A_0——空白试验所测总酯含量（以己酸乙酯计），g/L。

②试样的酯化力按式（1-9）计算：

$$酯化力（U）= A \times 50 \times 2 = 100 \times A \tag{1-9}$$

式中　A——馏出液的总酯，g/L；

　　50——样品体积，mL；

　　2——曲子酶活力单位折算系数。

（6）注意事项　酯化温度与时间对结果影响较大，应严格控制；酯化液倒入蒸馏瓶时，应避免抛洒，锥形瓶应用 30% 乙醇充分洗涤。

6. 干燥速率曲线测定

（1）定义及原理　干燥操作是利用热能加热含水物料，使含水物料中水分蒸发分离的操作。干燥操作是传热、传质同时进行，两个过程相互影响，规律比较复杂。干燥过程分物料预热段、恒速段和降速段。恒速段出现原因为物料内部水分由里及表的迁移速率大于其表面汽化速率，因此可保持物料表面充分润湿。此时，干燥介质供热给物料的速率等于物料表面水分汽化的速率，系统传热、传质达到均衡。干燥速率曲线是指干燥速率对物料的干基湿含量的曲线。

（2）实验装置　采用洞道式干燥器，以热空气干燥米曲，其装置主要由离心风机、蝶阀、孔板流量计、压差计、加热器、温度控制器、干球温度计、湿球温度计、天平等组成。其组成结构如图 1-2 所示。

（3）测定方法

①启动电源，按下仪表和风机开关，再启动加热开关。

②待加热温度恒定后，放入（轻放）待干燥物料，每隔 2min 记录一次数据，包括物料质量、气体流量、干球温度、湿球温度。

③持续操作到两次干燥物料质量之差小于 0.3g 即可结束实验。

④先关加热开关，待温度降到 30℃以下再关仪表开关、风机开关和总电源开关。

（4）结果计算　测定物料单位时间失去的水分质量，同时测得湿物料和绝干物料质量可得

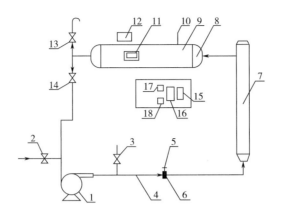

图 1-2 干燥速率曲线实验装置

1—风机 2—进气阀 3—旁路阀 4—气体管道 5—压差传感器 6—不锈钢孔板流量计 7—电加热管
8—风量均布器 9—干燥器 10—湿球温度计注水口 11—可视门 12—精密称重传感器 13—废气排出阀
14—废气循环阀 15—总电源 16—仪表开关 17—风机开关 18—加热开关

干燥速率曲线，即 $U\text{-}X$ 曲线。按式（1-10）、式（1-11）计算：

$$U = G_C \times dX/(A \times d\tau) \qquad (1\text{-}10)$$

$$X = (G - G_C)/G_C \qquad (1\text{-}11)$$

式中　U——干燥速率，即单位时间单位面积除去的水分质量，$kg/m^2 \cdot s$；

　　　A——干燥面积，m^2；

　　　τ——干燥时间，s；

　　　X——物料的干基湿含量；

　　　G——湿物料质量，kg；

　　　G_C——绝干物料质量，kg。

（5）注意事项

①风机启动时，蝶阀一定要处于开启状态。

②空气流量要适宜，空气的加热温度也要适宜。

③注意待干燥条件稳定后才能将物料放入干燥箱进行实验。

7. 米饭的热特性参数测定

参见实验三中"米饭的热特性参数测定"部分。

8. 相关产品标准

目前还没有以大米为原料生产米曲的相关标准。以大米、麦麸为主要原料，接种根霉、酿酒酵母等，按特定工艺生产的甜酒曲，也只有相关的行业标准，现将甜酒曲的行业标准（QB/T 4577—2013《甜酒曲》）介绍如下。

（1）感官要求　成品甜酒曲的色泽为乳白色至浅黄色；气味清香，具有产品特有的曲；状态为粉末或颗粒；无正常视力可见外来杂质。

（2）理化指标　根据甜酒曲用途的不同，可将甜酒曲分为甜味型和风味型。要求成品酒曲的水分含量≤10%。

（3）甜酒曲卫生指标　成品甜酒曲的总砷（以 As 计）≤5mg/kg、铅（Pb）≤5mg/kg；致病菌（沙门氏菌、志贺氏菌、金黄色葡萄球菌）不得检出。

六、思考题

1. 相对湿度在米曲制备过程中有什么意义？
2. 与传统酒曲相比，纯种米曲有哪些优势？

实验二　红曲培养及分析

一、实验目的

了解红曲的液体和固态培养方式；掌握红曲制备的方法；学习红曲的糖化力、色价和洛伐他汀含量、橘霉素等分析测定方法。

二、实验原理

红曲是中国及周边国家特有的大米发酵传统产品，是用红曲霉属真菌接种于大米上经发酵制备而成，现代红曲培养也可采用液体深层发酵。红曲具有糖化能力，可用于酿造。

红曲色素是红曲霉在生长代谢过程中产生的红色天然色素。红曲色素有水溶性色素和脂溶性色素两类。红曲色素在乙醇和乙酸中的溶解性比较好。

红曲内含有多种他汀类成分，其中洛伐他汀（Monacolin K）辅助降血脂功效尤为显著。

三、实验材料及仪器

1. 材料

红曲霉斜面菌种（或种子液）；大米，马铃薯，葡萄糖，蒸馏水，乙醇。

2. 试剂

Monacolin K 标准品，乙腈，磷酸，超纯水，pH 3.0 磷酸溶液，三氯甲烷。

3. 仪器设备

250mL 锥形瓶，报纸，纱布，天平，电磁炉，电饭锅（带蒸搁），接种环，移液管，酒精灯，离心管，移液管，比色管，超声清洗机，冷冻离心机，试管，涡旋，EP 管，1mL 注射器，0.45μm 滤膜，2L 丝口瓶，抽滤瓶，进样针；紫外-可见分光光度计，色差仪，高效液相色谱仪等。

四、实验步骤

1. 红曲液体培养

300g 马铃薯去皮切块，加 1500mL 水，煮到 1000mL 以下，定容至 1000mL。取 75mL 马铃薯汁于 250mL 锥形瓶中，再加入 7.5g 葡萄糖，用纱布包扎后，121℃灭菌 20min；从红曲霉菌种斜面挑取一环（或用移液管移取 7.5mL 种子液）于培养基中，在 28℃，180r/min 的旋转式摇床上培养 1d（如以获得色素、洛伐他丁等产物为目的一般培养 5~7d 或更长时间）。

2. 红曲固态培养

将 40g 大米洗净，浸泡 30min 后，置于电饭锅蒸搁上蒸 15min（上汽后开始计算时间），摊凉，然后装入 250mL 锥形瓶中，包扎 3 层纱布 2 层报纸或加透气硅胶塞后，于 121℃灭菌 20min；在无菌操作台上将种子液中的霉菌菌体打散，挑 2~3 块于米饭培养基中，在 28℃环境中培养两周。每天敲瓶 1 次并观察，从红曲米的红色程度判断红曲米是否成熟以及是否污染（可定期在无菌操作台上取红曲米少许，破碎，观察红曲米内心是否有发白现象，判断红曲米的成熟度）。培养结束后，40~45℃烘干 12h 即为成品。

3. 水分和糖化力测定

在红曲培养结束后，取样品测定水分。另取样品冷冻干燥后研磨至粉碎，测糖化力。

4. 色价测定

在无菌操作台上取冷冻干燥后的红曲成品 0.1g，研磨至粉碎，转移至试管中，然后加 70% 乙醇 9mL，60℃水浴浸提 2h，取出后过滤，再用 70% 乙醇稀释 500 倍，使用紫外-可见光分光光度计在 505nm 处测定其吸光度，计算色价：

$$色价 = 吸光度 \times 稀释倍数 / 质量 = 5000 \times A \tag{1-12}$$

式中　A——505nm 处测定的吸光度。

5. 红曲色素的光稳定性分析

取前述提取的红曲色素，置于具塞比色管中，初始吸光度调为 1.0，将比色管置于日光下进行照射 8h。每 2h 使用色差计测定红曲色素在光降解过程的三刺激值，利用 CIELAB 色空间对红曲红色素褪色过程中的颜色变化进行分析。

CIELAB 色空间是三维直角坐标系，以明度 L^* 和色度坐标 a^*、b^* 来表示颜色在色空间中的位置。L^* 表示颜色的明度，a^* 正值表示偏红，负值表示偏绿；b^* 正值表示偏黄，负值表示偏蓝。按式（1-13）和式（1-14）计算色饱和度和色相角。

色饱和度：

$$Chroma = \left[(a^*)^2 + (b^*)^2 \right]^{1/2} \tag{1-13}$$

色相角：

$$Hue\ angle = \arctan(b^*/a^*) \tag{1-14}$$

式中　a^*、b^*——颜色在色空间中的位置。

6. 比色法测定红曲中的洛伐他汀

精密称取洛伐他汀标准品 0.0010g，置于 100mL 容量瓶中，用 70% 乙醇溶剂溶解并稀释至刻度，摇匀，再分别制成 1mg/L、2mg/L、3mg/L、4mg/L、5mg/L 的溶液，采用分光光度计在 236nm 处测吸光度，绘制标准曲线。

用 70% 乙醇提取前述红曲粉 8~10h，测定计算红曲粉中的洛伐他汀含量。

7. 高效液相色谱法测定红曲中的洛伐他汀

试样处理：称取 0.4~0.6g 红曲粉末于 50mL 容量瓶中，加入 30mL 75% 乙醇，摇匀，室温下超声 50min。加 75% 乙醇至接近刻度，再超声 10min，冷却至室温，用 75% 乙醇定容至 50mL。以 3500r/min 的旋转速度离心 10min。取上清经 0.45μm 微孔滤膜过滤，滤液待用。

酸式洛伐他汀的制备：称取洛伐他汀标准品 4mg，以 0.2mol/L 氢氧化钠溶液定容至 100mL，在 50℃条件下超声转化 1h，放置到室温后再放置 1h。

液相色谱参考条件：采用 C_{18} 柱，以甲醇：水：磷酸 = 385：115：0.14 为流动相，柱温 20~25℃，流速为 1.0mL/min，进样量 20μL 进行高效液相色谱检测。

标准曲线制备：精密称取 Monacolin K 标准品 40.0mg，置于 100mL 容量瓶中，用 75% 乙醇溶解定容至刻度。再用 75% 乙醇分别配制成浓度为 0.1μg/mL、1μg/mL、10μg/mL、30μg/mL、75μg/mL、150μg/mL、300μg/mL 的溶液进行高效液相色谱分析，测定峰面积，以 Monacolin K 含量为横坐标作图，线性关系良好，相关系数在 0.9995 以上时，进行后续样品测定。

样品测定：将处理好的样品提取液 20μL 进样，与标准溶液保留时间对照定性，用被测组分洛伐他汀和酸式洛伐他汀面积之和与标准洛伐他汀的峰面积之比进行定量。

结果计算：

$$X = (h_1 + h_2) \times c \times 50/(h_3 \times m) \qquad (1-15)$$

式中　X——样品中洛伐他汀的含量，mg/g；

h_1——样品中洛伐他汀峰面积；

h_2——样品中酸式洛伐他汀峰面积；

c——洛伐他汀标准品浓度，mg/mL；

50——样品定容体积，mL；

h_3——洛伐他汀标准品溶液峰面积；

m——样品称取量，g。

8. 红曲中橘霉素的测定

将红曲原料粉碎，混合均匀。用 95% 甲醇提取试样中的橘霉素，浓缩后上中性吸附树脂柱初步吸附色素等杂质，经反相高效液相色谱分离。分离出的橘霉素用荧光检测器检测。根据标准品在高效液相色谱流出曲线上的保留时间和峰面积定性、定量。

试样前处理：将试样充分混合均匀，准确称取 0.1~5.0g，放于 50mL 容量瓶中；按称样量 1：10（质量比）比例加入 95% 甲醇提取液。混合均匀，超声提取 40min（工作频率 40kHz）；静置澄清，上清液移至圆底烧瓶中；往沉淀中按 8：1（体积比）比例加入 95% 甲醇，超声提取 20min，静置澄清后将上清液合并至圆底烧瓶中。沉淀同前法加入 95% 甲醇，再超声提取 20min；转入离心管中，以 3500r/min 的旋转速度离心 10min，将上清液倒入圆底烧瓶中与前两次提取液合并；将圆底烧瓶中所合并的提取液在室温下 20~25℃减压浓缩，将全部浓缩液取至 5mL 刻度试管中。取适量中性吸附树脂以 95% 甲醇洗涤 3 次，再用蒸馏水洗涤 3 次，装入 1cm× 20cm 的柱子，柱床高度为 10cm；用两个柱床体积的蒸馏水清洗平衡后备用。取 1/5 的样品浓缩液（体积不要超过 1mL）上柱，以 70% 甲醇洗脱，收集前 20mL 洗脱液，混合均匀后以 0.45μm 孔径微空滤膜过滤，滤液待进样。

液相色谱参考条件：采用 Eclipse XDB C$_{18}$ 反相色谱柱（250mm×4.6mm，粒度直径为 5μm），以乙腈：水 = 50：50（以磷酸调 pH 至 2.5）为流动相，柱温 28℃，荧光检测器激发波长 330nm，发射波长 500nm，流速为 1.0mL/min，进样量 20μL 进行液相色谱检测。

标准曲线制备：配制浓度为 0.0002μg/mL、0.001μg/mL、0.004μg/mL、0.04μg/mL、0.1μg/mL 橘霉素标准溶液，在上述色谱条件下进行测定，以峰面积对浓度作标准曲线。

样液色谱分析：处理好的试样提取液 20μL 进样，经荧光检测器检测得到色谱图后，外标法以标准橘霉素保留时间定性，将试样提取液中色谱峰面积与标准样品色谱峰面积比较定量。

结果计算：

$$X = (h_1 \times c \times 20 \times 5) \times 1000/(h_2 \times m) = 10^5 \times (h_1 \times c)/(h_2 \times m) \qquad (1-16)$$

式中　X——试样中橘霉素含量，μg/kg；

h_1——试样中橘霉素色谱峰面积；

c——标准橘霉素溶液浓度，μg/mL；

20——洗脱液体积，mL；

5——1/5 取样倍数；

h_2——标准橘霉素色谱峰面积；

m——试样称取量，g。

五、分析检测及产品标准

1. 水分测定

参见实验一中"水分测定"部分。

2. 糖化力测定

参见实验一中"糖化力测定"部分。

3. 红曲的干燥速率曲线测定

参见实验一中"干燥速率曲线测定"部分。

4. 米饭的热特性参数测定

参见实验三中"米饭的热特性参数测定"部分。

5. 相关产品标准

按红曲用途的不同，将红曲分为酿造用红曲、功能性红曲等。功能性红曲按形态又分为红曲米和红曲粉。它们的产品标准有所不同，功能性红曲执行行业标准 QB/T 2847—2007《功能性红曲米（粉）》，红曲米执行国家标准 GB 1886.19—2015《食品安全国家标准　食品添加剂　红曲米》，酿造用红曲执行地方标准 DBS 35/002—2017《食品安全地方标准　酿造用红曲》，现将其简单介绍如下。

（1）红曲感官指标　酿造用红曲和功能性红曲的感官指标要求基本相同。外观为棕红色至紫红色，质地脆，无霉变，无肉眼可见的杂质，呈不规则的颗粒状；断面为粉红色至红色，略带白心；具有红曲特有的气味，无异味。

（2）红曲理化指标　由于用途不同，酿造用红曲、功能性红曲的理化指标有所不同。酿造用红曲的水分 ≤10g/100g，容重 32~52g/100mL。一级酿造用红曲色价≥600U/g，糖化力≥750mg/（g·h），发酵力≥0.3g/（0.5g·72h）；二级酿造用红曲色价≥400U/g，糖化力≥450mg/（g·h），发酵力≥0.2g/（0.5g·72h）。

功能性红曲要求水分≤10.0%，色价≥1000U/g，莫拉可林 K≥0.4%（以绝干计）。

（3）红曲卫生指标　酿造用红曲要求总砷（以 As 计）≤0.5mg/kg，铅（Pb）≤0.5mg/kg，黄曲霉毒素 B_1≤5µg/kg，大肠菌群≤30MPN/g。

功能性红曲要求总砷（以 As 计）≤1.0mg/kg，重金属（以 Pb 计）≤10mg/kg，黄曲霉毒素 B_1≤5µg/kg，菌落总数≤5000CFU/g，大肠菌群≤3.0MPN/g，霉菌≤25CFU/g，酵母≤25个/g，致病菌（肠道致病菌及致病球菌）不得检出，橘霉素（以绝干计）≤50µg/kg。

六、思考题

1. 红曲制作是厌氧还是好氧发酵？在固态和液态培养中分别怎样实现？
2. 比较并分析红曲中洛伐他汀的比色法和高效液相色谱法测定结果。

第三节　酿酒

实验三　白酒制作及分析

一、实验目的

了解白酒酿造的基本原理和过程；学习掌握白酒的相关分析技术；了解小型酿酒设备的使用；了解品评酒的基本原理和过程。

二、实验原理

中国白酒是以曲类、酒母等为糖化发酵剂，利用粮谷或代用原料，经蒸煮、糖化发酵、蒸馏、贮存、勾调而成的蒸馏酒。由于酵母菌在高浓度酒精下不能继续发酵，所得到的酒醪或酒液酒精浓度一般不会超过 20%（体积分数）。采用蒸馏方式，利用酒液中不同物质挥发性不同的特点，可以将易挥发的酒精（乙醇）蒸馏出来。蒸馏出的酒气中酒精含量较高，经冷凝收集，可得到浓度约为 40%（体积分数）的蒸馏酒。蒸馏收集液中除酒精外，还含有与白酒风味相关的多种挥发性成分。白酒的风味成分包括醇类、酯类、醛类、酮类、酸类、缩醛类、芳香族化合物、呋喃类、萜烯类、烃类、含氮化合物、含硫化合物等多种化合物，可通过气相色谱（GC）、气质联用（GC-MS）、气相色谱-嗅闻仪（GC-O）联用等技术进行分析。酒的质量的优劣，主要通过理化检验和感官品评的方法来判断，感官品评也叫品尝。酒的感官质量，主要包括色、香、味、风格四个部分。尝评就是通过眼观其色、鼻闻其香、口尝其味，并综合色、香、味三个方面感官的印象，确定其风格的方法完成尝评的全过程。传统白酒有多种香型，如浓香、酱香、清香、米香、药香等。本实验中白酒的制作方案借鉴了米香和药香型白酒酿造的部分工艺。

三、实验材料及仪器

1. 材料

大米，酒曲，酒样（实验样品、市售不同风格的白酒产品）；药材：地黄，黄精，枸杞，辣蓼，天门冬等。

2. 仪器

电饭锅，饭勺，纱布（约 40cm×40cm），锥形瓶（1L），锥形瓶（250mL），烧杯（1L），容量瓶（100mL），玻璃棒，移液管，漏斗，不锈钢小勺，筷子，搪瓷盘，玻璃蒸馏装置，电炉（1000W），电子天平（2000g），波美计，pH 试纸，滤纸，血球计数板，显微镜，评酒杯（无色透明，无花纹的玻璃杯）。

四、实验步骤

1. 实验准备

将饭勺，三角瓶，不锈钢小勺，筷子，搪瓷盘等用沸水煮过或烫过。准备凉开水 240mL（置于 250mL 锥形瓶中）。

2. 药材提取液制备

称取 10.0g 中药材，加水 100mL 浸泡 2h，熬制约 40min，用纱布过滤后定容至 50mL（多组共用）。

3. 洗米及蒸饭

称取 200g 大米，用自来水淘洗三次，浸泡 10~15h。然后将米放入垫有纱布的电饭锅蒸搁中蒸熟（上汽后再蒸 40min 左右，中间洒水 2~3 次），控制米饭熟而不煳。

4. 摊晾及拌曲

在搪瓷盘中垫上两层纱布（约 40cm×40cm），将蒸熟的米饭用饭勺分散后舀入搪瓷盘中，用不锈钢小勺或筷子将米饭在搪瓷盘中分散铺开。当米饭冷至 40℃ 以下时，加入 1g 酒曲，充分拌匀。

5. 发酵

将拌好曲的米饭移入 1L 锥形瓶中，按投料大米质量的 120% 加凉开水（或蒸馏水），加大米干重 5% 左右的中药材提取液（可自行选择），摇匀，加保鲜膜封口，在 28℃ 左右发酵两周左右。每天称重，观察发酵情况，并摇匀。根据质量变化绘制产气曲线（图 1-3）。发酵结束后测定醪液的 pH、糖度（用波美计），用显微镜和血球计数板观察计数酵母菌。

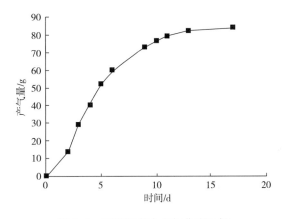

图 1-3　酿酒过程中产气曲线示例

6. 蒸馏

发酵结束后，用 pH 试纸测定酒醪的 pH；测糖度（波美度法）。然后将酒醪用纱布过滤、挤干，收集滤液倒入 2000mL 玻璃圆底烧瓶中；将挤干的酒醪装入烧杯中，用 100mL 左右水涮洗锥形瓶，然后加入装有挤干酒醪的烧杯中搅拌，再次过滤、挤干。将滤液合并加入烧瓶中。加入几粒沸石，按图 1-4 连接好蒸馏装置，确保装置的气密性（如连接不紧密，加热过程中酒精蒸气泄漏可能导致剧烈燃烧），用 1000W 电炉隔石棉网加热蒸馏，将 250mL 锥形瓶置于装有冷水的烧杯中，瓶口用保鲜膜遮盖。收集馏出液 100mL 左右（事先标记锥形瓶体积或目测估计）。

7. 酒样分析

酒精度测定：用量筒准确计量蒸出的酒液体积。然后将酒液倒入 100mL 量筒中，将酒精计放入酒液中，记下刻度值，同时测定酒液的温度，根据酒精浓度-温度换算表，得出酒液的实际酒精。产酒率计算如下（理论上 100g 淀粉可转化为纯酒精 56.82g；大米淀粉含量分析后确定或假定为 70%）：

$$产酒率（\%）= 实际产生纯酒精的质量 / 理论产生纯酒精的质量 ×100 \qquad (1-17)$$

用 pH 试纸或酸度计测定酒液的 pH。

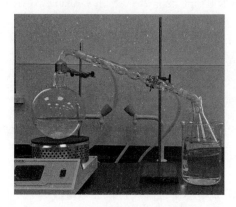

图 1-4 实验室小型蒸酒装置

8. 贮存

密封贮存于阴凉处。

9. 感官品评及风味成分分析

对所制作的蒸馏酒和市售酒样品进行感官评价。取酒样用气相色谱方法分析其风味成分。

10. 结果讨论

各组相互交流实验结果并分析讨论。

五、设备使用、分析检测及产品标准

（一）小型酿酒设备的使用

实验室小型酿酒设备的一种组合包括：蒸酒（蒸饭）装置（图 1-5）、酿酒罐（图 1-6）、过滤机（图 1-7、图 1-8、图 1-9）和贮酒罐等，是模拟实际生产的小型装备，通过适当的组合搭配可进行发酵酒和蒸馏酒的酿制。操作步骤如下。

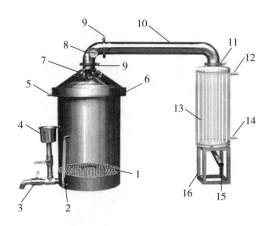

图 1-5 蒸酒（蒸饭）装置

1—蒸屉 2—水位线 3—排水口 4—注水口 5—锅盖水密封排水阀 6—锅盖水密封槽 7—过滤系统
8—温度表 9，11—卡箍 10—导气管 12—循环出水口 13—冷却分流管 14—循环进水口 15—出酒口 16—支架

图1-6 酿酒罐

图1-7 袋式过滤机

图1-8 硅藻土过滤机

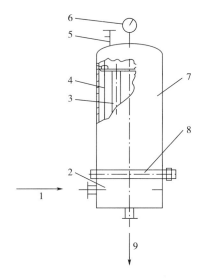

图1-9 白酒精滤机

1—待滤料液入口 2—底盘 3—滤芯 4—压板支柱 5—排气阀 6—压力表 7—上罩 8—螺栓 9—滤后料液出口

（1）洗米及浸米 称取10kg大米放入蒸酒釜中，用自来水淘洗一次，然后用自来水浸泡10~15h，开底部排水阀沥干水分。

（2）蒸饭 将米放入蒸酒釜蒸搁上，加入适量水，按设备操作要求将米饭蒸熟。中间过程观察并洒水 2~3 次，控制米饭熟而不烩。

（3）发酵　米饭淋水，冷至 40℃ 以下，拌入投料大米质量 0.5% 的酒曲。移入发酵罐中，加水 120%，拌匀。控制发酵温度在 28℃ 左右，防止超过 35℃。入缸发酵 1d 后搅拌一次。发酵约两周后结束。发酵结束后测定醪液的 pH、糖度及酵母数。

（4）蒸馏　将酒醅取出，放入蒸酒釜，加热进行蒸馏。开始流酒后，收集 700mL 左右酒头单独存放；继续收集馏出酒液 6~7kg。在蒸馏过程中实时监测馏出液的酒精度。

（5）精滤　如需进一步提高酒质，可将蒸出的酒液先采用硅藻土过滤机过滤，然后用白酒精滤机过滤。

（6）贮存　将酒密封贮存于储酒罐中。

（二）酒精度测定（酒精计法）

原理：用精密酒精计读取酒精体积分数示值，查表进行温度校正，求得在 20℃ 时酒精含量的体积分数，即为酒精度。

将蒸出的酒液注入洁净、干燥的量筒中，静置数分钟，待酒中气泡消失后，放入洁净、擦干的酒精计，再轻轻按一下，不应接触量筒壁，同时插入温度计，平衡约 5min，水平观测，读取与弯月面相切处的刻度示值，同时记录温度。根据测得的酒精计示值和温度，查表，换算为 20℃ 时样品的酒精度。

（三）米饭的热特性参数测定

1. 原理

差热分析仪（DSC）装置测定原理如图 1-10 所示。测定时，在对照样容器和试样容器中分别装好对照样和试样。升温过程中当试样产生热，引起变化（脱水、结合、变性、转移、相转变等）时，与其焓变相对应，试样与对照样之间会产生温度差。当热电偶温度传感器测出温度差时，消除这一温度差的补偿电路驱动电热丝（H_S 或 H_R）发热，同时记录补偿回路的电位。

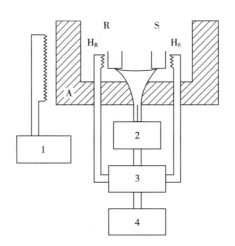

图 1-10　DSC 装置测定原理

1—升温控制　2—放大器　3—热量补偿回路　4—记录仪

A—炉腔　S—试样容器　R—对照样容器　Hs、H_R—电热丝装置

德国耐池 DSC 204 F1 技术参数：温度范围-180~700℃；升温速率 0~200℃/min；降温速率

0~200℃/min；标配 T 型传感器，时间常数短，峰分离能力佳；压缩空气冷却，室温~700℃；液氮冷却，−180~700℃（提供 LN 和 NG 两种模式）。

2. 操作步骤

（1）测试条件准备 准备好载气（通常为 N_2）和液氮；

（2）开机预热 确定所有系统元件连接正确，开启 DSC 204 F1 主机电源，预热 60min；

（3）准备样品 选择合适的坩埚和制样方法，并用天平准确称取样品（精确到 0.01mg）放于坩埚中，装样时尽可能使样品既薄又广地平铺在坩埚底部，用量一般不超过坩埚 1/3 体积，约 10mg，测试一些玻璃化转变不明显的样品时可加大到 12~20mg。封闭坩埚和盖，扎孔（温度超过 350℃，需要盖前扎孔）；

（4）样品放置 用镊子夹取参比盒及样品盒分别放在炉腔的左侧和右侧的支持台上，并依次将炉盖盖好；

（5）调节和设定载气流量 打开气体钢瓶（保护气体通常为 N_2，也可根据实验需要选择气体），打开冷却水，若需要的温度较低，需接通液氮瓶，用液氮进行冷却；

（6）测试程序编辑 点击计算机桌面上的测试软件图标，点击"文件"，在下拉框中选择"新建"，在弹出的对话框中输入样品和参比的名称、质量、坩埚的质量等信息，并选择测量模式，点击"继续"，进行温度校正和热熔校正，点击"继续"，在新弹出的对话框中设置吹扫气流量（常用 20mL/min）和保护气流量（常用 60mL/min），并设置测试温度条件，点击"继续"，设置保存路径及测量实验的文件名；

（7）诊断 测量参数编辑完成后，即出现"Adjustment test"窗口，也可从"Diagnosis"菜单下调出。点击初始化工作条件，内置的质量流量计将根据实验设置自动打开各路气体并将其流量调整到"初始"段的设定值。点击"开始"，即可开始测试。点击"诊断"菜单下的"炉体温度"与"查看信号"，调出相应的显示框；

（8）关机 当试样达到预设的终止温度时测量自动停止，等炉温降下来再关机，关冷却水，关气瓶（为保护仪器，注意炉温在 500℃ 以上不得关闭主机电源）；

（9）数据分析 点击分析程序"PROTEUS ANALYSIS"，打开以上所测实验文件，若测试数据包括多个温度段，可点击"setting"下"Segments"选择要分析的温度段；数据图谱默认的横坐标为时间坐标，对于动态升温测试一般习惯于在温度坐标下显示，可点击"setting"下的"X‑Temperature"或工具栏上的相应按钮，将坐标切换为温度坐标。选中曲线后，可用分析快捷键分析试样的玻璃化转变、结晶（放热）峰或熔融（吸热）峰等热效应。分析标注后，如果还需要在图谱上插入一些样品名称、测试条件等说明性文字，可以点击"Insert"下的"Text"或工具栏上的相应按钮，在分析界面上插入文字（多行需使用"Shift＋Enter"进行换行）；

（10）分析图谱导出 结果图谱分析后，可保存、打印，可以".emf"文件格式导出，也可以".emf"或".bitmap"文件格式复制在剪切板上，在 word 文档中进行粘贴（在"Extras"下"Export to Clipboard"进行）；

（11）数据导出 如果需要将数据在其他软件中作图或进行进一步处理，可把数据以".CSV"格式导出，可以用 excel 打开。具体操作是点击"Extras"，在下拉框中选择"Export data"会弹出一个对话框，可通过拖动图中的两条黑线来调整导出数据的范围，或在操作界面左上角的"左边界"与"右边界"中输入相应的数值来调整，导出补偿（每隔多少时间/温度导出一个点）可在"步长"一栏中设定。再点击"Change"打开输出格式对话框，选择".CSV"即可。

3. 注意事项

（1）通液氮冷却前一定要先开吹扫气与保护气，否则炉内易结霜。

（2）测量程序设定　初始温度设定 1~3min 恒温使 DSC 信号稳定，或将起始温度设定比测试温度低 10℃。需考察升温降温时，建议将速率设定为相同数值。

（3）尽量避免从负极限升温到最高温的工艺，或者升温速率过大的工艺，高温端尽量不做恒温或缓慢爬升工艺。使用空气时温度最好不要超过 400℃，纯氧温度不要超过 300℃。否则氧化炉子器件，缩短仪器寿命。

（4）估计产物过多时加大吹扫气量，测试过程中保持气流稳定。

（5）样品不能烧到分解，温度上限必须小于分解温度。

（6）定期清理样品室，发现样品池被污染时要及时用软棉签擦洗，千万不可用硬物；乙醇清洗时可进行高温清洗，关氮气，通空气，使用 10℃/min 升温速率升到 500℃，查看基线是否平稳，可升温两次。保护气始终用氮气，吹扫气可先甩氮气，加热结束后炉子已干净即可。如果发现炉子还有污染，则吹扫气最好用空气。

（7）出气通道的清理　在每次样品的加热过程中，或多或少总有一些物质分解，其中一部分会被吹扫气经由出气孔排除，导致堵塞，降低其寿命。出气孔可经常用细针疏通。

（四）白酒的感官品评

1. 准备工作

对酒样和酒杯编号，每杯酒样注杯的 3/5 量。

2. 品评

（1）色　举杯对光、白纸作底，用眼观察酒的色泽、透明度、有无悬浮物、沉淀物或渣子等。注意由于发酵期和贮存期长常使酒带微黄色（如酱香型白酒多带微黄色），这是许可的；但如果酒色发暗或色泽过深、失光浑浊或有夹杂物、浮游沉淀物等则是不允许的。

评分标准：无色透明 10 分，酒色不正常应扣分，有浑浊现象扣 3~4 分，沉淀和悬浮物扣 2~5 分，色泽过黄或不能显示透明扣 2 分。

（2）香　白酒香气的主要要求是主体香气突出，香气协调，有愉快感，而无邪杂味。将白酒杯端在手里，离鼻一定的距离进行初闻，鉴别酒的香型，检查芳香的浓郁程度，继而将酒杯接近鼻孔进一步细闻。分析其放香的细腻性，是否纯正，是否有邪杂味。在闻的时候，要注意先呼气再对酒吸气，不能对酒呼气。为了再鉴别酒中的特殊香气，也可采用以下的辅助鉴别方法：用一小块吸水纸（过滤纸），吸入适量的酒样，放在鼻孔处细闻，然后将此过滤纸放置半小时左右，继续闻其香，以此来确定放香时间的长短和放香大小。

评分标准：具有本香型的特点，香气悠久而舒畅 23~25 分；香不足，欠纯正扣 2~4 分；有不愉快的香气扣 4 分；有杂醇油和其他臭气扣 5~10 分。

（3）味　将酒饮入口中，注意酒液入口时要慢而稳，使酒液先接触舌尖，次两侧，最后到舌根，使酒液铺满舌面，进行味觉的全面判断。除了味的基本情况外，更要注意味的协调及刺激的强弱、柔和、有无杂味，是否愉快等。

评分标准：具有本香型酒的回味特点，各味谐调的 48~50 分；欠绵软、欠回甜、味稍淡等均扣 2~4 分；冲辣、后味苦、有涩味等扣 3~6 分；有焦煳味、辅料味、杂醇油味、酒尾味的扣

5~10分；有其他邪杂味扣10分以上。

（4）风格 也称酒体，是对各种酒的典型的色、香、味等方面的综合性感官印象。

评分标准：具有本香型独特优美风格的15分；风格不突出或偏格的扣3~5分，错格的扣5分以上。

（5）用清水漱口，然后按以上步骤品评下一个酒样。

（6）计算各酒样的平均评分，并给出评语。

3. 酒样差异判别能力的训练

每组依次由一位同学随机取排列酒样，其他同学品尝酒样并判断其来源（市售白酒样品判断香型）。

（五）酵母菌的血球板计数

参见实验一中"孢子数的测定"部分。

（六）气相色谱法检测白酒风味成分

1. 原理

气相色谱法（gas chromatography，GC）为色谱法的一种，是利用物质的沸点、极性及吸附性质的差异来实现混合物分离的技术。GC用气体作流动相，即载气，一般为惰性气体。载气的主要作用是将样品带入GC系统进行分离，其本身对分离结果影响很小。GC固定相通常为表面积大且具有一定活性的吸附剂。当多组分混合样品进入色谱柱后，由于各组分的沸点、极性或吸附性能不同，每种组分都会在流动相和固定相之间形成分配/吸附平衡，由于载气的流动性，使各组分在运动中反复多次进行分配/吸附，最终载气中分配浓度大的组分先流出色谱柱，固定相中分配浓度大的后流出。组分流出色谱柱后随即进入检测器，检测器将各组分转换成与该组分浓度大小成正比例的电信号，这些信号被记录下来即为色谱图。

白酒经高温汽化后，随同载气进入色谱柱，利用被测定的各组分在气液两相中具有不同的分配系数的差异而得到分离。分离后的组分先后流出色谱柱，进入氢火焰离子化检测器，根据色谱图上各组分峰的保留值与标样相对照进行定性；利用峰面积（或峰高），以内标法定量。

取标准被测成分，按依次增加或减少的已知阶段量，各自分别加入各单体所规定的定量内标准物质中，调制标准溶液。分别取此标准液的一定量注入色谱柱，根据色谱图取标准被测成分的峰面积和峰高和内标物质的峰面积和峰高的比例为纵坐标，取标准被测成分量和内标物质量之比为横坐标，制成标准曲线。

预先加入与调制标准液时等量的内标物质调制试样，然后按制作标准曲线时的同样条件下得出的色谱，求出被测成分的峰面积或峰高和内标物质的峰面积或峰高之比，再按标准曲线求出被测成分的含量。

2. 实验材料及仪器

白酒样品；气相色谱仪、离心机、离心管、进样针、试管、微孔滤膜。

3. 操作流程

开机→走基线→进样→图谱分析→关机。

4. 操作步骤

（1）开机

①打开载气阀门，顺序是先开高压（逆时针为开），再开低压（顺时针为开），并且低压到5MPa。

②打开电源开关（绿色）。

③设定温度，毛细管等速电泳色谱仪（CITP）为柱温 90~95℃，输入；气化室 125℃，输入；检测室 120℃，输入。再打开加热开关（红色）。按"启动"按钮。进入加热阶段，最后到稳定，"准备"按钮变红为止。

打开空气高压阀，再打开低压阀并且到 0.5MPa。

④打开氢气高压阀，再打开低压阀至蓝色线。

⑤点火：把氢气旋钮调到 0.14MPa（0.12MPa），用点火器对准仪器上方的氢气出口，按下点火器上的按钮将其点燃，然后再把氢气慢慢调到 0.08MPa。

（2）走基线　基线走平之后才能进样，否则会影响检测结果。

（3）进样　首先将样品在 12000r/min 下离心 10min，用孔径为 0.45μm 的微孔滤膜过滤上清液至试管中，另取 5mL 滤液加入 100μL 内标工作液（乙酸乙酯），混匀后作为待测样液。将进样针用色谱纯酒精清洗 2~3 次，再用色谱纯蒸馏水清洗 2~3 次，最后样液润洗 2 次，以 0.6μL 的进样量进样。

（4）图谱分析　白酒中香气成分的色谱图示例如图 1-11 所示。

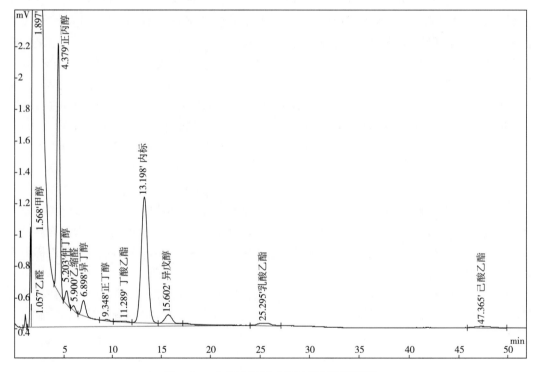

图 1-11　白酒中香气成分气相色谱图示例

（5）关机　首先是熄火步骤：氢气关小，先关高压阀，再关低压阀，并且慢慢回到 0；空气关掉，先关高压阀，再关低压阀，并且到 0；红色加热阀关掉。最后打开门，使 CITP 温度降低到 20℃。关闭电源开关。关载气（先关高压阀，再关低压阀，使之缓慢回 0）。

5. 注意事项

（1）氮气要最先开最后关；开气应先开高压阀再开低压阀，关气时先关高压阀再关低压阀；

（2）离开仪器，必须断电断气，三个气瓶的低压阀度数必须为 0。

（七）气相色谱-质谱联用（GC-MS）法检测白酒风味成分

与气相色谱（GC）相结合的检测技术很多，包括广谱性检测技术（如氢火焰离子检测器 FID、质谱 MS、飞行时间质谱 TOFMS、电子捕获检测器 ECD）和有针对性的检测技术（氮磷检测器 NPD、脉冲式火焰光度检测器 PFPD），其中 MS 是食品挥发性组分研究中应用最广的检测仪器，其基本原理是使试样中各组分在离子源中发生电离，生成不同荷质比的带正电荷的离子，经加速电场的作用，形成离子束，进入质量分析器。在质量分析器中，再利用电场和磁场使发生相反的速度色散，将它们分别聚焦而得到质谱图，从而确定其质量。GC-MS 结合了气相色谱和质谱的特性，用于对样品组分进行分离和鉴别。GC-MS 系统一般包括进样系统、离子源、质量分析器、离子检测器、控制电脑及数据分析几个部分，其中离子源和质量分析器是核心。GC-MS 结合了 GC 极强的分离能力和 MS 灵敏度高的特点，对未知的微量和痕量化学物鉴别能力强，是定性定量分析复杂化合物的有力工具之一。

1. 样品前处理

采用直接固相微萃取对样品进行前处理。固相微萃取法包括吸附和解吸两步。吸附过程中，待测物在样品和萃取头的固定相液膜中平衡分配，遵循"相似相溶"原理，通过待测物在固定相中逐步富集，完成试样前处理过程；解吸过程则是利用气相色谱（GC）进样器的高温将吸附的组分从固定相中解吸下来。

2. 样品测试操作步骤（以岛津 GCMS-QP2010SE 系统为例）：

（1）电脑开机；

（2）在桌面上打开"GC-MS 实时分析"软件；

（3）调用方法或新建方法；

（4）等待 GC 和 MS 准备就绪；

（5）进样　对于白酒样品，可采用以下两种进样方式。①手动进样：A. 样品登录（修改样品名、样品 ID、数据文件，调用最新日期的调谐文件）；B. 点击"待机"，等待 GC 和 MS 再次准备就绪；C. 手动进样；D. 点击"开始"，仪器开始工作。②液体自动进样：A. 样品登录（修改样品名、样品 ID、数据文件，调用最新日期的调谐文件）；B. 点击"批处理"进行样品瓶及相关信息编辑；C. 点击"待机"，待 GC 和 MS 再次准备就绪，仪器开始工作。

（6）测试完毕　GC-MS 使用结束后，若较长时间不使用（12h 以上），则需将柱温箱温度、进样口温度以及接口温度均设为 30℃，然后点击"采集"→"下载仪器参数"，最后关闭电脑屏幕（注意是关闭电脑屏幕，而不是关机）。

（7）数据分析　对图谱中的每个物质进行手动积分，并与质谱图库比对检索，确定物质的化学式和结构。

（八）白酒产品相关标准

与白酒（蒸馏酒）相关的标准较多。目前浓香型、酱香型、清香型、米香型等各类白酒均有相应的国家推荐标准，内容主要包括各类型白酒的酒精度、感官、理化（包括特征性组分含量）等要求。本实验为采用大米为原料的半固态酿酒，涉及的标准有：

1. GB/T 10781.3—2006《米香型白酒》

主要内容包括：①米香型白酒的术语和定义。②产品分类：按酒精度分为高度酒（41% ~ 68%vol）和低度酒（25% ~ 40%vol）。③感官要求：包括高度和低度优级和一级米香型白酒的色泽和外观、香气、口味和风格。④理化要求：包括高度和低度优级和一级米香型白酒的酒精度、总酸（以乙酸计）、总酯（以乙酸乙酯计）、乳酸乙酯、苯乙醇和固形物等指标要求。

2. GB 2757—2012《食品安全国家标准　蒸馏酒及其配制酒》

主要内容包括术语和定义、原料要求、感官要求、理化指标（甲醇和氰化物）、污染物和真菌毒素、食品添加剂和标签等。

3. GB 8951—2016《食品安全国家标准　蒸馏酒及其配制酒生产卫生规范》

主要内容包括　术语和定义、选址及厂区环境、厂房和车间、设施与设备、卫生管理、原料、食品添加剂和相关产品、生产过程的食品安全控制、检验、产品的贮存和运输、产品召回管理、培训、管理制度和人员、记录和文件管理等方面的要求。

4. GB/T 10345—2022《白酒分析方法》

主要内容包括　感官评定、总酯、固形物、乙酸乙酯、己酸乙酯、乳酸乙酯、丁酸乙酯、丙酸乙酯、正丙醇、β-苯乙醇、二元酸（庚二酸、辛二酸、壬二酸）二乙酯的分析检测方法。

六、思考题

1. 在发酵前加入的酒曲中有哪些微生物和酶？它们分别起什么作用？
2. 计算产气量的意义是什么？怎样计算产气量？
3. 在蒸酒过程中不同阶段的酒精浓度是否有差别及其原因分析。

实验四　甜酒酿制作及分析

一、实验目的

学习并掌握甜酒酿的酿制方法；掌握甜酒酿的质量标准及其重要指标检测方法。

二、实验原理

甜酒酿又称醪糟，是我国传统的发酵食品，其产热量高，酒精度低，风味独特，具有良好的营养价值。由于酵母不能直接利用淀粉，因此大多数的酒酿是将糯米或大米经过蒸煮糊化，利用酒药中的根霉和米曲霉等微生物将糊化后的淀粉糖化，将蛋白质水解成氨基酸，然后酒药中的酵母菌利用糖化产物进行生长和繁殖，并通过糖酵解途径将糖转化成酒精，经一定时间酿制而成的产品。

三、实验材料及仪器

1. 材料

糯米（500g），甜酒曲。

2. 仪器

蒸锅，多孔蒸盘，纱布，筷子，恒温箱，带盖玻璃瓶，温度计，灭菌锅。

四、工艺流程

糯米 → 清洗 → 浸米 → 蒸米 → 淋水 → 冷却 → 接种 → 搭窝 → 恒温发酵 → 醪糟 → 调配 → 包装 → 杀菌 → 成品

五、实验步骤

1. 糯米的选择

选用优质白糯米作为原料制作醪糟汁。使用高品质原料是保证甜酒酿质量的一个关键。原料糯米必须粒大、完整、辅白，无杂质、杂米。

2. 洗米浸米

在浸泡糯米之前，将精米淘洗数次，以洗出的水基本无白浊为宜。浸泡时水面高出米面20cm，常温时间4h以上。在70℃左右的水中浸泡2~3h即可。

3. 蒸米

取经浸泡的米，用少量自来水冲洗，将米放在包有纱布的笼屉上进行蒸煮。待冒汽后，加盖，在100℃蒸汽下蒸米，一般糯米只需常压蒸煮30~40min。蒸米的要求为：米饭外硬内软，富有弹性；熟透而不烂，疏松不煳；内无白心，软硬适中，无不熟或过烂现象。

注意：在蒸米的过程中应向米上浇淋85℃以上的热水，促进米饭吸水膨胀，从而可以达到更好的糊化效果；此外，蒸好米饭后不能立即打开出料盖，而应该先闷5~8min，让淀粉在锅内继续糊化。整个蒸煮过程耗时约40min。

4. 淋冷

将蒸好的米饭放于纱布上，用凉的灭菌水（或凉开水）淋冲至30~32℃（本实验饭量较少，淋一次即可），以免拌曲后因饭温过高而杀死酒曲中的微生物，同时淋冷浸出的淀粉，使饭粒松散不粘连。若有结块现象，应予以拨散。

5. 拌曲发酵

拌曲的目的是让种曲中的微生物作用于糯米中的淀粉和糊精，将其转化为葡萄糖和酒精。待米饭冷却后，将沥干后的米饭置于灭过菌的容器中，按一定比例加入甜酒曲，将其均匀的拌在米饭内，边撒边翻。

6. 搭窝

将米饭的表面做成一个漏斗型的窝（图1-12），即所谓的"搭窝"，再在搭好窝的米饭表面撒少许曲粉。

图1-12　搭窝

7. 恒温培养

搭窝后用湿润的纱布将其盖上，放入30℃的恒温培养箱，发酵24~72h，待窝内渗出大量甜酒液时，即可品尝食用。

8. 成品

将发酵好的醪糟装入已灭菌的罐头瓶里，然后进行巴氏杀菌，密封，放入冰箱中冷藏。

9. 成品评价

感官评价：具有相当含量固形物的固液混合物，乳白色，允许有微黄色，具有甜酒酿特有的清香气体，无异味，味感柔和，酸甜可口，无肉眼可见外来异物和杂质。

取成品测总酸、氨基态氮、还原糖、酒精度等理化指标。

六、分析检测及产品标准

1. 总酸、氨基酸态氮测定

（1）原理　氨基酸是两性化合物，分子中的氨基与甲醛反应后失去碱性，而使羧基呈酸性。用氢氧化钠标准溶液滴定羧基，通过氢氧化钠标准溶液消耗的量可以计算出氨基酸的含量。

（2）试剂　36%～38%甲醛（无缩合沉淀）、无二氧化碳水、0.1mol/L氢氧化钠滴定溶液。

（3）仪器　酸度计、分析天平、磁力搅拌器。

（4）操作

①按仪器使用说明校准酸度计。

②吸取试样10mL于150mL烧杯中，加入无二氧化碳的水50mL。烧杯中放入磁力搅拌棒，置于电磁搅拌器上，开启搅拌，用氢氧化钠标准溶液滴定溶液，当滴定至pH 7.0时，放慢滴定速度，直至pH 8.2为终点。记录消耗0.1mol/L氢氧化钠标准滴定溶液的体积（V_1）。加入甲醛溶液10mL，继续用氢氧化钠标准溶液滴定至pH 9.2，记录加甲醛后滴定消耗的氢氧化钠标准溶液体积（V_2）。同时做空白实验，分别记录加甲醛和不加甲醛溶液时，空白试验所消耗氢氧化钠标准溶液的体积（V_3、V_4）。

（5）计算　按式（1-18）计算试样中的总酸含量：

$$X_1 = (V_1 - V_3) \times C \times 0.09 \times 1000/V \tag{1-18}$$

式中　X_1——试样中总酸的含量，g/L；

　　　V_1——测定试样时，消耗0.1mol/L氢氧化钠标准滴定溶液的体积，mL；

　　　V_3——空白试验时，消耗0.1mol/L氢氧化钠标准定滴定溶液的体积，mL；

　　　C——氢氧化钠标准滴定溶液的浓度，mol/L；

　　0.09——乳酸的摩尔质量的数值，g/mol；

　　　V——吸取试样的体积，mL。

试样中氨基酸态氮含量按式（1-19）计算：

$$X_2 = (V_2 - V_4) \times C \times 0.014 \times 1000/V \tag{1-19}$$

式中　X_2——试样中氨基酸态氮的含量，g/L；

　　　V_2——加甲醛后，测定试样时消耗0.1mol/L氢氧化钠标准滴定溶液的体积，mL；

　　　V_4——加甲醛后空白试验时消耗0.1 mo/L氢氧化钠标准滴定溶液的体积，mL；

　　　C——氢氧化钠标准滴定溶液的浓度，mol/L；

　　0.014——氮的摩尔质量的数值，g/mol；

　　　V——吸取试样的体积，mL。

2. 还原糖测定

（1）原理　费林溶液与还原糖共沸，生成氧化亚铜沉淀。以次甲基蓝为指示液，用试样水解液滴定沸腾状态的费林溶液，达到终点时，稍微过量的还原糖将次甲基蓝还原成无色为终点，依据试样水解液的消耗体积，计算总糖含量。

（2）试剂

费林甲液：称取硫酸铜 69.28g，加水溶解并定容至 1000mL。

费林乙液：称取酒石酸钾钠 346g 及氢氧化钠 100g，加水溶解并定容至 1000mL，摇匀、过滤、备用。

葡萄糖标准溶液（2.5g/L）：称取经 103~105℃烘干至恒重的无水葡萄糖 2.5g（精确至 0.0001g），加水溶解，并加浓盐酸 5mL，再用水定容至 1000mL。

次甲基蓝指示液（10g/L）：称取次甲基蓝 1.0g 加水溶解并定容至 100mL。

盐酸溶液（6mol/L）：量取浓盐酸 50mL 加水稀释至 10mL。

甲基红指示液（1g/L）：称取甲基红 0.10g，溶于乙醇并稀释至 100mL。

氢氧化钠溶液（200g/L）：称取氢氧化钠 20g，用水溶解并稀释至 100mL。

（3）仪器　分析天平、电炉、酸式滴定管。

（4）分析步骤

①标定费林溶液的预滴定：准确吸取费林甲、乙液各 5mL 于 250mL 锥形瓶中，加水 30mL，混合后置于电炉上加热至沸腾，滴入葡萄糖标准溶液，保持沸腾，待试液蓝色即将消失时，加入次甲基蓝指示液两滴，继续用葡萄糖标准溶液滴定至蓝色消失为终点。记录消耗葡萄糖标准溶液的体积（V）。

②费林溶液的标定　准确吸取费林甲、乙液各 5mL 于 250mL 锥形瓶中，加水 30mL，混匀后，加入比预滴定体积（V）少 1mL 的葡萄糖标准溶液，置于电炉上加热至沸腾，加入次甲基蓝指示液，保持沸腾 2min，继续用葡萄糖标准溶液滴定至蓝色刚好消失为终点，并记录消耗葡萄糖标准溶液的体积（V_1），全部滴定操作应在 3min 内完成。

费林甲，乙液各 5mL 相当于葡萄糖的质量按式（1-20）计算：

$$M_1 = m \times V_1/1000 \tag{1-20}$$

式中　M_1——费林甲、乙液各 5mL 相当于葡萄糖的质量，g；

　　　m——称取葡萄糖的质量，g；

　　　V_1——正式标定时，消耗葡萄糖标准溶液的总体积，mL。

③试样的测定　吸取试样 2~10mL（控制水解液总糖量为 1~2g/L）于 500mL 容量瓶中，加水 50mL 和盐酸溶液 5mL，在 68~70℃水浴中加热 15min。冷却后，加入甲基红指示液两滴，用氢氧化钠溶液中和至红色消失（近似于中性），加水定容，摇匀，用滤纸过滤后备用。

测定时，以试样水解液代替葡萄糖标准溶液做空白。

试样中总糖含量按式（1-21）计算：

$$X = \frac{500 \times M_1}{V_2 \times V_3} \times 1000 \tag{1-21}$$

式中　X——试样中总糖的含量，g/L；

　　　M_1——费林甲、乙液各 5mL 相当于葡萄糖的质量，g；

　　　V_2——滴定时消耗试样稀释液的体积，mL；

　　　V_3——吸取试样的体积，mL。

3. 酒精度测定（密度瓶法）

（1）原理　以蒸馏法去除样品中的不挥发性物质，用密度瓶法测出试样（酒精水溶液）

20℃时的密度，查表求得在20℃时酒精含量的体积分数，即为酒精度。

（2）仪器　全玻璃蒸馏器（500mL）、恒温水浴：控温精度±0.1℃、附温度计密度瓶：25mL或50mL。

（3）试样液的制备　用一干燥、洁净的100mL容量瓶，准确量取样品（液温20℃）100mL于500mL蒸馏瓶中，用50mL水分三次冲洗容量瓶，洗液并入蒸馏瓶中，加几颗沸石或玻璃珠，连接蛇形冷却管，以取样用的原容量瓶作接收器（外加冰浴），开启冷却水（冷却水温度宜低于15℃），缓慢加热蒸馏（沸腾后的蒸馏时间应控制在30~40min内完成），收集馏出液，当接近刻度时，取下容量瓶，盖塞，于20℃水浴中保温30min，再补加水至刻度，混匀，备用。

（4）分析步骤　将密度瓶洗净，反复烘干、称量，直至恒重（m）。取下带温度计的瓶塞，将煮沸冷却至15℃的水注满已恒重的密度瓶中，插上带温度计的瓶塞（瓶中不得有气泡），立即浸入（20.0±0.1）℃恒温水浴中，待内容物温度达20℃，并保持20min不变后，用滤纸快速吸去溢出侧管的液体，立即盖好侧支上的小罩，取出密度瓶，用滤纸擦干瓶外壁上的水液，立即称量（m_1）。将水倒出，先用无水乙醇，再用乙醚冲洗密度瓶，吹干（或于干燥箱中烘干），用试样液反复冲洗密度瓶3~5次，然后装满。重复上述操作，称量（m_2）。

试样液（20℃）的相对密度按式（1-22）计算：

$$X = (m_2 - m)/(m_1 - m) \qquad (1-22)$$

式中　X——试样液（20℃）的相对密度；

m_2——密度瓶和试样液的质量，g；

m——密度瓶的质量，g；

m_1——密度瓶和水的质量 g。

根据试样的相对密度，查表求得20℃时样品的酒精度。所得结果表示至一位小数。

4. 酒酿中的氨基酸分析

取酒酿过滤，测定方法参见实验六中氨基酸的分析检测"纸层析法"和"全自动氨基酸分析仪法"检测部分。

5. 米饭的热特性参数分析

参见实验三中"米饭的热特性参数分析"部分。

6. 相关产品标准

（1）宜宾好食香食品有限公司企业标准 Q/HSX 0001S—2016《醪糟》　该标准规定了醪糟的技术要求、检验规则、标志、包装、运输、贮存和保质期。其中理化指标主要有固形物含量、酒精含量、总糖、总酸等；微生物指标主要有菌落总数、大肠杆菌、霉菌计数、酵母计数，致病菌有沙门氏菌、金黄色葡萄球菌。

（2）灵宝市宇龙春食品有限公司企业标准 Q/LYS 0002S—2016《醪糟饮品》　该标准规定了醪糟饮品的分类、要求、实验方法、检验规则、标志、标签、包装、运输、贮存要求。其中理化指标主要有固形物含量、酒精含量、pH等，微生物指标主要有菌落总数、大肠杆菌、霉菌计数、酵母计数，致病菌有沙门氏菌、金黄色葡萄球菌。

（3）NY/T 1885—2017《绿色食品 米酒》　主要内容包括：米酒的术语和定义，分类，生产加工要求，原料，感官，理化指标（固形物、还原糖、蛋白质、总酸、酒精度），污染物限量（无机砷 As≤0.15mg/kg、铅 Pb≤0.3mg/kg、镉 Cd≤0.2mg/kg、锡 Sn≤100mg/kg）、食品添加剂限量（苯甲酸、糖钠精、环己基氨基磺酸钠及环己基氨基磺酸钙不得检出）和真菌毒素限量（黄曲霉毒素 $B_1 \leqslant 5\mu g/kg$），微生物限量（菌落总数 $\leqslant 50CFU/g$，大肠菌群 $\leqslant 3.0MPN/g$，商业无菌），净含量等要求，检验规则，标签，包装、运输和储存。

七、思考题

1. 简述淘洗、浸米、蒸米、搭窝的目的。
2. 甜酒酿发酵中起作用的微生物主要有哪些？

第四节　发酵调味品

实验五　食醋制备及分析

一、实验目的

学习并掌握食醋的酿造方法；掌握食醋的质量标准及其重要指标检测方法。

二、实验原理

我国的食醋是用粮食等为原料，经微生物制曲、糖化、酒精发酵、醋酸发酵等阶段酿造而成。食醋的酿造过程以及风味的形成是由于各种微生物所产生的酶引起的生物化学作用。食醋酿造包括淀粉水解、酒精发酵和醋酸发酵三个过程。

淀粉水解的第一步是利用淀粉酶将淀粉转化为糊精和低聚糖，使淀粉的可溶性增加，此过程称液化，反应温度在 $85\sim90℃$，pH $6.0\sim7.0$。第二步是利用糖化酶将糊精或低聚糖进一步水解，转变为葡萄糖，此过程称糖化，反应温度 $50\sim60℃$，pH $3.5\sim5.0$。液化和糖化都在酶作用下完成。

酒精发酵过程为酵母菌的厌气性发酵。在淀粉水解和酒精发酵中，既有发酵醪中的淀粉、糊精被糖化酶作用，水解生成糖类物质的反应；又有发酵醪中的蛋白质在蛋白酶的作用下，水解生成小分子的蛋白胨、肽和各种氨基酸的反应。这些水解产物，一部分被酵母细胞吸收合成菌体，另一部分则发酵生成了酒精和二氧化碳，还要产生副产物杂醇油、甘油等。

醋酸发酵：醋酸菌利用乙醇氧化为乙酸；先由乙醇在乙醇脱氢酶的催化下氧化成乙醛，乙醛通过吸水形成水化乙醛，接着由乙醛脱氢酶氧化成乙酸。反应式为：

$$CH_3CH_2OH+O_2\longrightarrow CH_3COOH+H_2O$$

理论上，100g 酒精可生成纯乙酸130.4g，但在实际生产过程中，一般只能生成100g 左右乙酸。

三、实验材料及仪器

1. 材料

糯米 100g，麸皮 170g，稻壳 94g，食盐 4g，食糖 1.2g，酵母菌，醋酸菌。

2. 仪器

酸度计，蒸馏装置，分析天平，干燥箱，无菌室，微生物培养箱，灭菌锅，恒温箱，带盖玻璃瓶，温度计，纱布。

四、工艺流程

糯米 → 浸泡 → 蒸煮 → 酒曲 → 酒发酵 → 麸皮、稻壳 → 醋发酵 → 加盐 → 陈酿 →

淋醋 → 煎醋 → 成品

五、实验步骤

1. 浸米、蒸煮、拌曲、搭窝

取糯米100g浸泡。要求米粒浸透无白心。一般冬季浸泡24h，夏季15h，春、秋季18~20h。然后捞出放入筛子，用清水反复冲洗。沥干后蒸煮，要求熟透，不焦、不黏、不夹生。蒸饭取出后用凉水冲淋冷却，冬季至30℃，夏季25℃，然后拌入0.4g酵母，拌匀后装缸搭窝成V形，再用草盖封缸。防止污染并注意保温。

2. 酒精发酵

保持发酵品温（25~30℃）。一般发酵3~4d后，饭粒上浮，汁有酒香气，再添加水分和60g麦曲，保持品温。24h后搅拌，冲缸后酵母大量繁殖，酒精发酵开始占据主要地位，醪液温度逐渐上升，达到33~35℃时进行搅拌，以后每天搅拌1~2次，直到酒醪成熟（有乳汁般的液体溢出，拿手指蘸了尝，非常甜，但与糖不同，略带酒香）。

3. 搅拌

将酒醪中加入170g麸皮拌匀，然后拌入0.4g醋酸菌或适量的发酵好的成熟醋醅，再加94g稻壳及水，用手充分搓拌均匀，放于醅面中心处，再上覆一层稻壳，不加盖，进行发酵。

4. 醋酸发酵

发酵3~5d后，将上覆稻壳揭开，把上面发热的醅料与下层醅料再加适量稻壳充分拌匀，进行过勺，将上部发热的醅料与下部未发热的醅料及大糠充分拌和。之后天天翻缸，即将缸内的醋醅全部翻过装入另一缸。其间应注意掌握温度30℃左右。经7d发酵，温度开始下降，酸度不再上升，即表明发酵完毕。

5. 加盐

醋醅成熟后，立即向缸中加盐，并进行封醅，将醋醅撳实，缸口用塑料布盖实（从前用泥土密封），沿缸口用食盐压紧密封，不使通气，称为封醅，时间15d以上。封醅到第7d，再换缸1次，进行翻缸，重新封缸，做到缸满醅实，醅面上覆一层4g食盐，缸口用塑料布封严，进行陈酿。封缸7d后，再翻缸一次，整个陈酿期20~30d，陈酿时间越长，风味越好。

6. 淋醋

把发酵结束的醋醅加入醋醅质量两倍的冷水浸泡12h后，进行淋醋，直至醋液全部淋出。

7. 封存

将头汁醋加糖搅拌溶化，澄清后过滤，加热煮沸30min，趁热装入容器，密封存放。

8. 成品评价

取成品进行感官评价；测定总酸、氨基酸态氮、菌落总数、大肠菌群。

六、分析检测及产品标准

1. 总酸的测定

（1）原理　食醋中主要成分是乙酸，含有少量其他有机酸，用氢氧化钠标准溶液滴定，以酸度计测定 pH 8.2 终点，结果以乙酸表示。

（2）试剂和仪器 氢氧化钠标准滴定溶液（0.05mol/L），酸度计，磁力搅拌器，滴定管。

（3）分析步骤 吸取 10.0mL 试样于 100mL 容量瓶中，加水至刻度，混匀。吸取 20mL，置于 200mL 烧杯中，加 60mL 水，开动磁力搅拌器，用 0.05mol/L 氢氧化钠标准溶液滴定至酸度计指示 pH 8.2，记下消耗氢氧化钠标准溶液的体积，同时做试剂空白试验。

试样中总酸的含量计算如下：

$$X = (V_1 - V_2) \times C \times 0.060/(V \times 10.100) \times 100 \qquad (1-23)$$

式中　X——试样中总酸的含量（以乙酸计），g/100mL；

　　　V_1——测定用试样稀释液消耗氢氧化钠标准滴定溶液的体积，mL；

　　　V_2——试样空白消耗氧氧化钠标准定滴定溶液的体积，mL；

　　　C——氢氧化钠标准滴定溶液的浓度，mol/L；

0.060——与 1.00mL 氢氧化钠标准溶液（1mol/L）相当的乙酸的质量，g；

　　　V——试样的体积，mL。

2. 氨基酸态氮测定

参见实验四中"氨基酸态氮测定"部分。

3. 食醋中的氨基酸分析

取酒酿过滤，测定方法参见实验六中氨基酸的分析检测"纸层析法"和"全自动氨基酸分析仪法"检测部分。

4. 感官评价

不同级别食醋的感官要求如表 1-1 所示。

表 1-1　　　　　　　　　　　不同级别食醋的感官要求

项目	一级	二级	三级
色泽	红棕色，色泽很明显	红棕色，色泽较明显	红棕色，色泽较暗淡
香气	具有浓郁的酯香和醋香气	有较淡的醋香和醋香气	有很淡的醋香气
滋味	味鲜美，酸甜可口，柔和	味鲜，酸甜比较适口	酸甜不太适口
体态	澄清，无悬浮物，无杂质	较澄清无悬浮物	有少量悬浮物和杂质

5. 相关产品标准

GB 2719—2018《食品安全国家标准　食醋》主要内容包括：适用范围、术语和定义、技术要求（原料要求、感官要求、理化指标、污染物限量和真菌毒素限量、微生物限量、食品添加剂和食品营养强化剂）及其他。

GB 8954—2016《食品安全国家标准　食醋生产卫生规范》主要内容包括：食醋生产过程中原料采购、加工、包装、贮存和运输等环节的场所、设施、人员的基本要求和管理准则。

GB/T 18187—2000《酿造食醋》主要内容包括：酿造食醋的定义、产品分类、技术要求、试验方法、检验规则和标签、包装、运输、贮存的要求。

SB/T 10300—1999《调味品名词术语 食醋》规定了以粮食、糖类、水果、酒精等为原料，生产的酿造食醋所涉及的一般名词术语、产品名词、工艺名词术语等。

SB/T 10174—1993《食醋的分类》规定了食醋的定义和产品分类。

七、思考题

糯米淘洗、浸米、蒸米及淋醋的目的有哪些?

实验六　酱油制备及分析

一、实验目的

掌握酱油生产的基本原理；了解酱油制作的流程；掌握实验室制作酱油的方法。

二、实验原理

酱油酿造的主要原料是植物性蛋白质和淀粉。原料经蒸熟、冷却，接入纯种培养的米曲霉制成酱曲，酱曲移入发酵池，加盐水发酵，待酱醪成熟后，以浸出法提取酱油。制曲是为了使米曲霉在曲料上充分生长发育，大量产生和积蓄所需要的酶，如蛋白酶、肽酶、淀粉酶、谷氨酰胺酶、果胶酶、纤维素酶、半纤维素酶等。而味的形成是利用这些酶的作用，如蛋白酶及肽酶将蛋白质水解为氨基酸，产生鲜味；谷氨酰胺酶把成分中无味的谷氨酰胺变成具有鲜味的谷氨酸；淀粉酶将淀粉水解成糊精和葡萄糖，产生甜味；果胶酶、纤维素酶和半纤维素酶等能将细胞壁完全破裂，使蛋白酶和淀粉酶水解更彻底。同时，在发酵中添加纯种培养的乳酸菌和酵母菌或来自环境的酵母菌、乳酸菌和醋酸菌作用于酱醪，产生乙醇、乳酸和其他有机酸，这些物质之间在酱醪发酵中相互反应产生酯化、羰氨等反应，形成酱油的色、香、味。此外，由原料蛋白质中的酪氨酸经氧化生成黑色素及淀粉经淀粉酶水解为葡萄糖与氨基酸反应生成类黑素，使酱油产生鲜艳有光泽的红褐色。发酵期间的一系列极其复杂的生物化学变化所产生的鲜味、甜味、酸味、酒香、酯香与盐水的咸味相混合，最后形成色香味和风味独特的酱油。

三、实验材料及仪器

1. 材料

豆粕或豆饼或黄豆，麸皮或小麦，食盐，米曲霉或黑曲霉。

5 °Bé 豆粕汁：豆粕加 5 倍水煮沸 1h，边煮边搅拌，然后过滤。每 100g 豆粕可制得豆粕汁 100mL，浓度为 4~5° Bé。

斜面培养基：5 °Bé 豆粕汁 100mL，$(NH_4)_2SO_4$ 0.05g，KH_2PO_4 0.1g，$MgSO_2 \cdot 7H_2O$ 0.05g，可溶性淀粉 2.0g，琼脂 2.0g，pH 自然。在 0.1MPa 压力下灭菌 30min。

锥形瓶培养基：麸皮：面粉：水 = 80g：20g：80mL（或豆饼粉：麸皮：面粉：水 = 20g：60g：20g：65mL）。将原料混合均匀，分装于锥形瓶中，料厚 1cm 左右，扎好棉塞，在 0.1MPa 压力下灭菌 30min。

曲盘种曲培养基：麸皮：面粉：水 = 80g：20g：80mL（或麸皮：豆粕粉：水 = 80g：15g：95mL），在 0.1MPa 压力下灭菌 30min（或常压蒸料 1h，再焖 30min）。

2. 仪器及设备

试管，锥形瓶，陶瓷盘，铝饭盒，塑料袋，分装器，量筒，温度计，电子天平，水浴锅，波美计，高压灭菌锅等。

四、工艺流程

低盐固态发酵酱油酿制工艺流程如图 1-13 所示。

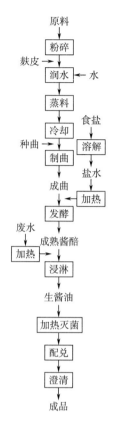

图 1-13 低盐固态发酵酱油酿制工艺流程

五、实验步骤

1. 种曲制备

（1）试管斜面菌种培养 将试管原菌接种于试管斜面培养基上，30℃恒温培养 3d，斜面上长满黄绿色孢子，并检查无杂菌。

（2）锥形瓶种曲培养 将试管斜面菌种接种于锥形瓶培养基中，摇匀，在 30℃条件下培养。约 18h 后，瓶内曲料上布满白色菌丝并结块，摇瓶一次，将结块摇碎。继续培养 4h，曲料又结块，进行第二次摇瓶。经过 2d 培养，把锥形瓶倒置，以促进底部曲霉生长。继续培养 1d，待全部长满黄绿色孢子即可。

（3）种曲培养 待灭菌后的曲盘培养基品温降至 40℃左右时，将锥形瓶种曲散布于曲料中，翻拌均匀。接种量为 0.5%～1.0%。曲料装入曲盘中，厚度为 2cm 左右，上盖湿纱布。在 28～30℃、相对湿度 90%的条件下培养约 16h，曲料出现白色菌丝并结块，品温升高到 38℃左右时可进行翻曲，搓碎曲块，同时喷洒补充约 40℃的温水 40%（占原料质量），过筛一次混合均匀。补水多少视菌丝生长快慢和水分挥发程度灵活掌握。翻曲后料层厚度减至 1cm，保持相对湿度，温度控制在 26～28℃。4～6h 后，再次翻曲，品温控制在 38℃以下，并经常保持纱布潮湿。再经 10h 左右，曲料呈淡黄绿色，品温下降至 32～35℃。在 28～30℃条件下继续培养 35h 左右，曲料上长满孢子，可揭去纱布，促进孢子完全成熟。总培养时间需 68～72h。

测定种曲中米曲霉孢子数及发芽率。种曲质量要求孢子的数量在 25 亿～30 亿个/g（湿基计），孢子发芽率在 90% 以上。发芽率低或缓慢都不能使用。

2. 成曲制备

（1）原料处理　若用豆粕则无需粉碎；若用豆饼则需粉碎成米粒大小，大小均匀，粒径在 5mm 以上，粉末状的不超过 10%；若用黄豆，则经过筛选、浸泡，冬季浸 13~15h，夏季浸 8~9h，再经高压蒸煮（0.5MPa，3min），降温至 35~40℃。

（2）润水　按豆粕、麸皮 3∶2 的比例配料，加水量约为原料质量的 80%，以控制熟料水分，水分含量以 45%~50% 为宜，水为接近沸点的热水。混合均匀，润水约 30min，要求水分充分渗入料粒内部。

（3）蒸料　采用高压灭菌锅蒸料，在 0.08~0.14MPa 压力下维持 15~30min。

（4）冷却、接种　熟料出锅后冷却至 40℃，并打碎团块。将种曲与经干热处理的适量新鲜麸皮充分拌匀，然后接种到熟料中，接种量为原料总质量的 0.3% 左右。

（5）曲盘培养　操作方法同种曲培养，但应控制培养时间，以曲内部菌丝茂盛，外部着生嫩黄绿孢子为宜。此时酶活力已达最高峰，应及时出曲，时间为 24~36h。

3. 发酵

（1）盐水的配制及用量计算　固态低盐发酵配制 12~13 °Bé 盐水，盐水用量为制曲原料的 120%~150%，一般要求酱醅水分含量为 50%。称取食盐 13~15g，溶于 100mL 水中，即可制得 12~13 °Bé 热盐水，加热至 55~60℃ 备用。制醅时盐水用量计算如下：

$$盐水量 = \frac{曲重 \times [酱醅要求水分(\%) - 曲的水分(\%)]}{[1 - 氯化钠(\%)] - 酱醅要求水分(\%)} \times 100 \tag{1-24}$$

（2）拌和制醅　将成曲搓碎（约2mm 颗粒），加入 12~13 °Bé 的盐水，盐水温度 50~55℃。加入量为成曲总料量的 45%，应以酱醅水分含量在 45%~48%，拌匀后装入容器中。

（3）保温发酵　接种培养好的酵母菌，用量为酱醅的 10%，将容器密封进行保温发酵，前 7d 为 38℃，后 5~7d 为 42℃。保温发酵次日需浇淋一次，以后每隔 4~5d，再浇淋一次。共需浇淋 3~4 次。浇淋就是将发酵液取出淋在酱醅表面。发酵时间 14~15d。

4. 淋油浸出

将成熟酱醅中加入原料总质量 500% 的沸水，置于 60~70℃ 水浴中，浸出 15h 左右，放出得头油，再加入 500% 的沸水于 60~70℃ 水浴中浸出约 4h，放出得二油。

5. 加热及配制

将滤出的油加热至 70~80℃，维持 30min。按照国家标准或根据不同需要进行配制。

6. 成品评价

测定成品的可溶性无盐固形物、氨基酸态氮、全氮、氨基酸含量。

六、分析检测、设备及产品标准

（一）可溶性无盐固形物

1. 样品中可溶性固形物含量的测定

按照 GB/T 18186—2000《酿造酱油》进行。将样品充分振摇后，用干滤纸滤入干燥的 250mL 锥形瓶中备用。准确吸取该滤液 10.0mL 于 100mL 容量瓶中，加水稀释至刻度，摇匀。准确吸取上述稀释液 5.0mL 置于已烘至恒重的称量瓶中，移入（103±2）℃ 电热恒温干燥箱中，将瓶盖斜置于瓶边。4h 后，将瓶盖盖好，取出，移入干燥器内，冷却至室温（约需 0.5h），称量。再烘 0.5h，冷却，称量，直至两次称量差不超过 1mg，即为恒重。

样品中可溶性总固形物的含量按式（1-25）计算：

$$X_2 = \frac{m_2 - m_1}{V_2 \times \dfrac{V_1}{100}} \times 100 \tag{1-25}$$

式中　X_2——样品中可溶性总固形物的含量，g/100mL；

　　　m_2——恒重后可溶性总固形物和称量瓶的质量，g；

　　　m_1——称量瓶的质量，g；

　　　V_1——样品的取用量，mL；

　　　V_2——样品稀释液的取用量，mL；

　　　100——单位换算系数。

2. 样品中氯化钠含量的测定

吸取 2.0mL 的稀释液（吸取 5.0mL 样品，置于 200mL 容量瓶中，加水至刻度，摇匀）于 250mL 锥形瓶中，加 100mL 水及 1mL 铬酸钾溶液，混匀。在白色背景下用 0.1mol/L 硝酸银标准溶液滴定至初显橘红色。同时做空白试验。

样品中氯化钠的含量按式（1-26）计算：

$$X = \frac{(V_1 - V_2) \times c \times 0.0585}{\dfrac{m}{200} \times 2} \times 100 \tag{1-26}$$

式中　X——试样中食盐的含量（以氯化钠计），g/100g；

　　　V_1——测定试样时消耗硝酸银标准滴定溶液的体积，mL；

　　　V_2——空白试验时消耗硝酸银标准滴定溶液的体积，mL；

　　　m——称取试样的质量，g；

　　　c——硝酸银标准滴定溶液的浓度，mol/L；

0.0585——与 1.00mL 硝酸银标准滴定溶液 $[c(AgNO_3) = 1.000mol/L]$ 相当于氯化钠的质量，g。

计算结果保留两位有效数字。

样品中可溶性无盐固形物的含量按式（1-27）计算：

$$X = X_2 - X_1 \tag{1-27}$$

式中　X——样品中可溶性无盐固形物的含量，g/100mL；

　　　X_2——样品中可溶性总固形物的含量，g/100mL；

　　　X_1——样品中氯化钠的含量，g/100mL。

（二）氨基酸态氮检测

参见实验四中"氨基态氮测定"部分。

（三）全氮检测（自动凯氏定氮法）

称取试样 10~25g（相当于 30~40mg 氮）精确至 0.001g，置于消化管中，加入 0.4g 硫酸铜、6g 硫酸钾、20mL 硫酸于消化炉进行消化。当消化炉温度达到 420℃之后，继续消化 1h，此时消化管中的液体呈绿色透明状，取出冷却后加入 50mL 水，于自动凯氏定氮仪（使用前加入氢氧化钠溶液，盐酸或硫酸标准溶液，以及含有混合指示液的硼酸溶液）上实现自动加液、蒸馏、滴定和记录滴定数据的过程。

样品中全氮的含量按式（1-28）计算：

$$X = \frac{(V_1 - V_2) \times c \times 0.014}{m \times \dfrac{V_3}{100}} \times 100 \qquad (1-28)$$

式中　X——样品中全氮的含量，g/100g；

　　　V_1——滴定样品消耗硫酸或盐酸标准滴定溶液的体积，mL；

　　　V_2——空白实验时消耗硫酸或盐酸标准滴定溶液的体积，mL；

　　　c——硫酸或盐酸标准滴定溶液浓度，mol/L；

　0.014——与1mL硫酸或盐酸标准滴定溶液相当于氮的质量，g；

　　　m——试样的质量，g；

　　　V_3——吸取消化液的体积，mL；

　　　100——换算系数。

（四）酱油中氨基酸的分析检测

1. 纸层析法

（1）试剂

①扩展剂：4份水饱和的正丁醇和1份乙酸的混合液。将20mL正丁醇和5mL冰乙酸放入分液漏斗中，与15mL水混合，充分振荡，静置后分层，放出下层水层。取漏斗内的扩展剂约5mL置于小烧杯中作为平衡溶剂，其余的倒入培养皿中备用。

②氨基酸溶液：0.5%的赖氨酸、脯氨酸、缬氨酸、苯丙氨酸、亮氨酸溶液。

③显色剂：0.1%水合茚三酮正丁醇溶液。

（2）操作步骤

①将盛有平衡溶剂的小烧杯置于密闭的层析缸中。

②取层析滤纸一张，在纸的一端距边缘2~3cm处用铅笔画一条直线，在此直线上每隔2cm作一记号，共作6个记号。

③点样：用毛细管将各氨基酸样品和酱油分别点在上述6个位置上，干后再点一次。每个点在纸上扩散的直径最大不超过3mm。

④扩展：用线将滤纸缝成筒状，纸的两边不能接触。将盛有约20mL扩展剂的培养皿迅速置于密闭的层析缸中，并将滤纸直立于培养皿中（点样的一端在下，扩展剂的液面应低于点样线1cm）。待溶剂上升15~20cm时即取出滤纸，用铅笔描出溶剂前沿界线，自然干燥或用吹风机热风吹干。

⑤显色：用喷雾器均匀喷上0.1%茚三酮正丁醇溶液，然后置电热恒温干燥箱中烘烤5min（100℃）或用吹风机吹干即可显出各层析斑点。

（3）结果计算　显色完毕后，用铅笔将各色谱的轮廓和中心点描绘出来，然后量出由原点至色谱中心点和溶剂前沿的距离，计算出各色谱的 R_f 值并进行比较和鉴定。

（4）注意事项　R_f 值常受实验条件的影响，如纸张的质地、溶剂的纯度、pH和水分含量、层析的温度和时间等，因此实验对以上因素应该严格控制。

2. 全自动氨基酸分析仪法

样品前处理：将酱油样品过滤（0.22μm滤膜），用样品稀释液稀释至一定浓度。

A300全自动氨基酸分析仪仪器操作流程如下。

①开机：依次打开在线脱气系统开关、A300 背面电源开关，开启电脑和 iControl 软件，打开 aminopeak 采集软件。检查此时"system：Acq. Unit："应显示 connected/connected。

开机后，系统会自动开始一个开机程序为 startup，时间为 15min，此程序为开机预热。

②进样：startup 程序结束后，就可以进行进样分析。打开自动进样器前面板，抽出保温盖；点击 iControl 选项卡中的 Manual → Autosampler → Tray 2 Front，样品盘出来后，依次放好标准样品和处理过的未知样品，并记录对应位置；点击 Initialize，使样品盘复位，插上保温盖，关上前面板；点击 Analysis → Autosampler，按照 L 盘和 R 盘上面对应放的样品，选择进样位置；左击进样位置后，选择分析程序 Program（对应 Na 盐和 Li 盐柱子的分析程序），并命名；点击 Add Program，添加分析序列；点击 Program Table 选项卡可以看到已添加的程序。最前和最后两个程序分别为预程序 PreSequence_ Standard 和后程序 PostSequence_ Standard，为系统默认设置，每次分析序列都有； $\sum$ 一行表示的是本次分析序列需要消耗的各种试剂量和时间； $\downarrow$ 一行表示的是本次分析序列完毕时各试剂剩余量和结束时间；点击 RUN → Start Sequence → OK。最后，进行谱图分析得到结果。

（五）酱油种曲中米曲霉孢子数及发芽率的测定

1. 酱油种曲中孢子数的测定

流程：种曲→称量→稀释→过滤→定容→制计数板→观察计数→计算。

精确称取种曲 1g（称准至 0.002g），倒入盛有玻璃珠的 250mL 锥形瓶中，加入 95% 乙醇 5mL、无菌水 20mL、稀硫酸（1∶10）10mL，在漩涡均匀器上充分振摇，使种曲孢子分散，然后用 3 层纱布过滤，用无菌水反复冲洗，务必使滤渣不含孢子，最后稀释至 500mL。

血球计数板使用操作参见实验一中"孢子数的测定"部分。

2. 米曲霉孢子发芽率的测定

流程：种曲孢子粉→接种→恒温培养→制标本片→镜检→计数。

（1）液体培养法

①接种：用接种环挑取种曲少许接入无菌含察氏液体培养基的锥形瓶中，置于（30±1）℃下转速 100~120r/min 的摇床 3~5h。培养前要检查调整孢子接入量，以每个视野含孢子数 10~20 个为宜。

②制片：用无菌滴管取上述培养液于载玻片上滴一滴，使观察效果好，可以加入一点棉蓝染色液，盖上盖玻片，注意不可产生气泡。

③镜检：将标本片直接放在高倍镜下观察发芽情况，标本片至少同时做 2 个，连续观察 2 次以上，取平均值，每次观察不少于 100 个孢子发芽情况。

（2）玻片培养法

①制备悬浮液：取种曲少许入盛有 25mL 事先灭菌的生理盐水和玻璃珠的锥形瓶中，充分振摇约 15min，务必使孢子各个分散，制成孢子悬浮液。

②制作标本：先在凹玻片的凹窝内滴入无菌水 1 滴，再将察氏培养基熔化并冷却至 45~50℃后，接入孢子悬浮液数滴。充分摇匀后，用玻璃棒以薄层涂布在盖玻片上，然后反盖于凹玻片的窝上，四周涂凡士林封固。放置于（30±1）℃恒温箱内培养 3~5h。

③镜检：取出标本在高倍镜下观察孢子发芽情况，数出发芽孢子数和未发芽孢子数。

④注意事项：悬浮液制备后，要立刻制作标本培养，时间不宜放长；培养基中接入悬浮液

的数量，应根据视野内孢子数多少来决定，一般以每视野内有 10~20 个孢子为宜；由于发芽快慢与温度有密切关系，所以培养温度要严格控制。为了加速发芽，可提高培养箱温度至（35±1）℃，但必须与（30±1）℃进行对照。

3. 发芽率的计算

$$发芽率 = \frac{A}{A + B} \times 100\% \tag{1-29}$$

式中 A——发芽孢子数，个；

B——未发芽孢子数，个。

（六）设备简介

1. 圆盘制曲机

圆盘制曲机是酿造行业的专用制曲设备，其结构如图 1-14 所示。它是根据微生物培养规律，为曲霉菌的发芽、发育、壮大到成熟，提供一切必要的条件；针对平床式通风制曲装置曲料和成曲输送难度大，设备操作烦琐，生产环境差，工人操作劳动强度大等缺陷，近年来开发出的新一代全自动曲霉菌培养装置。

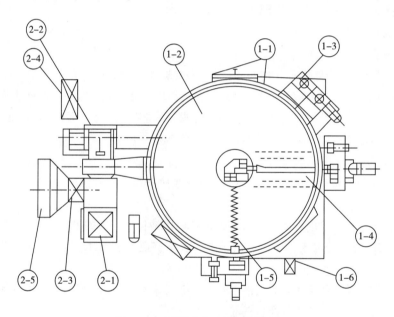

图 1-14 回转式自动圆盘制曲机

1—回转式自动制曲装置：1-1—制曲室 1-2—圆盘培养床面 1-3—圆盘回转驱动 1-4—翻曲装置
1-5—出、入曲装置 1-6—操作盘 2—空气调节装置：2-1—空气调节器 2-2—送风机 2-3—风调节门
2-4—控制盘 2-5—取气口及空气过滤

2. 制醅机

制醅机俗称下池机，是将成曲粉碎，拌和盐水及糖浆液成醅后进入发酵容器内的一种机器。由机械粉碎、斗式提升及绞龙拌和兼输送（螺旋拌和器）三个部分联合组成。此机大小根据各厂所采用的发酵设备来决定，其形状如图 1-15 所示。绞龙的底部外壳，须特制成一边可脱卸的，便于操作完毕后冲洗干净，以免杂菌污染。

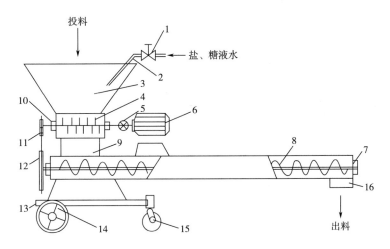

图 1-15　酱醅拌和机

1—阀　2—盐、糖液水管　3—料斗　4—齿辊　5—联轴器　6—电动机　7，10—轴承　8—螺旋输送机
9—物料进入螺旋输送机进口　11，12—链轮　13—支架　14，15—小轮　16—出料口

（七）相关产品标准

GB 18186—2000《酿造酱油》规定了酿造酱油的定义、产品分类、技术要求、试验方法、检验规则和标签、包装、运输、贮存的要求。

GB 2717—2018《食品安全国家标准　酱油》规定了酱油的原料要求、感官要求、理化指标、污染物限量和真菌毒素限量、微生物限量、食品添加剂和食品营养强化剂的要求和检验方法。

GB 5009.249—2016《食品安全国家标准　铁强化酱油中乙二胺四乙酸铁钠的测定》规定了铁强化酱油中乙二胺四乙酸铁钠的测定方法。

七、思考题

1. 酱油酿造的基本原理是什么？

2. 影响酱油色、香、味和体的主要因素是什么？

3. 从酱油发酵工艺和原料选择的角度，分析降低酱油含盐量的技术措施。

4. 除实验方法外，还有哪些酿造酱油的方法？

第五节　液态深层发酵及产物提取

实验七　酵母菌的培养及蛋白质核酸提取

一、实验目的

了解液态深层发酵的原理和基本操作；熟悉常用发酵参数的分析测定；掌握酵母核酸的提

取、纯化和检测的基本操作。

二、实验原理

液态深层发酵是指发酵主体在适宜的发酵液中，适宜生长温度下连续发酵 1~2d 或更长时间，得到最终发酵产物的过程。液态深层发酵罐一般从罐底部通气，送入的空气由搅拌桨叶分散成微小气泡以促进氧的溶解。由于液态深层发酵技术采用微生物纯种培养和机械搅拌通气，使生产效率大大提高。

酵母是一种单细胞微生物，在食品工业和医药等方面有广泛用途。酵母菌生长迅速，易于培养，在液体培养基中生长较快。

核酸是生物有机体中的重要成分，常与蛋白质结合在一起，以核蛋白的形式存在。分离不同来源的核酸有多种方法。一般操作为：先破碎细胞壁和细胞膜，释放出可溶性的高分子量的核酸；由于核酸和蛋白质结合在一起，需通过变性和蛋白酶处理将蛋白质和核酸分开以除去蛋白质。纯核酸溶液的 A_{260}/A_{280} 的比值为 2，由于蛋白质的最大吸收峰在波长 280nm 处，样品中若含有蛋白质等杂质，则 A_{260}/A_{280} 的比值要下降。因此，核酸样品的纯度通常可用 A_{260}/A_{280} 的比值来判断。

三、实验材料及仪器

1. 材料

活性干酵母（或其他酵母菌株），葡萄糖，酵母粉，蛋白胨，NaOH，无水乙醇，异戊醇，考马斯亮蓝，HCl，NaCl，磷酸。

2. 仪器

250mL 锥形瓶，手持糖度计，pH 试纸，血球计数板，显微镜，涡旋仪，恒温水浴锅，移液枪，枪头，试管，50mL 容量瓶，100mL 容量瓶，移液管，离心机，紫外分光光度计。

四、实验步骤

1. 培养基配制

发酵培养基：酵母粉 1%，蛋白胨 2%，葡萄糖 2%；pH 5.0。培养基配制完成后，用手持糖度计测定糖度。培养基 100mL 装入 250mL 锥形瓶，加棉塞或硅胶塞。培养基 121℃ 灭菌 15min。

2. 酵母摇瓶培养

（1）活性干酵母活化　称取 1g 活性干酵母，用 40mL 的 2% 蔗糖溶液（沸水配制），38~40℃ 保温活化 30min（或参照说明书）。

（2）接种培养　将活化好的酵母接入到冷却至室温的锥形瓶培养基中，摇床转速 200r/min 30℃ 培养 48h。

（3）取样及分析测定　发酵前、后测糖度（手持糖度计）；发酵结束后取样测定发酵醪液的酵母生物量（血球计数板计数）。

3. 酵母核酸提取

取培养液 10mL，8000r/min 离心 5min。取酵母泥悬浮于 10mL 100g/L 的 NaCl 溶液中，用 0.1mol/L NaOH 调节 pH 至 8.0，90℃ 保温 15min，8000r/min 离心 5min，取上清液，调 pH 至 7.0，加入 20mL 95% 乙醇，-20℃ 静置 30min，8000r/min 离心 5min。将所得沉淀溶于 10mL 水中，调 pH 至 7.0，测吸光度 A_{260} 和 A_{280}，并计算 A_{260}/A_{280} 比值。

4. 蛋白质提取

取培养液 5mL，4000r/min 离心 5min，弃去上清液。加蒸馏水洗涤 2 次。将沉淀分散于 17mL 10g/L 的氢氧化钠中，混合均匀后于 60℃ 恒温水浴提取 1h，之后 4000r/min 离心 10min，取上清液测定蛋白质含量，计算蛋白提取率。蛋白质含量的测定用考马斯亮蓝法。

五、分析检测、设备及产品标准

1. 蛋白质含量测定（考马斯亮蓝染色法）

（1）原理　考马斯亮蓝 G-250 能与蛋白质结合，染液与蛋白质结合后引起染料最大吸收峰的改变，从 464nm 变为 595nm，光吸收值增加。同时蛋白质-染料复合物具有高的消光系数，大大提高了蛋白质测定的灵敏度，最低检出量为 1μg 蛋白质。染料与蛋白质结合迅速（约 2min），结合物的颜色在 1h 内保持稳定。一些阳离子如 K^+，Na^+，Mg^{2+} 以及（NH_4）$_2SO_4$、乙醇等物质不干扰测定，而大量的去污剂如 Triton X-100，SDS 等则严重干扰测定，少量的去污剂可通过用适当的对照而消除。染色法优点是简单迅速，干扰物质少，灵敏度高；缺点是每次测量都得重新绘制标准曲线。

（2）试剂　考马斯亮蓝 G-250：100mg 溶于 50mL 95% 乙醇中，加入 100mL 85% 磷酸，用蒸馏水稀释至 1000mL。标准蛋白质溶液：结晶牛血清白蛋白，预先经微量凯氏定氮法测定蛋白氮含量，根据其纯度用 0.15mol/L NaCl 配制成 1mg/mL 蛋白溶液。

（3）操作步骤

①打开分光光度计，预热 30min。

②取 9 支洁净的干燥试管，按表 1-2 进行编号，其中，1~6 号用于标准曲线的绘制，7~9 号用于样品溶液的测定。

③按表 1-2 在 1~6 号试管中加入标准蛋白质溶液，样品加入 7~9 号试管，再按上表加入相应含量的蒸馏水。在 1~9 号试管中各加入 3.0mL 的考马斯亮蓝溶液。振荡试管，混合均匀。待其充分反应（约 2min）后，用分光光度计分别测其吸光度。

④用 1~6 号的数据，以蛋白质浓度为横坐标，吸光度为纵坐标，绘制标准曲线。

⑤由样品液的吸光度值根据标准曲线求出蛋白质含量。

表 1-2　　　　　　　考马斯亮蓝蛋白质测定标准曲线和测试样品溶液的配制

试剂/样品	试管编号								
	1	2	3	4	5	6	7	8	9
标准蛋白质溶液/mL	0	0.02	0.04	0.06	0.08	0.1	样品 0.1	样品 0.1	样品 0.1
相当于蛋白质含量/μg	0	20	40	60	80	100			
蒸馏水/mL	0.1	0.08	0.06	0.04	0.02	0	0	0	0
考马斯亮蓝溶液/mL	3.0	3.0	3.0	3.0	3.0	3.0	3.0	3.0	3.0

注：1 号试管起空白对照的作用，减少系统误差。每次测定都应使用 1 号试管中的溶液进行校准，以减少结果偏差；7~9 号样品之间的吸光度值应非常接近，误差不得超过 10%。

2. 小型自控发酵罐的使用

发酵罐是进行液态通气发酵的设备。生产上使用的发酵罐体积大，均用钢板或不锈钢板制成；供实验室使用的小型发酵罐（图1-16），其体积可从约1L至数百升。一般10L以下用耐压玻璃制作罐体，10L以上用不锈钢板或钢板制作罐体。发酵罐配备有控制器和各种电极，可以自动地调控试验所需要的培养条件，用于微生物学、发酵工程、医药工业等科学研究。各厂家生产的发酵罐有所差别，但基本原理相同。

（1）小型自控发酵罐系统的组成　小型自控发酵罐系统包括三部分结构：罐体和控制箱，空气压缩机（空压站）和蒸汽发生器（锅炉房）。

罐体为一硬质玻璃圆筒，底和顶两端用不锈钢板及橡胶垫圈密封构成，顶盖上的孔口，可用于加料、接种、补料，放置DO（溶解氧）、温度、pH、消泡等电极以及取样等。

发酵罐放置在罐座上，设有灭菌入口、升温和冷却装置等。

发酵罐控制器一般由下列几部分构成：

①参数输入及显示装置：用于输入控制发酵条件的各种参数及显示发酵过程中罐内培养液的温度，pH、DO（溶解氧）的测定数值。

②电极校正装置：用于校正pH电极和DO电极等。

③酸、碱泵：用于向发酵罐加入酸液或碱液以调节培养液中的pH。

④消泡剂加入泵：用于向发酵罐加入消泡剂，以消除发酵过程中产生过多的泡沫。

⑤报警灯及蜂音器按钮：当发酵过程中，电路上发生故障，如显示屏上显示温度或DO为闪动，即超出本机的测定值，则报警红灯亮并发出"嘀嘀"声。按此钮则"嘀嘀"声可消除，但只有当故障排除，红灯才熄灭。

⑥自动或人工控制按钮：用于决定本控制器是处在自动控制或人工控制状态。

⑦电极连接导线：有三条连接导线，分别与pH、DO和AF（消泡）电极连接。

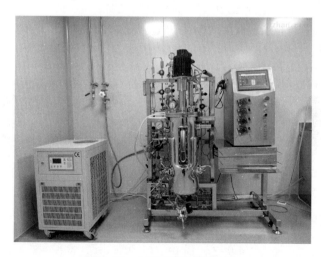

图1-16　小型自控发酵罐系统

（2）小型自控发酵罐系统酵母培养操作　小型自控发酵罐酵母培养操作步骤大体与摇瓶相同。发酵罐搅拌转速150r/min，通气量1∶1。培养过程中可从取样口取样测浊度、酵母数、活细胞率、糖度和还原糖浓度。

3. 酵母产品相关的标准

（1）GB 31639—2016《食品安全国家标准　食品加工用酵母》　本标准对食品加工用酵母的定义为：用于食品加工过程，以糖蜜或淀粉质类原料为主要碳源，加入氮源、磷源等适宜细胞生长的发酵用营养物质，接种酵母菌种，经发酵培养、分离、过滤、干燥等工序制成的能够发酵产生二氧化碳、酒精或增加食品风味等功能的酵母类产品。在产品分类方面，按产品形态分为鲜酵母（含酵母乳）和干酵母；按产品用途分为面用酵母和酒用酵母。在技术要求方面，包括原料要求（酵母菌种、食品配料）、感官要求和污染物限量（铅、总砷）、微生物限量（金黄色葡萄球菌、沙门氏菌）、食品添加剂。

（2）GB/T 32099—2015《酵母产品分类导则》　本标准规定了酵母产品的分类。其中对酵母制品（yeast products）的定义为：以糖蜜、淀粉质类为碳源，添加氮源、磷源等酵母细胞生长繁殖所需要的营养素，经培养、分离、过滤、干燥等工序制成的产品。该标准对酵母制品和酵母衍生制品做了详细的分类，并在附录中提供了酵母菌种和酵母产品的对照。

六、思考题

1. 简述酵母培养与酒精发酵的区别。
2. 简述酵母生长和还原糖消耗之间的关系。

实验八　微藻的培养及分析

一、实验目的

学习微藻的液态培养方式；学习生物量、叶绿素、类胡萝卜素的提取检测分析等方法。

二、实验原理

微藻（microalgae）一般特指具有应用价值，并且能够以生物技术进行大量培养或者规模化生产，通过显微镜才能观察到的微小藻类。现今已发展成为一类种类多样化、生长积累迅速、资源非常丰富、具有极大应用价值的生物资源。一些藻体细胞可代谢积累色素、脂肪、多糖和蛋白质等多种产物，在医学药品、食品工业、养殖饲料、环境监测及净化、生物技术以及可再生能源制造等方面有广泛应用。微藻的培养方式有自养、异养和混养方式。部分微藻（如小球藻）可在黑暗条件下利用有机碳源进行异养生长。微藻的生长情况可用细胞干重、吸光度（浊度）、叶绿素含量等表征。

三、实验材料及仪器

1. 材料

（1）藻种　小球藻或其他可异养培养的微藻。

（2）培养基（异养或混养培养）　添加了 10g/L 葡萄糖的 Basal 培养基，调整 pH 至 6~7，培养基组分如表 1-3 所示。其中，微量元素 A 液、B 液组分如表 1-4 和表 1-5 所示。

自养培养基中不添加葡萄糖，其余同上。

表 1-3　　　　　　　　　　　　　　　　Basal 培养基组分

组分	添加量/（g/L）
葡萄糖	10

续表

组分	添加量/（g/L）
KNO_3	1.25
KH_2PO_4	1.25
$MgSO_4 \cdot 7H_2O$	1.0
微量元素 A 液	100mL
微量元素 B 液	10mL

表 1-4   微量元素 A 液组分

组分	添加量/（g/L）
H_3BO_3	1.142
$CaCl_2 \cdot 2H_2O$	1.11
$ZnSO_4 \cdot 7H_2O$	0.882
$MnCl_2 \cdot 4H_2O$	0.142
MoO_3	0.071
$CuSO_4 \cdot 5H_2O$	0.157
$Co（NO_3）_2 \cdot 6H_2O$	0.049
EDTA	4

表 1-5   微量元素 B 液组分

组分	添加量/（g/L）
$FeSO_4 \cdot 7H_2O$	4.98
EDTA	10

2. 仪器设备

250mL 锥形瓶，报纸，纱布，天平，电磁炉，电饭锅（带蒸搁），接种环，移液管，酒精灯，离心管，移液管，比色管，超声清洗机，冷冻离心机，试管，涡旋，EP 管，1mL 注射器，0.45μm 滤膜，2L 丝口瓶，抽滤瓶，进样针；紫外-可见分光光度计（或浊度计），色差仪。

四、实验步骤

1. 微藻培养

异养培养：斜面保藏藻种在液体培养基中活化后，接种于经 121℃，20min 灭菌后的培养基中。培养条件为：250mL 锥形瓶，培养基装量 50mL，接种量 10%，温度 25℃，转速 150r/min，避光。

混养培养：除以上培养条件外，提供 2000Lx 的光照。

自养培养：将接种后的锥形瓶静置于 2000Lx 的光照环境中（可使用人工气候箱），光周期中光暗比为 12h：12h，每天早晚各摇动 1 次。

2. 微藻生长曲线测定

在培养过程中每天取样测吸光值，具体操作为：取 1mL 培养液加入 50mL 离心管，加适量的蒸馏水（稀释倍数取决于藻细胞密度，应使吸光度在 0.2~1.0）稀释后在 540nm 测吸光度值，或采用浊度计检测浊度。

3. 微藻色素提取及其光稳定性分析

取冷冻干燥后的微藻粉 0.1g，置于研钵中，加少量液氮，再加少许 $CaCO_3$ 和 5mL 丙酮避光研磨 2min，3500r/min 离心 5min，收集上清液。重复操作两次，合并提取液，定容至 10mL。

取前述提取的微藻色素，置于具塞比色管中，初始吸光度调为 1.0，将比色管置于日光下进行照射 8h。每 2h 使用色差计测定微藻色素在光降解过程的三刺激值，利用 CIELAB 色空间对微藻色素褪色过程中的颜色变化进行分析。

4. 微藻叶绿素和类胡萝卜素测定

取前述色素提取液，在 645nm，662nm 和 470nm 波长下测定吸光度，按式（1-30）、式（1-31）和式（1-32）计算。

叶绿素 a 含量（μg/mL 提取液）：

$$C_a = 11.75A_{662} - 6.88A_{645} \tag{1-30}$$

叶绿素 b 含量（μg/mL 提取液）：

$$C_b = 18.61A_{645} - 3.96A_{662} \tag{1-31}$$

类胡萝卜素的含量（μg/mL 提取液）：

$$C_K = (1000A_{470} - 2.27C_a - 81.4C_b)/227 \tag{1-32}$$

五、相关公告及产品标准

1. 关于批准蛋白核小球藻新资源食品的公告

卫生部于 2012 年 11 月 12 日发布《关于批准蛋白核小球藻等 4 种新资源食品的公告》（2012 年 第 19 号），批准蛋白核小球藻为新资源食品，并在附件中对相关指标做了具体规定，如生产工艺简述：人工养殖的蛋白核小球藻经离心、洗涤、分离、干燥等工艺制成。质量要求包括：性状（深绿至黑绿色粉末）、蛋白质≥58g/100g、水分≤5g/100g、灰分≤5g/100g。

2. 产品相关标准

GB 19643—2016《食品安全国家标准 藻类及其制品》，本标准适用于可食用的藻类及其制品。对藻类、藻类制品、即食藻类制品和藻类干制品做了定义。技术要求方面包括：原料要求、感官要求、污染物限量、微生物限量和食品添加剂。

六、思考题

1. 本实验中的微藻液态异养培养是厌氧还是好氧过程？
2. 分析微藻中色素积累的影响因素。
3. 分析微藻色素受日光照射的影响。

第二章

烘焙食品

第一节　烘焙食品概述

一、烘焙食品分类及工艺概述

烘焙食品是以谷物、糖、油脂、鸡蛋为基础原料，以食盐、乳制品、酵母、水以及各种添加剂为辅料，经过一系列复杂的工艺操作手段制成的方便和休闲食品。烘焙食品包括面包、饼干、糕点、甜品等。

烘焙食品加工过程包含有混合技术、乳化技术、膨松技术和成型技术。烘焙食品在烘焙过程中，面团坯体骤然受热时，其中所含的气体或发面剂受热而释放的气体迅速膨胀，使食品的组织疏松。烘焙食品表面达到的温度更高，其中所含的还原糖发生的化学反应，使产品表面带上悦目的棕黄色，并产生特有的香味物质。因其水分含量相对较低，具有较好的保存性，便于携带和存放，营养较丰富。

烘焙食品在贮存或物流配送过程中，要求有足够的冷链来满足理想运输条件，物流配送环节如果不够完善，产品会难以保持新鲜，甚至有变质的风险。因此包装后的产品品质货架期预测也十分重要。

1. 烘焙食品的分类

烘焙食品主要分为面包类，饼干类，糕点类和松饼类。

（1）面包类　面包通常是指以小麦粉为主料，以水、酵母、油脂、糖等为辅料，调和成面团后经过发酵、整形、烘烤等步骤后，烤制的食品。按面包的柔软程度分为硬式面包、软式面包；按面包质地分为硬式面包、软式面包、脆皮面包、松质面包；按用途分为主食面包、餐包、点心面包、快餐面包；按成型方法分为普通面包、花式面包；按地域分为法式面包、意式面包、德式面包、俄式面包、英式面包、美式面包；按用料特点还可分为白面包、全麦面包、黑麦面包、杂粮面包、水果面包、奶油面包、调理面包、营养面包等；按照面包的用油量又可分为低油脂面团（如硬皮面包、全麦面包、餐包、粗粮面包等），高油脂面团（甜面包、奶油鸡蛋小面包等），千层面团（牛角面包、丹麦面包等）。

（2）饼干类　饼干产品包括韧性、酥性、甜酥性等甜饼干，咸味、甜味苏打饼干等发酵饼干，含馅料的夹心饼干，薄脆饼干，曲奇饼干，以及华夫、威化、蛋元、蛋卷等花色饼干六类。

（3）糕点类　包括蛋糕和点心。蛋糕类通常以小麦粉，鸡蛋，糖，牛乳为主料，以油脂，香精等为辅料，经过搅拌、打发、调制、烘烤而做成。蛋糕有海绵蛋糕、油脂蛋糕、水果蛋糕、装饰大蛋糕等；点心有中式点心和西式点心。中式点心分为点心类和糕饼类两种。西式点心包含派、塔、甜炸圈饼、奶油空心饼、比萨、果冻类及其他小西点等。点心类根据面团的制作方式又分为三类，一是冷水面类，如面条、水饺、春卷、馄饨、锅贴、猫耳朵等；二是烫面类，如蒸饺、蛋饼、葱油饼、烧饼、馅饼等；三是发面类，如馒头、银丝卷、水煎包、千层糕、叉烧包、油条等。糕饼类分为两类，一是油酥皮类，如绿豆酥、太阳饼、蛋黄酥、菊花酥、蒜蓉酥、香妃酥等；二是糕皮类，如凤梨酥、广式月饼、龙凤喜饼等。

（4）松饼类　包括我国的千层油饼和派类、丹麦式松饼、牛角可颂。

2. 烘焙食品的配料

烘焙食品的配料很多，包括面粉、杂粮、糖、油脂、蛋、膨松剂、面粉改良剂、奶水等，通常是按烘焙百分比来表达的。烘焙百分比（baker's percentages）是指烘焙食品的配料百分比，每种配料的百分比为每种配料的总重除以面粉的总重，再乘以100%，通常面粉在配方中百分比总是100%，即配料% = 配料总量/面粉总量×100%。烘焙食品主要原辅料如下：

（1）小麦面粉　分为高筋面粉、点心面粉、糕点面粉；或纯粉、面包面粉、高筋面粉、清粉；或通用面粉、自发面粉、全麦面粉、麦麸面粉、黑麦面粉等。

（2）糖　包括蔗糖、糖粉、转化糖、玉米糖浆、葡萄糖浆、麦芽糖浆、蜂蜜、糖蜜、赤砂糖等。

（3）油脂　无盐黄油、含盐黄油、猪油、液态油、起酥油等。

（4）鸡蛋　包括全蛋、蛋清、蛋黄、冰蛋、干蛋粉等。

（5）牛乳及乳制品　包括新鲜牛乳（全脂、脱脂）、淡炼乳（全脂、脱脂）、乳粉（全脂、脱脂）、炼乳；酸乳、鲜奶油（低脂、高脂）、淡奶油、酸奶油、干酪等。

（6）膨松剂　酵母（鲜酵母和干酵母两种，鲜酵母又称压榨鲜酵母，含水分较大，需在低温下保存，保质期3个月，用量为一般干酵母的2~3倍；干酵母是经脱水干燥处理程序，真空包装后能保存2年左右）、小苏打、烘焙粉、泡打粉（发粉）。

（7）胶凝剂　明胶粉或明胶片（吉利丁片）、胶质。

（8）调味及香辛料　盐、香辛料、香草。

（9）酒精　烈酒、非甜酒精、葡萄酒。

（10）改良剂　塔塔粉、卵磷脂、单酰甘油、蔗糖酯、山梨糖醇、维生素 C、偶氮甲酰胺（ADA）、葡萄糖氧化酶、真菌淀粉酶、脂肪酶、木聚糖等。

3. 烘焙食品的主要工艺

面包生产的主要工艺有一次发酵法、二次发酵法、冷冻发酵法、快速发酵法等。不同工艺生产出的面包呈现的品质是有差异的，但其共同的基本步骤都包括材料称重、搅拌、揉粉、面团称重、揉圆、静置、成型与装模、醒发、刷液、划痕、烘焙、冷却、贮存。

掌握饼干的脆度、柔软度、嚼劲、延展等性状，是制作好饼干的关键。饼干的制作类型不同，其工艺也有所差异。如挤制型是由裱花袋嘴中挤出；擀制型是冷却面团，擀成薄片，用切割器切成不同大小形状；冷藏型是指面团需冷藏，再切割成不同尺寸的薄片；片状型是将面团制成厚薄均匀的薄片，烘烤后切割成方形或长方形的块；压制型是用手工捏制成各式形状；滴落型是用小勺或小铲取面糊；条状型面团制成细长条，烘烤后再切割而成；模板型是用模具在厚薄均匀的软面团上压制或注入成型。其基本操作步骤包括面粉和辅料的调制，冷藏静置，通过压片、辊切成型或裱花嘴挤出，经烘烤、冷却而得成品。

蛋糕是由打发的鸡蛋、蔗糖、奶水、蛋糕粉、油脂、盐等混合烘焙而成的产品。不同类型的蛋糕可选择的调制方法可不同，如高脂肪或油脂蛋糕可采用乳化法、两段法、面粉-面糊法生产；低脂肪或泡沫蛋糕可选用海绵法、天使法、戚风法生产。

二、烘焙食品的分析检测

参照 GB 7099—2015《食品安全国家标准　糕点、面包》和 GB 2762—2022《食品安全国家标准　食品中污染物限量》标准要求，必须对烘焙食品进行色泽、滋味、气味、组织状态等感官评定，以及测定酸价、过氧化值等理化指标，铅等污染物指标，还有对大肠菌群、菌落总数、霉菌等微生物限量指标进行测定。

针对面团，可通过布拉本德粉质仪、快速黏度分析仪等对其粉质形成时间、稳定时间、吸水率、面团衰落度等进行分析。粉质特性分析时，将定量的面粉置于揉面钵中，用滴定管加定量的水，在定温下开机揉成面团，根据揉制面团过程中动力消耗情况，仪器自动绘制一条特定的曲线，即粉质曲线，反映揉和面团过程中混合搅拌刀所受到的综合阻力随搅拌时间的变化规律，它是分析面团、面粉品质的依据。粉质曲线测定的指标有：吸水率、形成时间、稳定时间、面团衰落度和评价值。

布拉本德粉质仪可用来测定面粉吸水率、测定面团流变特性、检验粉厂制粉、配粉的效果。增设近红外分析仪，可用于测量各种谷物的水分、蛋白质含量、面筋含量、沉淀值、脂肪含量、纤维含量等。

快速黏度分析仪，可用于测试温度变化过程中样品黏度的变化情况（淀粉的糊化特性），可自动分析衰减度，保持强度、回生值、最终黏度、搅拌值、糊化温度。

采用质构仪分析时，注意记录探头型号，触发力设置，数据采集速率，面包测前速度，测后速度，压缩速度，压缩程度，面包放置时间和试样厚度，测面包硬度、内聚性、咀嚼性、胶黏性以及其集中与离散特性、重复性、剪切力等参数。不同探头其作用不同，如圆柱形平底探头，可进行硬度（hardness）、弹性（springiness）、穿透（penetration）、黏聚（cohesiveness）、松弛（relaxation）、蠕变（creep）、TPA（texture profile analysis）等不同材料质地测试；圆锥形探头可进行材料穿刺、硬度测试；尖端针刺形探头，可深入样品内部观察质地剖面；球形与半球形探头，适合弹性、表面硬度、附着、黏着测试等。

三、烘焙食品常用设备

常见的烘焙食品设备有蒸汽喷雾式电烘炉、和面机、醒发箱、搅蛋机、不锈钢循环压面机等（图 2-1 至图 2-5）。

蒸汽喷雾式电烘炉：自带蒸汽喷雾系统，内置全自动控温探头，高效的烘烤发热管，升温时间快，工作寿命长；上火、下火温度独立控制，当炉内达到 350℃时，超温自动复位断路保护器。

不锈钢双动双速全自动和面机：可根据处理和面量选择不同体积的型号，一般 10～15min 出面团。双速和面，搅拌器和面桶同时转动，大幅度提高和面效率。

面包醒发箱：是根据面包发酵原理和要求设计的电热产品，它是利用电热管通过温度控制电路加热箱内水盘的水，形成相对湿度为80%~85%、温度35~40℃的最适合发酵环境，是提高面包生产质量必不可少的配套设备。

搅蛋机（搅拌机）：具有打蛋、打发奶油、拌馅、和面等多项功能，采用恒力矩无级调速技术，搅拌器转速可调，任意选择适应不同负载的搅拌要求，机内设有过载保护功能。

不锈钢循环压面机（揉面机）：可调整压辊间隙，轴向间隙均匀，可在一定范围内无级调整。经过揉压后的面团制作的食品膨松、香甜、增加白度、口感好，是面食加工的理想设备。

图 2-1　蒸汽喷雾式电烘炉

图 2-2　和面机

图 2-3　醒发箱　　　图 2-4　搅蛋机　　　　图 2-5　不锈钢循环压面机

其他烘焙制作的小型装置设备有量勺、硅胶刮刀和电动搅蛋器等（图2-6）。

（1）量勺

（2）硅胶刮刀

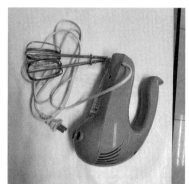

（3）电动搅蛋器

图 2-6　烘焙制作的小型装置设备

第二节　面包、蛋糕基本制作

实验九　面包制作及分析

一、实验目的

了解面包的种类及其品质特点；掌握面包生产工艺及其原理；掌握各类面包加工技术及产品质量标准；学习和比较不同工艺制作的面包优缺点。

二、实验原理

面包是以小麦粉为主要原料，以酵母、水、白砂糖、食盐、黄油及其他添加剂等为辅料，经过面团调制、发酵、整形、醒发、烘烤、冷却等工序加工而成的食品。面团在一定温度下发酵，借助酵母及酵母营养剂的作用而含氮化合物迅速繁殖，同时淀粉分解产生大量二氧化碳，使面团体积增大，形成结构疏松、多孔、质地柔软、品相良好的烘焙制品。

三、实验材料及仪器

1. 主要仪器、设备与器具

电子秤，筛子，和面机，面团分割机，压面机，醒发箱，整形机，红外线烤箱，电子数显测温计，体积仪，TA 质构仪，布拉本德粉质仪，烤盘，吐司模，案板，擀面杖，刮板，剪刀，保鲜膜，包装材料等。

2. 原辅料

面包面粉或高筋面粉，酵母，白砂糖，食盐，水，乳粉，黄油，鸡蛋，面包改良剂（葡萄糖氧化酶、脂肪氧合酶、L-抗坏血酸、蔗糖酯、单酰甘油等）。

四、工艺类型

1. 直接法（一次发酵法）

工艺流程：

操作步骤：

（1）准确称量，混合原辅料，揉和成大面团。在温度为 27℃，相对湿度 75% 条件下，基础醒发 30min 后，再称量分割成所需要质量的小面团。

（2）滚圆　也称搓圆。分割后的面团不能立即成型，必须搓圆。通过搓圆使面团外表形成一层光滑表皮，利于保留新的气体，而使面团膨胀。光滑的表皮还有利于以后在成型时面团的表面不会被粘连，使成品的面包表皮光滑，内部组织也会较均匀。搓圆时尽可能不用面粉，以免面包内部出现大空洞，搓圆时用力要均匀。

（3）中间醒发　中间醒发一般要 15~20min，是指通过搓圆后的面团到盛开之间的这段时间。中间醒发的目的是使面团产生新的气体恢复面团的柔软性和延伸性便于成型，中间醒发的相对湿度是 70%~75%，温度为 27~29℃。

（4）成型　也称整形，是把经过中间醒发后的面团做成产品要求的形状。

（5）最后醒发　即把成型好的面团放入暖房，使面团中的酵母重新产生气体使面团体积增大。最后醒发的温度为 35~38℃，相对湿度为 80%~85%，时间 55~65min。如果温度过高，面团内外的温差较大，使面团醒发不均匀，会引起内部组织不好。过高的温度还会使面团的表皮水分蒸发过多，造成表面结硬皮。

（6）烘烤　烘烤是把面团变成成品的一个过程。烘烤前炉温需预热 30min，预热温度为上下 200℃，烤箱内需调湿。烘烤过程一般分为三个阶段，一是膨胀阶段，上火 130℃，下火 185℃，时间为总烘烤时间的 25%~30%；二是定型阶段，上下火均为 185℃，时间为总烘烤时间的 35%~40%；三是上色阶段，上火 200℃，下火 150℃，时间为总烘烤时间的 30%~40%。

（7）冷却和包装　面包冷却必不可少，面包刚出炉时表皮干脆而内心柔软，要让其在常温下自然散热。当面包充分冷却后，要及时进行包装。一是为了卫生，避免在运输、储存和销售过程中受到污染；二是可以防止面包的水分过分损失，防止面包老化，延长面包保质期。

2. 中种法（二次发酵法）

原料称量、配比 → 种子面团调制 → 发酵主面团搅拌 → 延续发酵 → 分割 → 搓圆 →

松弛 → 压片 → 整形 → 装盘 → 醒发 → 烘烤 → 冷却 → 包装

中种法与直接法的不同点在于面团调制和发酵次数与时间有所不同。首先是种子面团的调制与发酵，主要原辅料有面包粉、酵母、水。用总面粉的30%~70%进行和面，若采用鲜酵母，俗称压榨酵母，一般用5倍的水，在30℃下活化开即可使用；若为干酵母，需用其10倍的水，在40℃左右活化10~20min，为加快酵母活化速度，可加入5%的白砂糖，不断搅拌，发酵时间3~5h；其次是主面团调制与发酵，包括面粉、白砂糖、食盐、乳粉、水、黄油。用剩余总面粉的30%~70%和辅料进行揉面，时间10~20min，面团温度26~28℃。注意面团调制时，面团温度对面团发酵品质很重要，受水温、面粉温度、工作室温度影响；面团发酵时，如果需要缩短发酵时间，可通过调制酵母用量来实现。计算公式如下：

$$待确定水温\ T_w = 所需面团温度\ T_m \times 3 - 面粉温度\ T_f - 室内温度\ T_e - $$
$$机械摩擦运动产生的温度变化\ \Delta T \tag{2-1}$$

$$新酵母用量 = （原发酵时间／新发酵时间）\times 原酵母用量 \tag{2-2}$$

分割、搓圆、压片、整形、烘烤、冷却、包装等操作与直接法相同。不同之处在于松弛阶段温度27~29℃，相对湿度70%~75%，时间15~20min；最后醒发阶段温度38~40℃，相对湿度80%~90%，时间60~90min。

五、不同类型面包的制作（选一）

1. 吐司面包

吐司面包的配料如表2-1所示。

表2-1　　　　　　　　　　　吐司面包的配料

牛奶吐司面包（直接法）			蜜豆吐司面包（汤种法）			咸吐司面包（中种法）		
配料	质量/g	百分比/%	配料	质量/g	百分比/%	配料	质量/g	百分比/%
高筋面粉	270	100	中筋面粉（汤种）	20		A 高筋面粉	700	70
酵母	4	1.08	水（汤种）	100		A 酵母	10	1
白砂糖	30	11.1	高筋面粉	300	100	A 水	450	45
食盐	3	1.11	酵母	5	1.67	B 高筋面粉	300	30
蛋液	30	11.1	白砂糖	35	11.67	B 食盐	20	2
牛乳	138	51.1	食盐	4	1.33	B 水	200	20
黄油	27	10	全蛋液	30	10	B 白砂糖	50	5
			牛乳	100	33.3	B 乳粉	20	2
			乳粉	15	5	B 改良剂	3	0.3

续表

牛奶吐司面包（直接法）			蜜豆吐司面包（汤种法）			咸吐司面包（中种法）		
配料	质量/g	百分比/%	配料	质量/g	百分比/%	配料	质量/g	百分比/%
			黄油	25	8.33	B 黄油	80	8
			蜜红豆	125	41.67			
总重	502		总重	759		总重	1833	

注：A 代表种子面团；B 代表主面团。

（1）牛奶吐司面包的制作

①面团调制：将除黄油外的其他材料放入搅拌桶内，用和面机进行低速搅拌，3min 后改为中速，搅拌 8min 后，加入黄油，继续搅拌，低速 3min 后改为中低速 5min，面团温度控制在 27℃左右。

②发酵：调制好后的面团在 28℃，相对湿度为 75%的条件下发酵 90min。

③切割、醒发：将面团分割成小块，揉搓成型，放入吐司模，置于醒发箱，温度为 30℃，相对湿度为 80%的条件下发酵 45min。

④烘烤：刷上蛋液，在提前预热好的烤炉中 200℃，加盖烘烤 28~30min。

⑤待模具晾凉后，去盖，取出面包成品，冷却至室温后包装。

（2）蜜豆吐司面包的制作

①汤种制作：将 20g 中筋面粉加入 100mL 水，调和成糊，隔火加热糊化，直到搅拌出圈痕，封口，保持水分，晾冷，备用。

②面团调制：将高筋面粉、酵母、食盐、全蛋液、乳粉、牛乳依次放入搅拌桶，和面机搅拌成团，有筋性后，加入黄油，继续搅拌 3min，至面团光滑。

③发酵：封口，在 26~28℃发酵 40min，手指蘸粉插入不回弹即可。

④分割：切分成两块面团，分别滚圆，盖上保鲜膜，静置 15min。

⑤整形、醒发：分别将面团擀开，收口朝上，铺上蜜汁豆，卷起，收口朝下，依次放入烤模，发酵至 9 分满。

⑥刷上蛋液，盖上盖，放入提前 30min 预热温度 200℃烤炉，调整炉温，上下温 175℃，烘烤 35min。

⑦出炉，待晾冷后倒出成品。

⑧检测相关品质指标。

（3）咸吐司面包的制作

①种子面团制作：将高筋面粉、酵母、水放入搅拌桶，用和面机低速搅拌 3min，改转速 8min，然后封口放入醒发箱，26℃，相对湿度 80%左右，发酵 1~3h，至原体积的 2 倍大。

②主面团制作：取出种子面团，添加高筋面粉、食盐、水、白砂糖、乳粉、面包改良剂，继续搅拌 5min，至表面光滑，再加入黄油，搅拌 3min，至面团光滑，拉扯起筋、成膜，再以 28℃发酵 20~30min，至原体积的 2 倍大。

③切割整形：将面团分割成小块，揉搓成型，放入吐司模。

④醒发：36℃，相对湿度 85%~90%，时间 45~60min。

⑤烘烤：烤箱预热温度220℃，入箱后调至180~200℃，烘烤时间30~40min。

⑥出炉：吐司模出炉后冷却5min后倒出成品，待冷却，包装。

2. 甜面包

甜面包的原料配比如表2-2所示。

表2-2　　　　　　　　　　　　　甜面包的原料配比

雪白乳酪面包			风味红豆馅面包		
名称	质量/g	百分比/%	名称	质量/g	百分比/%
A 高筋面粉	500	100	A_0 高筋面粉	250	50
A 白砂糖	100	20	A_0 鲜酵母	5	1
A 食盐	6	1.2	A_0 水	130	26
A 鸡蛋	75	15	A_0 黄油	50	10
A 牛乳	50	10	A_0 白砂糖	20	4
A 汤种	100	20	B_0 高筋面粉	250	50
A 酸乳	30	6	B_0 黑糖	60	20
A 干酵母	6	1.2	B_0 食盐	5	1
A 乳粉	15	3	B_0 鲜酵母	10	2
A 水	183	36.6	B_0 焦糖奶油酱	30	6
A 黄油	60	12	B_0 全蛋	120	24
B 白砂糖	165		B_0 蛋黄	50	10
B 鸡蛋	275		B_0 黄油	100	20
B 低筋面粉	275		B_0 牛乳	100	20
C 乳酪	150		C_0 白砂糖	250	
C 糖粉	30		C_0 水	250	
C 蔓越莓	30		C_0 鲜奶油	50	
C 橙皮	15		D_0 红豆馅	500	
总量	2065			2230	

注：A为主面包配料；B为雪白酱；C为乳酪馅；A_0为种面团；B_0为主面团；C_0为焦糖奶油酱；D_0为馅料。

（1）雪白乳酪面包的制作

①除黄油外，将面粉等干性材料和牛乳、鸡蛋等湿性材料一起倒入搅拌机搅拌桶内搅拌，至面团表面光滑有弹性，再加入黄油搅拌至能拉开面膜即可。

②室温30℃，醒发40min或在醒发箱里发酵。

③将发酵好的面团分割为60g/个，分别滚圆，松弛20min。

④将30g的乳酪馅（将C打头的所有材料混合均匀即可）包入面团内。

⑤包好后，包口朝下，放入纸托中。

⑥30℃，相对湿度 75%，发酵 40min。

⑦在发酵好的面团表面，挤上雪白酱糊（将 B 打头的所有材料混合、搅拌至浓稠状）。

⑧放入提前预热的烤箱中，上火 200℃，下火 180℃，烘烤 15min 即成。

（2）风味红豆馅面包的制作

①焦糖奶油酱制作：将水和白砂糖煮至焦糖色，加入鲜奶油拌匀即可。

②种面团制作：将所有 A_0 材料放在一起搅拌均匀，然后室温发酵 3h。

③除黄油外，将发酵后的种面团和 B_0 主面团材料一起倒入搅拌机搅拌桶内搅拌，至面团表面光滑有弹性，再加入黄油搅拌至能拉开面膜即可。

④室温 28℃，醒发 60min 或在醒发箱里发酵。

⑤将发酵好的面团分割为 60g/个，分别滚圆，松弛 30min。

⑥将每个面团按压排气，包入红豆馅 30g。

⑦放入烤盘，28℃，相对湿度 75%，发酵 40min；发酵好后，在表面刷上蛋液。

⑧放入提前预热的烤箱中，上火 200℃，下火 180℃，烘烤 12min 即成。

⑨出炉冷却，再淋上焦糖奶油酱即可完成。

3. 甜甜圈

甜甜圈的原料配比如表 2-3 所示。

表 2-3　　　　　　　　　　　　　甜甜圈的原料配比

油炸面包			贝果		
名称	质量/g	百分比/%	名称	质量/g	百分比/%
高筋面粉	180	90	A 高筋面粉	350	70
低筋面粉	20	10	A 低筋面粉	150	30
白砂糖	15	7.5	A 食盐	10	2
食盐	2	1	A 干酵母	5	1
温牛乳	75	37.5	A 白砂糖	35	7
干酵母	2	1	A 水	320	64
发粉	1	0.5	B 装饰水	2000	
鸡蛋	60	30	B 白砂糖	20	
			B 麦芽糖	5	
总重	355		总重	870	

注：A 为面包主材料，B 为装饰糖水。

（1）油炸面包的制作

①调制面团：先将面粉、干酵母在搅拌桶混合均匀，再加入白砂糖、食盐、鸡蛋、发粉和温牛乳，先低速搅拌 2min，再转为高速 5min，最后加入黄油，继续搅拌 2min，直到形成面筋扩展、表面光滑的面团。

②发酵：将搅拌、揉制好的面团放入醒发箱，发酵至2倍大体积。

③延压、入模：用擀面杖将面团擀成0.8cm厚的面皮。

④模塑成型：用两个大小不同的圆圈印出若干圆环。

⑤醒发：取出圆环，醒发箱中发酵30min。

⑥油炸：油温165℃，用小火炸至两面金黄，捞出控油，涂上糖液，或撒上糖霜，或点缀巧克力等辅料。

（2）贝果的制作

①揉面：将A干性材料和湿性材料倒入搅拌机中，一起搅拌，搅拌至面团表面光滑有弹性。

②分割：在室温下醒发10min，再将面团分割成70g/个，滚圆，松弛30min。

③延压：将面团按压排气，将面团对折，再卷成圆柱形。

④整形：将面团搓成长条形，再接成圆圈形，接口捏紧，搓光滑，放入烤盘。

⑤发酵：30℃，相对湿度75%，发酵40min。

⑥烫面：将B材料的装饰糖水煮开，将面团放入水中，每个面团烫20s，捞出，沥干水分。

⑦烘烤：放入预热好的烤箱，上火210℃，下火200℃，烘烤18min，即可完成。

4. 丹麦面包

丹麦面包的配料如表2-4所示。

表2-4 丹麦面包的配料

丹麦面包			基础丹麦面包			美式高档丹麦面包		
名称	质量/g	百分比/%	名称	质量/g	百分比/%	名称	质量/g	百分比/%
高筋面粉	230	74.2	高筋面粉	700	70	高筋面粉	150	75
低筋面粉	80	25.8	低筋面粉	300	30	低筋面粉	50	25
白砂糖	45	14.52	白砂糖	150	15	白砂糖	25	12.5
鸡蛋	60	19.35	黄油	40	4	黄油	20	10
黄油	20	6.45	酵母	30	3	鲜酵母	12	6
乳粉	20	6.45	食盐	15	1.5	食盐	2	1
水	140	45.16	冰水	250	25	改良剂	1	0.5
酵母	3	0.97	乳粉	30	3	水	85	42.5
食盐	2	0.65	起酥油	650	65	乳粉	10	5
面团裹入黄油	100	32.26	鸡蛋	150	15	面团裹入黄油	75	37.5
						鸡蛋	50	25
						香兰素	0.1	0.05
总重	700		总重	2315		总重	480.1	

（1）丹麦面包的制作

①面团调制：将除起酥油外的其余原料一起放入搅拌桶中，用搅拌机充分搅拌成筋性面团；将面团静置 15min 后，分割成两块，分别用保鲜膜包好后放入冰箱冷冻 60min 左右。

②擀皮、折叠：面团取出后，擀成长方形，包入拍扁的黄油后，擀开，再三折；冷藏 10min，再擀开，三折，反复 3~4 次，折好后松弛 30min。

③分割、整形：将松弛好的面团擀成 0.5cm 厚的面片，再松弛 15min，再用刀分割成长长的三角形，从宽的一头卷至尖的一头。

④醒发：卷好的面包坯在醒发箱中发酵 50min，使体积变为原来体积的 2 倍大。

⑤烘烤：刷上蛋液，放入预热后的烤箱，入箱后调至烘烤温度为 180℃，烘烤时间 20min。

⑥冷却、包装：待冷却，包装，成品色泽金黄、酥松油润。

（2）基础丹麦面包的制作

①面团调制：将高筋面粉、低筋面粉过筛和活化好的酵母、鸡蛋、乳粉一起放入搅拌桶中，用搅拌机搅拌成面团；面团搅拌均匀后，加入软化的黄油，继续搅拌，至面团光滑，放入冰箱冷藏 15min 后取出。

②擀皮、折叠：取出面团，松弛一会，擀压成长方形薄片，包入起酥油，用擀面杖敲打并擀开至适当厚度，换为用压面机延压，反复多次压至 0.7cm 厚，再折成三层；冷藏 15~20min，再延压成 0.7cm 厚薄片，再三折，反复 3 次，面团制作完成。

③切割、整形：将擀叠的面团擀开擀薄，切成条状，三个一组，一起扭成麻花状，两头打结捏紧。

④醒发：将烤盘上的面包坯放入醒发箱中发酵 50min，使体积变为原来体积的 2 倍大。

⑤烘烤：刷上蛋奶水（注意蛋奶水不能刷在刀切面上以防黏结切面，影响烘烤后的层次），放入预热后的烤箱，烘烤温度为上火 190℃，下火 160℃，烘烤时间 20min，至表面棕红色。

⑥冷却、包装：待冷却，包装，成品松脆油而不腻，香味浓郁。

（3）美式高档丹麦面包的制作

①酵母活化：先将酵母和部分水混合在一起，搅拌溶解，活化 10min，备用。

②面团调制：在搅拌桶中加入黄油、白砂糖、食盐、乳粉、改良剂，使用搅拌机中速搅拌至均匀混合至乳化状态。再将过筛面粉、水和活化好的酵母加入，先慢速搅拌混合后，再改为中速搅拌，至面团起筋。

③搓圆：将面团搓圆至面团光滑，放置烤盘内进入 1~3℃ 的冰箱冷藏松弛，发酵 3h 以上。

④滚压、包油、折叠：3h 后取出面团，擀成 3cm 厚的面片，包入拍扁的黄油后，擀开，再三折；冷藏松弛 15min，再擀开，三折，反复 3 次，折好后放在 1~3℃ 的冰箱内发酵 12~24h 或冰箱冷藏温度发酵 2h 左右。

⑤分割、整形：将松弛好的面团擀成 0.5cm 厚的面片，再松弛 15min，再用刀分割成长长的三角形，从宽的一头卷至尖的一头。

⑥醒发：整形后的面包坯在 35℃，相对湿度 80% 的醒发箱中发酵 50min，使体积变为成品体积的 2/3 左右即可。

⑦烘烤：刷上蛋液，放入预热后的烤箱，入箱后调至烘烤温度为 160~170℃，烘烤时间 10~15min。

⑧冷却、包装：待冷却，包装，成品色泽金黄、香甜松软。

5. 指标检测分析

面包制作完成后进行感官评价、理化指标检测和质构分析。

6. 包装

采用阻湿、阻气良好的塑料薄膜（可选 PVDC、KOPP、PET、PET/PE、PT/PE、PA/PE、PP/PVDC/PE、PA/EVAL/PE、PET/EVAL/PE 等）进行充氮气包装。

六、分析检测及产品标准

（一）面包品质的评分

1. 面包品质评分依据

面包品质鉴定包括面包外观和内在质量的综合评价。一般面包的表皮是均匀的金黄色，也有表皮色泽略深至顶部；除法式面包外，大多普通面包表皮浅、薄、软；内部组织柔软、细腻、有弹性、味道纯正、不黏牙。

（1）面包外观品质

①表皮颜色：面包正常的表皮颜色是金黄色，顶部较深而四边较浅，不该有黑白斑点的存在。如果表皮颜色过深，可能是炉火温度太高，或是配方作用等；如果颜色太浅，多属于烘烤时间不够或是烤箱温度太低，或配方中使用的上色作用的原料比如糖、乳粉、蛋等太少，或基本发酵时间控制不良等原因。因此，面包表皮颜色的正确与否不但影响面包的外观，同时也反映出面包的品质。

②体积：面包是一种发酵食品，其体积与使用原料的好坏、制作技术的正确与否有很大关系。面包由生面团至烤熟的过程中必须经过一定程度的膨胀，体积膨胀过大，会影响内部的组织，使面包多孔而过于松软；体积膨胀不够，则会使组织紧密，颗粒粗糙。

③外表样式：一般要求成品的外形端正，大小一致，体积大小适中，并符合成品所要求的形状。

④表皮质地：良好的面包表皮应该薄而柔软，不应该有粗糙破裂的现象，一般而言，配方中油和糖的用量太少会使表皮厚而坚韧，发酵时间过久会产生灰白而破碎的表皮，发酵不够则产生深褐色、厚而坚韧的表皮。烤箱的温度也会影响表皮质地，温度过低会造成面包表皮坚韧而无光泽；温度过高则表皮焦黑且龟裂。

⑤烘焙均匀度：是指面包表皮的全部颜色，上下及四边颜色必须均匀，一般顶部应较深，四周颜色应较浅。

（2）面包内部的品质　面包内部的品质鉴定一般从内部颜色、颗粒状况、味道、组织与结构、香味五个方面进行。

①内部颜色：面包内部颜色要求呈洁白色或浅乳白色并有丝样的光泽。

②颗粒状况：面包内部的颗粒要求较细小，有弹性和柔软，面包切片时不易碎落。

③味道：各种面包由于配方不同，入口咀嚼时味道也各不相同，但正常的面包入口应很容易嚼碎，而且不黏牙，没有酸味和霉味。

④组织与结构：这与面包的颗粒状况有关。一般来说，内部的组织结构应该均匀，切片时面包屑越少则说明组织结构越好。如果用手触摸面包的切割面，感觉柔软细腻即为组织结构良好，反之感觉到粗糙且硬即为组织结构不良。

⑤香味：面包的香味是由外表和内部两个部分共同产生的，外表的香味是由褐色作用及焦

糖化作用产生，并与面粉本身的麦香味形成一种焦香的香味。面包内部的香味是靠面团发酵过程中所产生的酒精、酯类以及其他化学变化，综合面粉的麦香味及使用的各种材料形成的。评定面包内部的香味，是将面包的横切面放在鼻前，用双手压迫面包以嗅其发出的气味，正常情况下除了面包的香味外，不能有过重的酸味，不可有霉味、油的酸败味或其他怪味。

2. 面包品质评分细则

面包感官评分细则如表 2-5 所示。

表 2-5　　　　　　　　　　　　　面包感官评分细则

项目	指标	分值/分
色泽 10 分	金黄色、有光泽	8~10
	呈棕黄色、有光泽	6~7
	呈深棕色、略有光泽	4~5
	呈深棕色、无光泽	<4
弹性 30 分	柔软、弹性较强	28~30
	较好、弹性较好、柔软	24~27
	较柔软、弹性稍弱	20~23
	坚实部位多、组织较柔软、弹性差	<20
滋味 40 分	松软适口、具有发酵和烘烤后的面包香味	36~40
	较松软、有烘烤后的麦香味	30~35
	麦香味较淡	24~29
	口感粗糙、麦香味不够	<24
组织状态 20 分	平滑细腻、气孔细密均匀	18~20
	气孔较细密、均匀	15~17
	气孔较细密、壁薄、均匀	12~14
	气孔大、不均匀	<12

注：参照《面包烘焙品质评分标准》制定。

（二）水分含量测定

称取面包芯 3~4g，破碎后置于 105℃电热恒温干燥箱烘 2h，取出至干燥器中冷却 30min，称重；再冷却，再称重，如此反复 2 次，前后恒重差 ≤0.005g 为止，试验误差控制在 0.2%以内。

$$水分（\%）= \frac{m_1 - m_2}{m_1 - m_3} \times 100\% \tag{2-3}$$

式中　m_1——称量瓶和试样质量，g；

　　　m_2——称量瓶和干燥后试样质量，g；

　　　m_3——称量瓶质量，g。

（三）面包体积测定

取一个待测的面包样品，称出其质量，记录数据。然后放入体积大于吐司面包的容器中，让小颗粒填充剂完全覆盖住面包样品，轻轻摇动，尽量减小孔隙度，用直尺刮掉多余的填充剂。

取出面包,用量筒测量填充容器中使用的填充剂用量,记录体积,面包体积等于容器体积减去填充剂体积。面包比容计算公式如式(2-4):

$$P = V/m \tag{2-4}$$

式中 P——面包比容,mL/g;

V——面包体积,mL;

m——面包质量,g。

(四)酵母发酵力检测

通常不同品牌的酵母菌的活力是不同的,面包品质与酵母的发酵力有着密切关系。

取酵母样品 2g、蔗糖 2g 于 100mL 烧杯中,加 30℃的蒸馏水 50mL,在 30℃下保温 30min。另取氯化钠 15g 于锥形瓶中,加蒸馏水 60mL 溶解。将上述酵母、蔗糖和氯化钠溶液倒入 200g 面粉中,快速和成面团并揉光,立即将面团(7)放入广口玻璃瓶(1)中密闭,与装有排出液的小口试剂瓶(2)用排气管连接,并将广口玻璃瓶(1)放入(30±1)℃的恒温水浴(3)中(图2-7)。记录第一个小时的排水量(V_1)和前两个小时的排水量(V_2)。用前两个小时排水量减去第一个小时的排水量即为该酵母的发酵力。

$$F(发酵力) = V_2 - V_1 \tag{2-5}$$

酵母发酵力的强弱,可依据量筒(6)积水量的多少来判别。排水量达到 1000mL 以上者为高活力酵母,800mL 以下者为酵母活力较差,800~1000mL 为酵母活力中等。

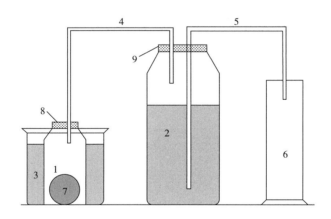

图 2-7　酵母发酵力测定装置图

1—1000mL 广口玻璃瓶　2—装有排出液的 2500mL 小口试剂瓶　3—恒温水浴　4—排气管
5—排液管　6—1000mL 玻璃量筒　7—面团　8—广口瓶橡皮塞　9—小口瓶橡皮塞

(五)面包质构测试

面包的品质与其质构测定结果有着紧密的联系。面包质量评分与硬度、胶着性、咀嚼度、坚实度呈负相关性,而与黏着性、弹性、回复性呈显著正相关;以感官评价得到的面包总分和以质构仪测定得到的参数值有显著的相关性;质构测试条件对面包硬度测定值的影响遵循主次关系为:样品压缩程度>压缩速度>切片厚度。通常面包烘烤完毕后,先将其冷却,将面包切为 10~20mm 的薄片,取靠近中心的两片叠放到质构仪载物台上,在 TPA 模式下进行质构测定(图2-8)。

图 2-8　面包的质构测定

面包质构测定通常使用不同内径的平底柱形探头，如内径为 36mm 的 P/36R 探头。面包硬度、咀嚼性越大，其口感越发硬，缺乏弹性、绵软而爽口的感觉；面包的弹性、回复性值越大，面包则会更柔软筋道，爽口不黏牙；面包老化则会使其硬度、咀嚼性增加，内聚性下降，口感也变差。

采用平底圆柱形探头 P50。先将面包样品用切片机切成 10~20mm 的片状，面包每侧切去 1cm 厚的边，测试速率根据探头型号确定，主要研究指标有硬度、弹性、咀嚼性、回复性。实验参数：测试前速率 1.0mm/s，测试速率 0.5mm/s，测试后速率 0.5mm/s，数据采集速率为 200pps，两次压缩间隔时间 1s，压缩程度 90%，感应力 0.1kg。

或 TA、XAXTPlus 物性仪采用 P/36R 柱形探头，对面包进行 TPA 测定。待吐司面包冷却装袋回软后，将其切成 20mm 厚的吐司片。用 P/36R 平底柱形探头进行测定，测前速率 2mm/s，测试速率、测后速率均为 1mm/s，两次下压间隔时间 1s，触发力 5.0g，应变为 50%。每组配方样品做 3 组平行，3 次重复，取平均值。

物性分析的硬度反映了面包的柔软度，胶黏性反映了面包在一定柔软度抵抗破坏的能力，弹性反映了面包在受到外力后样品恢复到原来高度的比率，咀嚼性反映了吃的时候需要耗费的力，与面包的黏性和弹性有关。

（六）产品相关标准

GB 7099—2015《食品安全国家标准　糕点、面包》，GB 1886 系列标准《食品安全国家标准　食品添加剂》，GB 8957—2016《食品安全国家标准　糕点、面包卫生规范》，GB 2721—2015《食品安全国家标准　食用盐》，GB 31604.1—2015《食品安全国家标准　食品接触材料及制品迁移试验通则》等。

七、思考题

1. 影响面团调制温度的因素有哪些？如何控制？

2. 判断面团发酵成熟的方法有哪些？

3. 面包烘烤条件对其品质有何影响？

4. 面包醒发时温、湿度对面包质量有何影响？

5. 简述面包制作的几种工艺流程。其主要操作要点是什么？

6. 简述面团形成原理。每个阶段的主要作用是什么？

7. 分析面包易老化，保质期短的原因。

实验十　重油蛋糕/戚风蛋糕制作及分析

一、实验目的

了解蛋糕生产的原辅料及添加顺序；熟悉蛋糕的分类、加工原理和各类蛋糕的生产工艺流程、操作要点；了解物理膨松面糊原理；掌握面糊类蛋糕、戚风蛋糕典型代表制品的制作方法及区别；熟悉各类蛋糕的感官评价要求和评分细则。

二、实验原理

蛋糕是用鸡蛋、白砂糖、小麦粉为主要原料，以牛乳、果汁、乳粉、吉士粉（片）、色拉油、水、起酥油、食盐、泡打粉等为辅料，经过搅拌、调制、烘烤后制成的一种松软的西式点心。重油蛋糕属面糊类蛋糕中的一种，又称牛油蛋糕，为多油多糖的高级蛋糕，口感较重；戚风蛋糕是分两步法分别打发蛋清和蛋黄，而制得的较松软、细腻、可口的蛋糕。为减轻重油蛋糕的高油特性，戚风蛋糕在传统的基础配方上进行了局部改良。

三、实验材料及仪器

1. 材料

低筋面粉、玉米淀粉、白砂糖、玉米油、无盐乳油、乳化起酥油、食盐、牛乳、柠檬汁或白醋、塔塔粉、泡打粉、香草精等。

2. 仪器和器具

搅蛋器或打蛋机、不锈钢盆、分蛋器、电子秤、硅胶刮刀、蛋糕模具、烤箱、量杯、量勺等。

四、原料配方

高成分的重油蛋糕（磅蛋糕）一般采用两段法操作，细腻的戚风蛋糕采用两步法操作，配料如表2-6所示。

表2-6　　　　　　　　　　　　　　　重油/戚风蛋糕配料

重油蛋糕			戚风蛋糕		
材料	质量/g	百分数/%	材料	质量/g	百分数/%
低筋面粉	500	100	低筋面粉	65	100
食盐	8	2	食盐	2	3
玉米淀粉	8	2	玉米淀粉	10	15
无盐奶油	200	40	玉米油	35mL	54
乳化起酥油	135	27	塔塔粉	3	5
白砂糖	585	117	白砂糖	65	100
脱脂乳粉	30	6	全脂乳粉	15	23
鸡蛋	335	67	鸡蛋	230	354
水	225	45	牛乳	50mL	77

续表

重油蛋糕			戚风蛋糕		
材料	质量/g	百分数/%	材料	质量/g	百分数/%
			泡打粉	3	5
			柠檬汁	10mL	15
总量	2026	406	总量	488	751

五、操作步骤（选一）

1. 高成分重油蛋糕的制作

（1）称量 精确称量配料，备用。

（2）搅拌 将低筋面粉、玉米淀粉、食盐一起过筛到搅拌器中，加入无盐奶油和起酥油。用搅拌器低速搅拌 2min，再用刮刀将容器边缘面糊刮下，继续搅拌 2min。

（3）混合 1 将剩余干性材料过筛到搅拌器中，加入部分水或牛乳。低速搅拌 3~5min，刮下边缘面糊，继续搅拌至面糊均匀。

（4）混合 2 将剩余液体和稍加搅打的鸡蛋混合，在搅拌运转中分三次加入面糊中，添加时暂停搅拌器，继续搅拌 5min，均匀即可。

（5）烘烤 将混合面糊倒入 8 寸模具中，上下火 190℃，烘烤 25min。注意烘烤时间因蛋糕模具大小而有所变化。

（6）冷却 取出烤盘，冷却。

（7）取成品进行感官、理化和质构分析。

2. 戚风蛋糕的制作

（1）称量 首先将蛋清和蛋黄分离，分别放置于干净的不锈钢盆中；用量杯和电子秤准确称量各干湿材料，备用。

（2）蛋糊配制 将鲜牛乳倒入一个干净的不锈钢盆中，再加入食盐、1/3 的白砂糖、玉米油充分搅拌溶解，混合均匀，然后加入过筛的低筋面粉、玉米淀粉、泡打粉、乳粉及蛋黄，搅拌均匀，直至面糊能顺畅地流下。

（3）蛋清打制 将蛋白倒入打蛋机中，先低速搅打 2min，然后分两次添加 2/3 的白砂糖，中速搅打 5min 至糖溶化，再添加塔塔粉，换用高速搅打成白色泡沫状。总搅打时间 10~15min。

（4）混合 将蛋清泡沫分 3 次添加于蛋糊，混合均匀，倒入铺纸的烤盘中，用塑料刮板刮平表面。

（5）烘烤 烤箱内放置一定热水，保湿，炉温在上下火 180℃左右，根据蛋糕坯大小确定时间，一般烘烤 20~35min。

（6）冷却 取出烤盘，冷却后切块，中间可涂抹果酱或奶油成为夹心，再切块，包装即为成品，也可作为裱花蛋糕坯。

（7）取成品进行感官、理化和质构分析。

六、分析检测

1. 蛋糕的感官分析

不同的蛋糕呈现的特点不同，其感官分析评价细则如表 2-7 所示。

表 2-7 戚风/重油蛋糕的感官要求

品名	戚风蛋糕	重油蛋糕	分值（总分100）
色泽	表面应呈金黄色，内部为乳黄色（特种风味的除外），色泽要均匀一致，无斑点、无焦斑	表面应呈金黄色，内部为乳黄色（特种风味的除外），色泽要均匀一致，无斑点、无焦斑	25
形态	外形完整、块形整齐，厚薄、大小一致，无塌陷，表面略鼓，底面平整，无破损，无粘连，不歪斜，无收缩	外形完整、块形整齐，厚薄、大小一致，无塌陷，表面略鼓，底面平整，无破损，无粘连，不歪斜，无收缩	25
组织结构	柔软有弹性，内部组织细密，蜂窝均匀，无大气孔，无生粉、糖粒等疙瘩，无杂质	内部组织紧密，颗粒细腻，无气孔，无生粉、糖粒等疙瘩，无杂质	30
滋味气味	入口绵软甜香，松软可口，甜度适中，有蛋香味，无蛋腥味	入口香甜，紧实可口，蛋香味浓郁，无蛋腥味	20
杂质	内外无肉眼可见的异物和杂质	内外无肉眼可见的异物和杂质	

2. 蛋糕的理化分析

蛋糕理化指标要求如表 2-8 所示。

表 2-8 蛋糕理化指标要求

项目	蛋糕指标
干燥失重/%	≤42
水分含量/%	15~30
蛋白质/%	≥4.0
总糖/%	≤42.0
*反式脂肪酸/%	0

注：*为有实验条件的可以测定的指标。

3. 蛋糕的质构分析

采用 TA-XTplus 物性分析仪和探头 P50，测试速度 1.0mm/s，压缩程度为 60%，需要测试的指标包括：硬度、弹性、黏聚性、咀嚼性和回复性。

七、思考题

1. 简述重油蛋糕配方的配比原则。
2. 戚风蛋糕的原辅料调制顺序对成品有何影响？
3. 蛋糕加工过程常遇到的问题有哪些？提出相应的控制措施。

实验十一　海绵蛋糕制作及分析

一、实验目的

理解海绵蛋糕膨发的基本原理；掌握海绵蛋糕制作工艺流程和工艺操作要点；学习海绵蛋糕制作品质控制因素与方法；了解烘焙食品加工设备使用基本常识。

二、实验原理

在海绵蛋糕制作过程中，蛋白质通过高速搅拌使其中的球蛋白降低了表面张力，增加了蛋白质的黏度，因黏度大的成分有助于泡沫初期的形成，使之快速地打入空气，形成泡沫。蛋白质中的球蛋白和其他蛋白，受搅拌的机械作用，产生了轻度变性。

变性的蛋白质分子可以凝结成一层皮，形成十分牢固的薄膜将混入的空气包围起来，同时，由于表面张力的作用，使得蛋白质泡沫收缩变成球形，加上蛋白质胶体具有黏度，和加入的面粉原料附着在蛋白质泡沫周围，使泡沫变得很稳定，能保持住混入的气体，加热的过程中，泡沫内的气体又受热膨胀，使制品疏松多孔并具有一定的弹性和韧性。

三、实验材料及仪器

1. 材料

以全蛋质量为基准，其他辅料用量分别为：白砂糖40%，食盐1%，速发蛋糕油9%，色拉油10%，鲜牛乳10%，低筋面粉40%。

2. 仪器

打蛋机，电热式烤炉。

四、工艺流程

原辅材料处理 → 搅打 → 混料 → 注模 → 烘焙 → 冷却 → 包装 → 成品

五、实验步骤

1. 原辅材料搅拌混合

将鸡蛋、食盐、白砂糖放入打蛋机中，慢速（60r/min）搅拌1min，将糖溶解，加蛋糕油，再快速（200r/min）搅打（约19min）至体积膨胀3倍左右为宜；将称好的低筋面粉倒入上述蛋糊中，换中速将面粉搅拌均匀，将牛乳、色拉油倒入，慢速转，使油和水混合均匀，停机出面。

2. 倒盘

将面糊倒入事先刷色拉油并已预热的烤盘模具内，注入量为模具体积的1/2~2/3，刮平。注模应在15~20min内完成，以防蛋糊中面粉下沉，使产品质地变结。

3. 烘烤

若使用平面烤炉，设定烤炉上火为180℃，下火为160℃；若使用旋转烤炉，则炉温在180~190℃。烘烤20~30min至完全熟透为止（用牙签插入蛋糕坯内，拔出无黏附物即可出炉）。

4. 冷却

将蛋糕从烤箱中取出，可切块或卷蛋糕卷，包装。

5. 成品评价

对成品进行感官评价，测定其比容、干燥失重、蛋白质、脂肪、总糖和质构指标。

六、分析检测及产品标准

1. 感官评定

由固定的 10 名人员进行评定,并保持每次感官评定人数不变,参照蛋糕的感官标准,从色泽、外观、内部结构、弹柔性、气味滋味 5 个方面评定感官得分(表 2-9),每个感官得分,均取 10 人评判分数的平均值。

表 2-9　　　　　　　　　　海绵蛋糕的感官评价细则

评分	感官标准				
	色泽 (20 分)	外观 (20 分)	内部结构 (20 分)	弹柔性 (20 分)	气味滋味 (20 分)
16~20 分	亮黄、淡黄,色泽自然和谐均匀一致	表面光滑无斑点、环纹、块形丰满周正、薄厚均匀,有细密小麻点,均匀不沾边,无破损、无崩顶	切面呈细密蜂窝状,无大空洞,无硬块,孔泡细密均匀	口感松软细腻、香甜不黏牙、发起均匀柔和,弹性不干硬,按下去后复原很快	香味纯正,绵软细腻,甜度适中,有蛋糕特有风味
12~15 分	黄、淡黄,颜色较和谐,勉强可以接受,较均匀	表面略有气泡、环纹,稍有收缩变形,表面和顶部有少量破损	孔泡稍粗,略有不均匀,无坚实部分	口感稍粗,发起有部分不均,弹性稍差,按下去后复原较快	较爽口,稍黏牙或稍有坚韧,略有松散发干
1~11 分	暗黄,颜色很难接受,不均匀	表面粗糙,有深度环纹,严重收缩变形且凹陷	气孔大而不均匀,有少量坚实部分	弹性差,不发起,干硬,按下去后难复原	不爽口,发黏或明显坚实,粗糙松散发干

2. 蛋糕比容测定

蛋糕出炉后 30min 称重,记录质量 M。蛋糕体积的测定采用小米替代法。把小米和蛋糕一起装入量筒中,记录体积 V_1,取出蛋糕,记录剩下小米的体积 V_2。这样测得的体积 $V = V_1 - V_2$ 即得蛋糕体积。

按式(2-6)计算蛋糕比容(D):

$$D = V/M \tag{2-6}$$

3. 干燥失重测定

参见实验二中"水分测定"部分。

4. 蛋白质测定

参见实验六中"全氮检测"部分。

5. 脂肪测定

按照 GB/T 5009.6—2016《食品安全国家标准　食品中脂肪的测定》中酸水解法测定。称取 2~5g(准确至 0.001g)试样,置于 50mL 试管内,加入 8mL 水,混匀后再加 10mL 盐酸。将试管放入 70~80℃水浴中,每隔 5~10min 以玻璃棒搅拌 1 次,至试样消化完全为止,40~

50min。取出试管，加入 10mL 乙醇，混合。冷却后将混合物移入 100mL 具塞量筒中，以 25mL 无水乙醚分数次洗试管，一并倒入量筒。待无水乙醚全部倒入量筒后，加塞振摇 1min，小心开塞，放出气体，再塞好，静置 12min，小心开塞，并用乙醚冲洗塞及量筒口附着的脂肪。静置 10~20min，待上部液体清晰，吸出上清液于已恒重的锥形瓶内，再加 5mL 无水乙醚于具塞量筒内，振摇，静置后，仍将上层乙醚吸出，放入原锥形瓶内。回收锥形瓶内的无水乙醚，待瓶内溶剂剩余 1~2mL 时在水浴上蒸干，再于（100±5）℃干燥 1h，放干燥器内冷却 0.5h 后称量。重复以上操作直至恒重（直至两次称量的差不超过 2mg）。

试样中脂肪的含量按式（2-7）计算：

$$X = \frac{m_1 - m_0}{m_2} \times 100 \tag{2-7}$$

式中　X——试样中脂肪的含量，g/100g；

　　　m_1——恒重后接收瓶和脂肪的质量，g；

　　　m_0——接收瓶的质量，g；

　　　m_2——试样的质量，g；

　　　100——换算系数。

注：计算结果表示到小数点后一位。

6. 总糖测定

采用斐林法。

（1）在天平上准确称取样品 1.5~2.5g，放入 100mL 烧杯中，用 50mL 蒸馏水浸泡 30min（浸泡时多次搅拌）。转入离心管，用 20mL 蒸馏水冲洗烧杯，洗液一并转入离心管中，置离心机上以 3000r/min 离心 10min，上层清液经快速滤纸滤入 250mL 锥形瓶，用 30mL 蒸馏水分 2~3 次冲洗原烧杯，再转入离心试管搅匀后，以 3000r/min 离心 10min，上清液经滤纸滤入 250mL 锥形瓶中。浸泡后的试样溶液也可直接用快速滤纸过滤（必要时加沉淀剂）。在滤液中加 6mol/L 盐酸 10mL，置 70℃水浴中水解 10min。取出迅速冷却后加酚酞指示剂 1 滴，用 200g/L 氢氧化钠溶液中和至溶液呈微红色，转入 250mL 容量瓶，加水至刻度，摇匀备用。

（2）斐林溶液的标定　准确称取经烘干冷却的分析纯葡萄糖 0.4g（精确至 0.0001g），用蒸馏水溶解并转入 250mL 容量瓶中，加水至刻度，摇匀备用。准确吸取斐林溶液甲、乙液各 2.50mL，放入 150mL 锥形瓶中，加蒸馏水 20mL。置电炉上尽快加热至沸，保持微沸状态下，用配好的葡萄糖溶液滴定至溶液变红色时，加入 1% 次甲基蓝指示剂 1 滴，继续滴定至蓝色消失显鲜红色为终点。正式滴定时，先加入比预试时少 0.5~1mL 的葡萄糖溶液，置电炉上煮沸 2min，加次甲基蓝指示剂 1 滴，继续用葡萄糖溶液滴定至终点。

按式（2-8）计算 5mL 斐林溶液（2.5mL 甲液、2.5mL 乙液）相当于葡萄糖的质量：

$$m = \frac{m_1 \times V}{250} \tag{2-8}$$

式中　m——5mL 斐林溶液（2.5mL 甲液、2.5mL 乙液）相当于葡萄糖的质量，g；

　　　m_1——葡萄糖的质量，g；

　　　V——滴定时消耗葡萄糖溶液的体积，mL。

（3）采用标定斐林溶液的方法，测定样品中总糖。

总糖含量按式（2-9）计算：

$$X = \frac{m}{m_2 \times \dfrac{V}{250}} \times 100 \qquad (2-9)$$

式中　X——总糖质量分数，以葡萄糖计，g/100g；

　　　m——5mL 斐林溶液（2.5mL 甲液、2.5mL 乙液）相当于葡萄糖的质量，g；

　　　m_2——样品质量，g；

　　　V——滴定时消耗样品溶液的体积，mL。

注：平行测定两个结果间的差数不得大于 0.4%。

7. 质构分析

采用 TA-XT2 物性测试仪和 P/36R 探头，测试前速度为 2.0mm/s，测试速度为 1.0mm/s，测试后速度为 1.0mm/s，压缩程度为 50%，测定蛋糕的质构参数（硬度、弹性、咀嚼性、黏聚性）。

8. 相关产品标准

GB/T 24303—2009《粮油检验　小麦粉蛋糕烘焙品质试验　海绵蛋糕法》。本标准规定了海绵蛋糕试验方法的原理、材料、仪器和设备、操作步骤、结果与表示。本标准适用于评价小麦或小麦粉以及其他配料对海绵蛋糕烘焙品质的影响。

GB/T 31059—2014《裱花蛋糕》。本标准规定了裱花蛋糕的术语和定义、产品分类、技术要求、加工过程控制、检验方法、标签标识、包装、运输、贮存、销售等的内容。本标准适用于由蛋糕坯和装饰料组成的装饰精巧、图案美观的制品。

七、思考题

1. 海绵蛋糕制作的原理是什么？
2. 海绵蛋糕烘焙工艺有何特点？
3. 分析海绵蛋糕出炉后体积小、表面凸起、龟裂、内部组织孔洞多且不均匀的原因。

第三节　饼干

实验十二　韧性饼干制作及分析

一、实验目的

了解韧性饼干所需的原料和辅料特点；熟悉韧性面团的调制技术；掌握韧性饼干的生产工艺和产品质量标准。

二、实验原理

小麦粉在其蛋白质充分水化条件下调制成面团，经辊轧等机械作用形成具有一定延展性、弹性适度、柔软、光滑、可塑的面带，经成型、烘烤后得到产品。韧性饼干所用原料中，油脂和糖的用量较少，标准配比是油：糖＝1：2.5，油+糖：面粉＝1：2.5。在调制面团时，容易形成面筋，故调制面团时间一般较长，面团温度控制在 38~40℃，加水量控制在小麦粉量的 18%~24%，淀粉添加量在 5%~10%，调粉时间控制在 20~25min，静置时间 15~20min。多采用辊轧方法对面团进行延展整形，切成薄片状，表面扎眼或形成凹花，以防焙烤时气泡。焙烤后的饼干断面有比较整齐的层状结构。

制作韧性饼干的小麦粉一般选用面筋弹性中等、延伸性好、湿面筋含量在 21%~28% 为宜，过低易碎、有裂纹，过高饼干易收缩、变形、表面起泡、口感发硬。好的韧性饼干特点是印模造型多为凹花，表面有针眼，且平整光滑，断面结构有层次，口感松脆，耐嚼。

三、实验材料及仪器

1. 原辅材料

中筋面粉、玉米淀粉、白砂糖、饴糖、水、奶油、全脂乳粉、食盐、小苏打、无铝泡打粉、酶制剂（淀粉酶、蛋白酶等）、单酰甘油。

2. 仪器设备

电烤炉、烤盘、台秤、面盆、操作台、模具、压面机、刮刀。

四、工艺流程

韧性饼干生产工艺流程为：

原辅料预处理 → 面团的调制 → 辊轧或擀压 → 成型 → 焙烤喷油冷却 → 包装

五、原料配方

韧性饼干的基本配方如表 2-10 所示。

表 2-10　　　　　　　　　　　　　　韧性饼干的基本配方

材料名称	质量	材料名称	质量
中筋面粉	564g	水	50g
玉米淀粉	36g	无盐奶油	92g
糖粉	135g	食盐	3g
全脂乳粉	10g	无铝泡打粉	1g
小苏打	0.5g	单酰甘油	0.2g/kg
酶制剂	0.02g/kg	L-抗坏血酸	0.008g/kg
饴糖	74g	全蛋液	30g
磷脂	0.25g/kg	总量	995.978g

六、操作步骤

1. 原料预处理

白砂糖干燥、粉碎制得糖粉或加水加热溶化备用，食盐用水溶解备用。面粉、淀粉、乳粉、小苏打、泡打粉等干剂称量、过筛，备用。

2. 打发奶油

先将奶油软化，用搅打器打发使其发白，再分三次将蛋液逐渐放入，搅打均匀，再准备添加其他过筛干剂。

3. 面团调制

将所有剩余干湿原辅料一起放入面缸，搅拌25~30min，制成软硬适中的面团，面团温度一般在38~40℃。

4. 静置

面团调制成熟后，需经低温冷藏、静置10~20min，以降低面团温度，保持面团性能稳定，方便辊轧时不会因温度升高而出现流油现象。

5. 辊轧

一般需多次辊轧，通过压面机压成面片，旋转90°，折叠再压成面片，如此8~10次，使得面皮厚薄均匀，平整，表面光滑，质地细腻，厚度在2~5mm。

6. 成型

将调制好的面团分成小块，或用印模制成一定形状的饼坯。

7. 烘烤

将饼坯装入烤盘，放入提前30min预热的烤箱，调整烤炉温度，使其上火160℃、下火130℃烘烤，时间因饼坯厚度而异，一般在12~18min。

8. 冷却、包装

待饼干中心冷却至室温，不会出现裂缝、外形收缩等现象时，再进行包装。

9. 取成品进行感官评价和理化卫生指标测定。

注意事项：

（1）韧性面团温度控制　冬季室温较低，面团温度可控制在32~35℃，夏季室温较高，面团温度可控制在35~38℃。

（2）韧性面团调制时，其搅拌时间和静置时间控制。由于搅拌过程面团因拉伸产生内应力，会降低面团的黏度、弹性、且面团温度升高，因此需要静置足够时间，以舒缓面团，提高面团工艺性能和成品质量，静置时间10~20min为宜。

（3）辊轧时，尽可能将面团从横向和纵向两个方向进行延压，避免面片出现收缩、变形、不均匀的情况。

（4）烘烤时需提前对烤炉进行180℃的预热，再降温调到所需的上火和下火，一般上火高出下火20~30℃，时间因饼坯大小、厚薄适当进行调整。

七、分析检测及产品标准

1. 韧性饼干的感官品质要求

（1）形态　外无明显凹底。形完整，清晰或无花纹，有针孔，厚薄均匀，无收缩，无泡点，不变形。

（2）色泽　呈棕黄色，或金黄色，色泽均匀，表面光泽，无过焦、过白现象。

（3）滋味　具有品种应有香味，无焦味、无异味，口感松脆、不黏牙、无粗糙颗粒感。

（4）组织　断面结构有层次感，或呈多孔状。

（5）冲调性　用70℃以上热水冲调，搅拌呈糊状。

2. 韧性饼干的理化卫生、营养参考指标

韧性饼干的理化卫生、营养参考指标如表 2-11 所示。

表 2-11　　　　　　　　韧性饼干的理化卫生、营养参考指标

项目	指标值
水分/（g/100g）	≤　6.5
酸价（以脂肪计）（KOH）/（mg/g）	≤　5
过氧化值（以脂肪计）/（g/100g）	≤　0.25
碱度（以碳酸钠计）/%	≤　0.4
总砷（以 As 计）/（mg/kg）	≤　0.5
铅（Pb）/（mg/kg）	≤　0.5
菌落总数（平板计数法）/（CFU/g）	≤30
大肠菌群（平板计数法）/（MPN/100g）	≤100
霉菌（平板计数法）/（CFU/g）	≤10
致病菌（沙门氏菌、志贺氏菌、金黄色葡萄球菌）	不得检出
脂肪/（g/100g）	≤50
钠/（mg/100g）	≤50

八、思考题

1. 冷粉面团的特点是什么？
2. 如何解决饼干生产过程中的"走油"现象？
3. 韧性饼干面团的特点是什么？
4. 韧性饼干的烘烤温度与品质的关系是什么？

实验十三　曲奇饼干制作及分析

一、实验目的

了解曲奇饼干的原辅料特点；熟悉曲奇面团的调制技术；掌握曲奇饼干的生产工艺和产品质量评价标准；掌握制作高品质曲奇饼干的关键环节。

二、实验原理

曲奇饼干是以小麦粉、食糖、鸡蛋、植物油、奶油等为主要原料，添加膨松剂及其他辅料，经配料、调粉、搅拌、成型、冷冻、切片（或灌注裱花袋、挤花、冷却定型）、烘烤、冷却、包装等工序制成的具有立体花纹或表面有规则波纹的饼干。

三、实验材料

低筋面粉、玉米淀粉、糖粉、无盐奶油、全脂乳粉、食盐、脂肪氧合酶、单酰甘油、维生素 C 等。

四、原料配方

曲奇饼干的原料配方如表 2-12 所示。

表 2-12 曲奇饼干的原料配方

柠檬曲奇饼干		花生曲奇饼干	
材料名称	质量	材料名称	质量
无盐奶油	150g	无盐奶油	250g
糖粉	80g	糖粉	200g
精盐	2g	精盐	2g
全蛋液	110g	全蛋液	160g
低筋面粉	200g	吉士粉	20g
玉米淀粉	20g	低筋面粉	250g
香草精	3 滴	高筋面粉	200g
柠檬皮屑	少许	乳粉	25g
柠檬汁	12mL	玉米淀粉	25g
改良剂	少许	花生碎	200g
		改良剂	少许

五、操作步骤

（1）将无盐奶油常温软化，打发至发白，再和糖粉混合，先慢后快，搅拌均匀；

（2）将溶有食盐的全蛋液分 3 次逐渐加入，边加边打发，使其充分乳化混合；

（3）添加过筛的低筋面粉、高筋面粉、乳粉、玉米淀粉等所有剩余干性材料，完全拌和均匀，至无粉粒状；

（4）添加其余调味辅料，如柠檬皮屑、柠檬汁或花生碎，拌和充分；

（5）对于黄油曲奇饼干，多采用裱花袋挤注和挤条，可选用 8 齿、6 齿或 5 齿花嘴，进行挤压灌注于烤盘中，每个保持一定间距，低温定型放置约 10min；对于花生曲奇饼干，一般将其揉团，放置于长方形模具中，压紧压实，抹平后放于冻箱内冷冻 1h，冻硬后取出，脱模，切分成 3~5mm 厚的 4cm×5cm 左右均匀片状饼坯；

（6）将定型后的饼坯放于提前预热的烤箱中，预热温度 180℃，烘烤温度为上火 160℃，下火 140℃，烘烤时间约 25min，也可采用高温短时的烘烤条件，上下火 190℃，10~12min；待饼坯呈金黄色或浅棕黄色，即刻取出冷却，包装；

（7）取成品进行感官评价和理化卫生指标测定。

注意事项：

①注意原料添加次序，先要打发无盐奶油，其次是分次加入蛋液，防止油水分离现象出现。

②混合面团要充分均匀，无颗粒现象。

③注意烘烤温度、时间的严格控制，建议采用低温长时，不得烤焦饼坯。

六、分析检测

1. 感官评价

将曲奇饼干样品置于白瓷盘中，在自然光下观察形态、色泽和组织状态，品其滋味与口感。曲奇饼干的感官要求如表 2-13 所示。

表 2-13　　　　　　　　　　　曲奇饼干的感官要求

项目	要求
形态	外形完整，花纹或无花纹，同一造型大小基本均匀，饼体摊散适度，无连边，特殊加工品种表面或中间允许有可食颗粒存在，颗粒大小尽可能均匀
色泽	呈金黄色、棕黄色或品种应有的色泽，色泽均匀，不应有过焦、过白的现象
滋味与口感	有明显的奶香味及品种特有的香味，无异味，口感酥松或松软
组织状态	断面结构呈细密的多孔状，无较大孔洞

2. 理化和卫生指标要求

曲奇饼干的理化指标如表 2-14 所示，微生物限量指标如表 2-15 所示。

表 2-14　　　　　　　　　　　曲奇饼干的理化指标

项目	指标
干燥失重/%	≤　20.0
蛋白质/%	≥　4.0
脂肪/%	≤　35.0
酸价（以脂肪计）（KOH）/（mg/g）	≤　5.0
过氧化值（以脂肪计）/（g/100g）	≤　0.25
铅（以 Pb 计）/（mg/kg）	≤　0.4

表 2-15　　　　　　　　　　　曲奇饼干的微生物限量指标

项目	采样方案[1]及限量				检测方法
	n	c	m	M	
沙门氏菌	5	0	0		GB 4789.4—2016
金黄色葡萄球菌	5	1	10^2		GB 4789.10—2016 第二法
菌落总数/（CFU/g）	5	2	10^4	10^5	GB 4789.2—2016
大肠菌群/（CFU/g）	5	2	10	10^2	GB 4789.3—2016 平板计数法
霉菌[2]/（CFU/g）	≤50				GB 4789.15—2016

注：①样品的采样和处理按 GB 4789.1—2016 执行；②不适用于添加了霉菌成熟干酪的产品；n 为同一批次产品应采集的样品件数；c 为最大可允许超出 m 值的样品数；m 为致病菌指标可接受水平的限量值；M 为致病菌指标的最高安全限量值。

七、思考题

1. 曲奇饼干制作的关键点是什么？

2. 如何控制面团走油现象？

3. 试述如何改良高油高糖的曲奇饼干配方，使之向低糖低油化发展。

实验十四　发酵饼干制作及分析

一、实验目的

了解发酵饼干与半发酵饼干的基本特点；熟悉发酵苏打饼干的制作原理；掌握发酵工艺，认知发酵条件对成品的影响；掌握发酵饼干烘烤工艺的参数控制技术。

二、实验原理

苏打饼干，也称梳打饼干，是以小麦粉、糖、油脂为主要原料，以酵母和小苏打作为疏松剂，加入各种辅料，经调粉、发酵、辊压成型、叠层、焙烤制成的松脆且具有发酵制品特有香味的焙烤食品。在发酵过程中，面团中的淀粉、蛋白质部分分解成易被消化吸收的低分子营养物质，因含糖、油较少，比较适宜胃肠消化不良者食用。

三、实验材料及仪器

1. 材料

高筋面粉、低筋面粉、起酥油、即发干酵母、小苏打、泡打粉、食盐、水、鸡蛋、麦芽糖、乳粉、面团改良剂、香草粉、洋葱、葱等。

2. 仪器与器具

和面机、压面机、醒发箱、烤箱、烤盘、TA 质构仪、不锈钢盆、长柄刮刀、印花擀面杖、筛子（≥60 目）、案板、温度计、量具、电子秤等。

四、工艺流程

发酵性饼干工艺流程如图 2-9 所示：

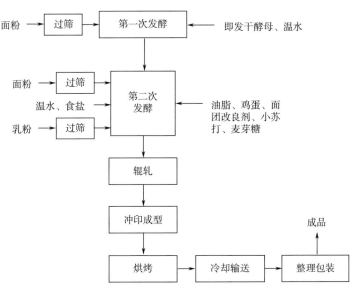

图 2-9　发酵性饼干工艺流程

五、原料配方

咸味和甜味发酵饼干配料如表 2-16 所示。

表 2-16　　　　　　　　　　　　发酵饼干配料

分区	葱油发酵饼干		咸奶香发酵饼干	
	材料名称	质量/kg	材料名称	质量/kg
第一次调粉、第一次发酵	高筋面粉	40	高筋面粉	40
	白砂糖	1.5	白砂糖	2.5
	即发干酵母	0.9	即发干酵母	0.7
	食盐	0.25	食盐	0.7
	水	16	水	16
第二次调粉、第二次发酵	低筋面粉	50	低筋面粉	50
	麦芽糖	3	麦芽糖	3
	奶油	6	奶油	6
	起酥油	12	起酥油	12
	鸡蛋	2	鸡蛋	2
	乳粉	5	乳粉	3
	泡打粉	0.45	小苏打	0.4
	面团改良剂	0.005	面团改良剂	0.005
	水	20	水	20
	洋葱汁+葱汁	5	香草粉	0.004
擦油酥	低筋面粉	10	低筋面粉	10
	起酥油	5	起酥油	5
	食盐	0.5	食盐	0.35
	总量	177.605	总量	171.659

六、操作步骤

1. 第一次发酵

首先将即发干酵母用 30℃的糖水活化 20min，然后与高筋面粉、食盐混合调制 4min，揉和均匀后，加盖，在 27℃左右静置 6~10h，发酵中止时面团 pH 4.5~5.6。

2. 第二次发酵

将第二次调粉的原材料与第一次发酵后的面团混合，揉制 5min，揉和均匀后，加盖，在 27℃左右静置 3~4h。

3. 油酥面制作

将低筋面粉、油脂、食盐混合均匀，冷藏 5min，备用。

4. 延压成片

将二次发酵后的面团辊轧成面片，然后将油酥面包裹其中，反复辊轧，对折 4 次，旋转 3 次，辊轧 9~11 次，即可。

5. 辊轧、整形

将面块辊轧或擀成约 2mm 厚的薄片，用叉子在面片上扎上一些小孔，切成一定规则形状，放在烤盘内，备烤。

6. 入模

将切好的长（正）方形饼干坯放在烤盘上。刷上一层薄薄的蛋水液，放置 20~30min，发酵到饼干厚度变成原来的 2 倍。

7. 烘烤

放入 180℃ 提前 30min 预热好的烤箱中层，调整温度为 150℃，烤 10~12min，即可取出。待冷却后，包装，进行检测和感官评价。

注意事项：

①所用面粉等干性材料要过筛，糖需化成一定浓度的溶液；

②酵母需用 30℃ 温水活化 20min 后，再与面粉、糖等混合；

③每种原料需一次性称量准确，严格控制面团调制时间，防止过度起筋或筋力不足；

④面团温度控制在 28℃ 左右；

⑤辊轧时面皮保持一定均匀厚度，一般不超过 3mm。

七、感官评价

将饼干样品置于白瓷盘中，在自然光下观察形态、色泽和组织状态，品其滋味与口感。发酵饼干和苏打饼干的感官要求和鉴别如表 2-17、表 2-18 所示。

表 2-17　　　　　　　　　　　　发酵饼干的感官要求

项目	要求
形态	外形完整，厚薄大致均匀，表面有均匀的小泡点，无裂缝，不收缩，不变形，不应有凹底。特殊加工品种表面允许有额外添加原料颗粒物
色泽	呈浅色，饼边或泡点允许呈褐黄色，色泽基本均匀，表面略有光泽，无白粉，不应有过焦现象
滋味与口感	咸味或甜味适中，具有发酵制品特有的香味和品种特有香味，无异味，口感酥松或松脆，不黏牙
组织状态	断面结构层次分明，或呈细密的多孔状

表 2-18　　　　　　　　　　　　苏打饼干的感官鉴别

	色泽	形状	组织结构	气味和滋味
良质饼干	表面呈乳白色至浅黄色，起泡处颜色略深，底部金黄色	片形整齐，表面有小气泡和针眼状小孔，油酥不外露，表面无生粉	夹酥均匀，层次多而分明，无杂质，无油污	口感酥、松、脆，具有发酵香味和本品种固有的风味，无异味
次质饼干	色彩稍重或稍浅，分布不太均匀	有部分破碎，片形不太平整，表面露酥或有薄层生	夹酥不均匀，层次较少，但无杂质	食之发昆或绵软，特有的苏打饼味道不明显

续表

	色泽	形状	组织结构	气味和滋味
劣质饼干	表面黑暗或有阴影、发毛	片形不整齐，破碎者太多，缺边、缺角严重	有油污，有杂质，层次间粘连板结成一体，发生霉变	因油脂酸败而带有哈喇味

八、思考题

1. 简述发酵饼干与半发酵饼干的工艺差别。

2. 简述发酵饼干的生产关键环节及品质控制措施。

3. 简述两次发酵的作用。在有限的时间内要做出发酵饼干，该如何改进工艺？

第三章

果蔬制品

第一节　果蔬制品概述

一、果蔬制品分类、加工工艺及设备概述

(一) 果蔬制品分类

果品蔬菜种类品种繁多，根据加工处理的工艺特点、原料和制成的产品种类的不同而将果蔬制品分为以下几类。

1. 果蔬罐制品

果蔬罐藏是将果蔬原料经处理后密封于容器中，通过杀菌将绝大部分微生物消灭掉，在密封条件下，能够在室温下长期保存的果蔬保藏方法。凡用罐藏方法经密封容器包装并经热力杀菌的食品称为罐藏食品。这类产品具有经久耐藏、食用方便、卫生安全、储运方便的优点，能较好地保留原有风味和营养价值，其供应不受季节影响，能常年满足消费者需要。

2. 果蔬汁制品

果蔬汁是果汁和蔬菜汁的合称，是以新鲜或冷藏果蔬（也有一些采用干果）为原料，经过清洗、挑选后，采用物理的方法如压榨、浸提、离心等得到的果蔬汁液，一般称作天然果蔬汁或 100% 果蔬汁。而以蔬菜汁或果汁为基料，通过加水、糖、香精、色素等调制而成的汁液，称为果蔬汁饮料。

3. 果蔬糖制品

果蔬糖制是利用高浓度糖液的渗透脱水作用，将果品蔬菜加工成糖制品的加工技术。果蔬糖制品具有高糖（果脯蜜饯类）或高糖高酸（果酱类）的特点，具有改善原料食用品质，赋予产品良好色泽和风味，提高产品保藏和贮运期品质和延长保质期的优点。

4. 果蔬干制品

果蔬干制是指在自然或人工控制的条件下，促使新鲜果蔬原料水分蒸发出去的工艺过程。其产品容易贮藏，同时降低贮藏、运输、包装等方面的费用。可直接食用，也可复水后进行烹调或作为调味料食用。

5. 果蔬速冻制品

果蔬速冻制品是果品蔬菜原料经预处理后，在低温条件下迅速冻结而成的产品，能够把水

分中的 80%尽快冻结成冰，抑制微生物的活动和酶的作用，防止腐败及生物化学变化。

6. 果蔬腌制品

果蔬腌制品是利用食盐渗入果品蔬菜原料组织内部，以降低其水分活度，提高其渗透压，有选择地控制微生物的发酵和添加各种配料，保持其食用品质而制成的产品。

7. 果酒果醋制品

果酒是果品蔬菜原料经破碎、压榨取汁、发酵或者浸泡等工艺精心调配酿制而成的各种低度饮料酒。果醋是以果品为原料先经酒精发酵制成果酒，再以果酒为原料，采用醋酸发酵技术酿造而成。

（二）果蔬制品加工工艺

果蔬制品大多采用罐装加工，通常包括如下工艺步骤。

1. 装罐

（1）罐注液的配制　果品罐头多用糖液，对含酸量较低的果品还需添加柠檬酸，调整糖酸比。配制时所用的糖主要是蔗糖，作为罐液的糖必须清洁卫生，不含杂质和有色物质。配制用水要求清洁无杂质，符合饮用水标准。配制浓度通常应保证开罐时糖液浓度在 14%~18%。糖液配制一般在夹层锅中进行。

蔬菜类罐头常用 10~40g/L NaCl 溶液作为填充液。所用食盐要求纯度高，NaCl 含量达到 98%以上。此外，有的在盐液中添加适量的糖、柠檬酸、香辛料等，以改进风味。常用的香辛料主要有生姜、胡椒、大蒜、丁香、八角、茴香、桂皮、黑芥子等。

（2）注液　注液要准确，并留有一定顶隙。一般要求 3~8mm。顶隙过小，杀菌时罐内原料受热膨胀，内压增大，易造成罐头永久性变形或凸盖，严重者可造成密封不良；另外，对易产气的罐头，因没有足够的空间而产生气胀。顶隙过大引起装罐不足，不合规格；同时会使残留空气量增大，造成管壁腐蚀，食品表面变色、变质；另外，顶隙过大，造成真空度过高，容易发生瘪罐。

2. 排气

排气的方式有热力排气法和真空排气法两种。

（1）热力排气法　利用空气、水蒸气和食品受热膨胀冷却收缩的原理将罐内空气排除，常用的方法有两种。一种是热罐装排气法：先将食品加热到一定的温度（80℃左右）后立即装罐密封。采用这种方法，一定要趁热装罐、迅速密封，否则罐内的真空度相应下降。此法只适用于高酸性的流质食品和高糖度的食品，如果汁、番茄汁、番茄酱和糖渍水果罐头等。密封后要及时进行杀菌，否则嗜热性细菌容易生长繁殖。另一种是加热排气法，是将食品装罐后覆上罐盖，在蒸汽或热水加热的排气箱内，经一定时间的热处理，使中心温度达到 75~90℃，然后封罐。温度和时间视原料性质、装罐方式和罐型大小而定，一般以罐中心温度达到规定要求为原则。热力排气法除了排除顶隙空气外，还能去除大部分食品组织和汤汁中的空气，故能获得较高的真空度。但食品受热时间较长，对产品质量带来影响。排气温度越高，时间越长，密封时温度越高，则其后形成的真空度也就越高。一般来说，果蔬罐头选用较低的密封温度（60~75℃），并以相对较低温度的长时间排气工艺条件为宜。

（2）真空排气法　装有食品的罐头在真空环境中进行排气密封的方法。常采用真空封罐机进行，因排气时间很短，所以主要是排除顶隙内的空气，故对果蔬原料和罐液有事先进行抽空处理的必要。采用真空排气法，罐头的真空度取决于真空封罐机密封室内的真空度和密封时罐头的密封温度，密封室真空度高和密封温度高，则所形成的罐头真空度高，反之则低。

3. 密封

罐头通过密封（封盖）使罐内食品不再受外界的污染和影响，虽然密封操作时间很短，但它是罐藏工艺中一项关键性操作，直接关系到产品的质量。封罐应在排气后立即进行，一般通过封罐机进行。需要对气密性进行检测。

4. 杀菌

果蔬罐头的杀菌方法通常有常压杀菌法和加压杀菌法。一般果品罐头采用常压杀菌，蔬菜罐头多采用加压杀菌。常压杀菌法指常压100℃或100℃以下介质中进行杀菌的方法。也有将常压100℃以下介质中的杀菌称为巴氏杀菌。加压杀菌是指在100℃以上的加热介质中进行杀菌的方法。其加热介质是蒸汽或水。不管采用哪种方式，高压是获得高温的必要条件，因此又称高压杀菌。加压杀菌有高压蒸汽杀菌和加压水杀菌两种形式。金属罐一般采用高压蒸汽杀菌，而玻璃罐多采用加压水杀菌。

5. 冷却

罐头杀菌完毕后应立即冷却。如果冷却不够或拖延冷却时间，会使内容物的色泽、风味、组织结构受到破坏，促进嗜热微生物生长，加速罐内壁腐蚀。冷却的最终温度一般认为38~43℃为宜，此时罐内压力也已降至正常，罐头尚有一部分余热有利于罐头表面水分的蒸发。冷却方法一般有常压冷却和反压冷却两种。

常压杀菌的罐头可采用常压冷却，对金属罐可直接用冷水进行冷却，而玻璃罐则必须分别在80℃、60℃、40℃几种不同温度的水中分段冷却，否则会引起罐头破裂。

加压杀菌的罐头，一般要进行反压冷却。金属罐的反压冷却操作方法是在杀菌结束后停止进蒸汽，将所有阀门关闭，让压缩空气进入杀菌器内，使杀菌器内压力提高到比杀菌温度相应的饱和蒸汽还高20~30kPa，然后缓慢地放冷水。冷却初期，保证杀菌器内压力不低于杀菌时的压力，待蒸汽全部冷凝后，停止进压缩空气。

（三）果蔬制品常用设备

果蔬制品常用设备包括输送机械与设备，清洗与分级分选机械与设备，分离机械与设备，粉碎和切割机械与设备，搅拌、混合及均质机械与设备，杀菌机械与设备，干燥机械与设备，浓缩设备，冷冻设备，发酵设备，包装设备等。

1. 果蔬罐制品加工常用设备

（1）分级设备 滚筒式分级机。物料在滚筒内滚转和移动，并在此过程中分级。滚筒上有很多小孔。滚筒分为几组，组数为需分级数减1。每组小孔孔径不同，而同一组小孔的孔径一样。从物料进口至出口，后组比前组的孔径大，小于第一组孔径的物料从第一组掉出用漏斗收集为一个级别，以下依次类推。这种分级机分级效率较高，目前广泛用于蘑菇和青豆的分级。

（2）杀菌设备

①立式杀菌锅：可用于常压或加压杀菌，在品种多、批量小时很实用，目前在中小型罐头厂应用较广泛。但其操作是间歇性的，在连续化生产中不适用。因此，它和卧式杀菌锅一样，从机械化、自动化来看，不是杀菌锅发展方向。与立式杀菌锅配套的设备有杀菌篮、电动葫芦、空气压缩机及检测仪表等。

②卧式杀菌锅：容量一般比立式杀菌锅的大，同时可不必用电动葫芦。但不适用于常压杀菌，只能作高压杀菌用，因此多用于以生产蔬菜和肉类罐头为主的大中型罐头厂。

③常压连续杀菌设备：主要用于水果类和一些蔬菜类圆形罐头的常压连续杀菌。该设备有单层、三层和五层3种。其中以三层的用得较多。层数虽有不同，但原理一样，层数的多少主要取决于生产能力的大小、杀菌时间的长短和车间面积等。

2. 果蔬干制品加工常用设备

（1）果蔬干制预处理设备

①WD型网带式清洗机：采用304优质不锈钢严格按照国家食品出口标准制作，高压汽泡水浴清洗，全程网带输送，清洗能力大、清洗率高。物料经网带输送到高压水流下实现二次清洗，最后传送进下一道工序。主要适用于根茎类等较大、较重物料的清洗，如芥头、萝卜等。

②GT型鼓泡式清洗机：主要由喷淋清洗管路装置、气流翻浪装置、出料输送装置、箱体框架等组成，整机结构紧凑合理。该设备用机械代替手工操作，简化了生产工序；并且机器全部采用不锈钢制作，符合食品加工卫生要求；整机操作简便、便于清洗，具有工作平稳可靠、噪声低、工作效率高等优点。GT型鼓泡式清洗机主要用于叶类蔬菜，如白菜、青菜、菠菜、莴笋和番茄、真菌类等的清洗。

③LPT型链式漂烫机：适用于蔬菜、水果等脱水、速冻前的预煮、漂烫、杀青，特别适合易损伤的和长条状产品。该机在实际生产过程中得到广泛应用，其主要技术参数如表3-1所示。

表3-1　　　　　　　　　LPT型链式漂烫机主要技术参数

型号	LPT-2	LPT-5
生产能力/（kg/h）	500~2000	2500~5000
配用功率/（kW）	1.5	2.2
耗用蒸汽量/（kg/h）	500	1000
耗用水量/（kg/h）	500	1000
外形尺寸/mm	5500×810×1100	6500×1200×1100

④切分设备：LG-550型多用切菜机是根据多种进口机在国内实际使用中存在的不足之处，反复改进设计后制造的。采用不锈钢和全滚动轴承结构，具有外形美观、使用维修方便等特点。适用于脱水、速冻、保鲜等，蔬菜加工工序如大葱（香葱）、韭菜、蒜、芹菜、香菜、豇豆、刀豆切断；甘蓝（卷心菜）、青梗菜、菠菜切块；青红椒、洋葱切圈；胡萝卜切片、丝；芦荟切粒、条等。

（2）果蔬干制主体设备

①隧道式干燥机：是生产中最常用的干燥设备。隧道烘干是利用鼓风通过散热加温，使脱水菜半成品中大量的水分蒸发，由引风机吸收散发，最终将产品脱水烘干。

②JY-G2000型箱式干燥机：利用强制通风作用，使物料干燥均匀。即通过散热器，使常温空气升温，获得100℃的高温干燥热空气，以干热空气通过对流作用将热量传递给湿物料，同时散出物料因受热而蒸发的水蒸气，达到干燥的目的。该干燥方式具有速度快、蒸发强度高、产品质量好的优点。JY-G2000型箱式干燥机主要适用于透气性较好的片状、条状、颗粒果蔬的干燥，如葱、菠菜、香菜、芹菜、甘蓝、番茄、茄子、大蒜片、生姜片、南瓜片、胡萝卜片、土豆片等。

③DWC系列带式脱水干燥机：具有较强的针对性、实用性，能源效率高，能满足根、茎、叶类条状、块状、片状、大颗粒状等蔬菜物料的干燥和大批量连续生产，同时能最大限度地保

留产品的营养成分及颜色等。主要适用于蔬菜、果品的脱水干燥，如蒜片、南瓜、魔芋、白萝卜、山药、竹笋等。

3. 果蔬糖制品加工常用设备

（1）打浆机　打浆机主要用于去除果蔬的皮、籽、果核、心皮等，使果肉、果汁等与其他部分分离，便于果酱的浓缩和果汁浓缩工序的完成。果蔬在打浆机筒体内随打浆板旋转，一边被挤压，一边被刮磨，导致果蔬破碎，可将果核、果籽、薄皮以及菜筋、番茄籽皮、辣椒籽等分离。

（2）浓缩锅　夹套加热室带搅拌器的浓缩装置在果酱加工中应用广泛。浓缩锅由上锅体和下锅体组成。下锅体外壁是夹套，为加热蒸汽式。锅内装有横轴式搅拌器，由电动机通过三角带和蜗轮蜗杆减速器带动。搅拌器有 4 个桨叶，桨叶与加热面的距离为 5~10mm。蒸发室产生的二次蒸汽由水力喷射器抽出，以保证浓缩锅内达到预定的真空度。

操作开始时，先向下锅体内通入加热蒸汽赶出锅内空气，然后开启抽真空系统，使锅内形成真空，将料液吸入锅内。当吸入锅内的料液达到容量要求时，开启蒸汽阀门和搅拌器，进行浓缩。经取样检验，料液达到所需浓度要求后，解除真空即可出料。

夹套加热室带搅拌器浓缩装置的主要特点是结构简单，操作控制容易，适宜于浓料液和黏度大的料液增浓，常应用于果酱的加工中。

二、果蔬制品分析检测技术

1. 果蔬制品的物理检测

果蔬及其制品的物理特性参数可分为两类：一类物理参数与食品的组成及其含量之间存在着一定的数学关系，可以通过测定物理参数间接地反映果蔬的组成成分含量，如相对密度、折射率、旋光度等；另一类物理参数可直接反映该果蔬的品质，是果蔬质量和感官评价的重要指标，如色度、黏度和质构，其中质构主要包括食品的硬度、脆度、胶黏性、黏聚性、回复性、弹性、凝胶强度、耐压性、可延展性、剪切性、咀嚼性等。

相对密度、折射率、旋光度、色度、黏度和质构这几项物理特性参数常作为果蔬生产加工和防止掺假的主要监控指标。

2. 果蔬制品中常规指标的检测

不同果蔬中水分含量差异很大，水分含量的多少，直接影响到食品的感官性状，影响胶体状态的形成和测定。如脱水蔬菜的非酶褐变会因水分含量的增加而增加，水分含量减少也可能会导致蛋白质的变性和糖、盐的结晶等。果蔬及其制品的变质或腐败是微生物的生长引起的，这与果蔬的水分含量也有直接关系。对于富含某些矿物元素的食品，灰分含量的测定非常重要，果蔬及其制品如果产地不同，其灰分含量就可能差别比较大。而不同的果蔬产品其酸味物质也各不相同。水果和部分蔬菜还含有大量的碳水化合物。蔗糖广泛分布于植物中，尤其是甘蔗和甜菜中含量较高。水果和蔬菜中脂肪、蛋白质含量较低，维生素的含量较高。

果蔬制品常规检测指标主要包括：水分、灰分、酸度、脂肪、蛋白质、氨基酸总量、碳水化合物、维生素、矿物质等。

3. 果蔬制品中食品添加剂含量的检测

食品添加剂在果蔬加工中必不可少，如酸度调节剂、消泡剂、抗氧化剂、着色剂、护色剂、乳化剂、酶制剂、营养强化剂、防腐剂、稳定剂和凝固剂、甜味剂、增稠剂、食品香料等。

果蔬及其制品中的食品添加剂包括无机物质和有机物质，通常将被分析物质从复杂的混合物中分离出来，达到分离与富集待测物质的目的，以利于下一步的测定。常用的分离手段有蒸馏法、溶剂萃取法、沉淀分离法、色层分离法、掩蔽法等。样品分离后再针对待测物质的物理、化学性质选择适当的分析方法。常用的分析方法有容量法、分光光度法、薄层层析法和高效液相色谱法等。

4. 果蔬制品中有害物质含量的检测

果蔬中的有害物质根据其性质可分为三类：一是生物性有害物质，主要包括病毒、细菌、霉菌、寄生虫、害虫等生物污染，这些有害物质若没有被完全杀死而被摄入到人体可以导致某些疾病的发生；二是化学性有害物质，是果蔬有害物质的主要形式，主要包括生物代谢物或毒素，天然或人工合成的化学污染物质，果蔬加工或包装过程中生成的或转移到果蔬中的有害化学物质；三是物理性有害物质，如环境中天然存在的放射性元素、混入果蔬制品中的金属或非金属碎屑及其他物理性杂质等。

这些有害物质的来源主要有：①来自环境中天然存在的或残存的污染物，如生物毒素、放射性元素等；②由于不当使用农药、兽药或使用被禁药物，而导致的农药、兽药残留；③加工、贮藏或运输中产生的污染，如操作不卫生、杀菌不合要求或贮藏方法不当等导致的微生物含量超标等；④来自果蔬加工中的副产物，如腌菜腌制中产生的亚硝酸盐等；⑤包装材料中的有害物质迁移到被包装的果蔬中；⑥违法添加非食用物质和滥用食品添加剂；⑦某些果蔬原料中固有的天然有害或有毒物质，如植物毒素、黄曲霉毒素等。

第二节　水果制品

实验十五　糖水橘子罐头制作及分析

一、实验目的

通过实验，使学生掌握果蔬罐头制作工艺流程以及各工艺过程的操作要点，理解各工艺过程对果蔬罐头品质的影响与保藏原理。

二、实验原理

果蔬败坏的主要因素是有害微生物。因此果蔬加工方法的首要任务是解决微生物的污染问题，其次是抑制酶和化学反应。罐藏果蔬能长期保藏的原理是通过罐藏工艺杀灭了罐内的有害微生物的营养体，同时罐内的真空状态又抑制了残存芽孢的生长活动和需氧的酶和化学反应。

三、实验材料及仪器

1. 原料

柑橘选择皮薄、大小基本一致、无损伤、新鲜度高、肉质致密、色泽鲜艳、香味浓郁、含糖量高、糖酸比适度、无核的原料。

2. 仪器

电子天平、封盖机等。

3. 相关工具

筛网（滤布）（100 目、200 目）、不锈钢锅和盆、量杯、烧杯、不锈钢漏勺、玻璃棒、温度计、马口铁罐（盖）以及处理相应水果所需要的刀具等。

四、工艺流程

五、实验步骤

1. 原料选择

应选择肉质致密，色泽鲜艳，香味浓郁，含糖量高，糖酸比适度的原料。果实皮薄，无核。如温州蜜柑，分级时，横径每差 10mm 为一级。

2. 洗涤

用清水洗涤，洗净果面的尘土及污物。

3. 漂烫

一般用 95～100℃的热水浸烫，使外皮与果肉松离，易于剥皮。热烫时间为 1min 左右。

4. 剥皮、去络、分瓣

经漂烫的橘子趁热剥皮，剥皮有机械及手工去皮两种。去皮后的橘果用人工方法去络，然后按橘瓣大小，分开放置。

酸碱混合处理法：将橘瓣先放入 0.9～1.2g/L 的盐酸液中浸泡，温度约 20℃，浸泡 15～20min。取出漂洗 2～3 次，接着再放入碱液中浸泡，氢氧化钠浓度为 0.7～0.9g/L，温度为 35～40℃，时间为 3～6min，除去橘瓣囊衣，以能见砂囊为度。将处理后的橘瓣用流动的清水漂洗 3～5 次，从而除去碱液。

5. 整理、分选

将橘瓣放入清水盘中，除去残留的囊衣，橘络，橘核，剔除软烂的缺角的橘瓣。

6. 装罐

橘瓣称重后装罐，原料约占总重的 60%。糖液浓度为 24%～25%。为了调节糖酸比，改善风味，装罐时常在糖液中加入适量柠檬酸，调整 pH 为 3.5 左右。

7. 排气

一般多采用真空抽气密封，真空度为 0.059～0.067MPa。

8. 杀菌及冷却

按杀菌公式 5～20min/100℃进行杀菌，然后冷却（或分段冷却）至 38～40℃。

9. 擦罐、入库

擦干罐身，在 20℃的库房中存放 1 周，经敲罐检验合格后，完成感官评价、总糖测定、总酸测定、可溶性固形物含量测定。

六、分析检测及产品简介

1. 感官评价

鲜果品的感官鉴别方法主要是目测、鼻嗅和口尝。其中目测包括三方面的内容：一是看果品的成熟度和是否具有该品种应有的色泽及形态特征；二是看果形是否端正，个头大小是否基本一致；三是看果品表面是否清洁新鲜，有无病虫害和机械损伤等。鼻嗅则是辨别果品是否带有本品种特有的芳香味。口尝不但能感知果品的滋味是否正常，还能感觉到果肉的质地是否良好。

糖水橘子罐头的感官鉴别分为开罐前和开罐后两个阶段。开罐前的鉴别主要依据眼看容器外观、手捏（按）罐盖、敲打听音和漏气检查四个方面进行。

（1）眼看鉴别法　主要检查罐头封口是否严密，外观是否清洁，有无磨损及锈蚀情况，如外表变暗、起斑、边缘生锈等。可以放置明亮处直接观察其内部质量情况，轻轻摇动后看内容物是否块形整齐，汤汁是否浑浊，有无杂质异物等。

（2）手捏鉴别法　主要检查罐头有无胖听现象。可用手指按压瓶盖，仔细观察有无胀罐现象。

（3）敲听鉴别法　主要用以检查罐头内容物质量情况，可用小木棍或手指敲击罐头的底盖中心，听其声响鉴别罐头的质量。良质罐头的声音清脆，发实音；次质和劣质罐头声音浊，发空音，即"破破"的沙哑声。

（4）漏气鉴别法　罐头是否漏气，对于罐头的保存非常重要。进行漏气检查时，一般是将罐头沉入水中用手挤压其底盖，如有漏气的地方就会发现小气泡。但检查时罐头淹没在水中不要移动，以免小气泡看不清楚。

从外观色泽、组织状态（均匀一致，酱体呈胶黏状，不流散，不分泌汁液，无糖晶析出）、形态、口感、酸度等方面观察一周后罐头有何变化、一月后有无变化。

2. 总糖测定

测定总糖通常以还原糖的测定法为基础，将食品中的非还原性双糖，经酸水解成还原性单糖，再按还原糖的测定法测定，测出以转化糖计的总糖量。

（1）原理　样品除去蛋白质后，加入稀盐酸，在加热条件下使蔗糖水解转化为还原糖，再以直接滴定法或高锰酸钾法测定。

（2）试剂

①6mol/L盐酸溶液；

②甲基红指示剂：称取0.1g甲基红溶于100mL 60%（体积分数）乙醇中；

③200g/L氢氧化钠溶液；

④转化糖标准溶液：准确称取1.0526g纯蔗糖用100mL水溶解，置于具塞锥形瓶中加5mL盐酸（1∶1），在68~70℃水浴中加热15min，冷却至室温后定容至1000mL，此溶液1mL标准溶液相当于1.0mg转化糖；

⑤其他试剂同还原糖的测定。

（3）测定方法

①样品处理：按还原糖测定法（参见实验四中"还原糖测定"部分）中的方法进行。

②样品中总糖量的测定　吸取50mL样品处理液置于100mL容量瓶中，加6mol/L盐酸5mL，在68~70℃水浴中加热15min，冷却后加2滴甲基红指示剂，用200g/L氢氧化钠中和至中性，加水至刻度，混匀，按还原糖测定法中直接滴定法或高锰酸钾法进行测定。

样品中总糖质量分数按式（3-1）计算：

$$W = \frac{m_1}{m \times \dfrac{50}{V_1} \times \dfrac{V_2}{100} \times 1000} \times 100\% \tag{3-1}$$

式中　W——总糖的质量分数,%;

m_1——直接滴定法中 10mL 碱性酒石酸铜相当于转化糖的质量，mg;

m——样品质量，g;

V_1——样品处理液的总体积，mL;

V_2——测定总糖量取用水解液的体积，mL。

（4）说明及注意事项

①分析结果的准确性及重现性取决于水解的条件，要求样品在水解过程中，只有蔗糖被水解而其他化合物不被水解。

②在用直接滴定法测定蔗糖时，为减少误差，碱性酒石酸铜溶解的标定需采用蔗糖标准液，按测定条件水解后进行标定。

③碱性酒石酸铜溶液的标定：a. 称取 105℃烘干至恒重的纯蔗糖 1.0000g，以蒸馏水溶解，移入 500mL 容量瓶中，稀释至刻度，摇匀。此标准液 1mL 相当于纯蔗糖 2mg；b. 吸取蔗糖标准液 50mL 置于 100mL 容量瓶中，加 6mol/L 盐酸 5mL 在 68~70℃水浴中加热 15min，冷却后加 2 滴甲基红指示剂，用 200g/L 氢氧化钠中和至中性，加水至刻度，摇匀。此标准液 1mL 相当于蔗糖 1mg；c. 取经水解的蔗糖标准液，按直接滴定法标定碱性酒石酸铜溶液，则 10mL 碱性酒石酸铜溶液相当于转化糖的质量。

3. 总酸的测定

（1）样品处理　将糖水橘子罐头切成块状，置于组织捣碎机中捣碎并混匀。取适量样品（视其总酸含量而定），用 150mL 无 CO_2 蒸馏水，将其移入 250mL 容量瓶中，在 75~80℃的水浴上加热 0.5h，冷却定容，干燥过滤，弃去初滤液 25mL，收集滤液备用。

（2）滴定操作　准确吸取已制备好的滤液 50mL 于 250mL 锥形瓶中，加 3~4 滴酚酞指示剂，用 0.1mol/L NaOH 标准溶液滴定至微红色 0.5min 不褪色，记录消耗 0.1mol/L NaOH 标准溶液的体积（mL）。

样品中总酸质量分数按式（3-2）计算：

$$X = \frac{cVK}{V_\text{样}} \times \frac{V_0}{V_1} \times 100\% \tag{3-2}$$

式中　X——总酸的质量分数,%;

c——NaOH 标准溶液的浓度，mol/L;

V——消耗 NaOH 标准溶液的体积，mL;

$V_\text{样}$——样品的体积，mL;

V_0——样品稀释液总体积，mL;

V_1——滴定时吸取样液体积，mL;

K——换算成适当酸的系数，其中，苹果酸为 0.067、乙酸为 0.060、酒石酸为 0.075、乳酸为 0.090、柠檬酸（含 1 分子水）为 0.070。

（3）说明及注意事项

①柑橘类果实及其制品和饮料以柠檬酸表示。

②糖水橘子罐头有颜色，使终点颜色变化不明显，从而影响滴定终点的判断，可加入约同体积的无 CO_2 蒸馏水稀释，或用活性炭脱色，用原样液对照，以及用外指示剂法等方法来减少干扰。也可以采用电位滴定法进行测定。

4. 罐头内壁环氧酚醛涂料中游离甲醛的测定

（1）原理　甲醛在乙酸铵的存在下和乙酰丙酮反应，生成微黄色的 3，5-二乙酰基-1,4-二氢二甲基吡啶，可以鉴定出样品中甲醛的存在。

（2）试剂

①乙酰丙酮溶液　将乙酸铵或乙酸钠 150g 溶于水中，加入冰乙酸 3mL、乙酰丙酮 2mL，用水稀释至 1L。

②20%磷酸溶液。

（3）操作方法　取样品水浸出液置于烧杯中，加入 20%磷酸 1mL，加水 10mL，用水蒸气蒸馏，冷却器的出口处浸在水中，收集蒸馏液至 190mL，停止蒸馏，稀释总体积至 20mL。吸取此溶液 5mL，置于试管中，加入乙酰丙酮溶液 5mL，混合后，在水浴中加热 10min，取出对照比较，观察样品溶液管的颜色深浅。

5. 罐头食品中可溶性固形物含量的测定（折光计法）

（1）原理　光束从一种介质进入另一种介质时，由于速度改变而发生折射。折射角的大小取决于介质的性质。每一种均一物质都有其固有的折射率。对于同一种物质的溶液来说，其折射率的大小与其溶质浓度成正比。由于盐分、有机酸、蛋白质、单宁等物质对折射率有影响，所以测定结果除蔗糖外还包括有上述物质，所以统称为可溶性固形物。折射率随温度升高而降低，故结果需进行温度校正。最适宜观察的是钠焰黄光的波长。高精度折射仪均采用钠光灯作光源。一般采用自然光的折射仪，都装有补偿器，以消除光的漫射现象，使目镜视野的明暗分界清晰。

（2）操作方法　折光仪应定期校正，并经常用蒸馏水检查。校正时可用标准玻璃片、蒸馏水或溶剂，温度为 20℃。20℃时，各试剂的折射率是：蒸馏水 1.3330，甲苯 1.4992，碘甲烷 1.5207，三氯甲烷 1.4467，苯 1.5014，苯胺 1.5863。测定时溶液（浆体类物质可使用棉花或绸布挤出）滴在两棱镜之间，调节补偿器消除色散，转角棱镜角度，使目镜上的明暗分界线在十字线交点上，读取标尺上的读数。浓度过高，界限模糊时，可加水稀释后测定，读数乘上稀释倍数即为结果。可溶性固形物的百分含量即为糖水的百分浓度（%）。

6. 相关产品标准

GB 13210—2014《柑橘罐头》中规定了柑橘罐头的术语和定义，产品分类及代号，技术要求，试验方法，检验规则，标签，包装，运输和贮存等要求。

七、思考题

1. 果蔬罐头加工的原理是什么？罐头一般采用哪些杀菌方法？

2. 果蔬罐头为什么要进行保温和商业无菌检验？

3. 糖水橘子罐头加工中，酸碱去囊衣的原理是什么？

实验十六　草莓果酱制作及分析

一、实验目的

通过实验，使学生掌握草莓果酱制作工艺流程以及各工艺过程的操作要点，理解各工艺过程对草莓果酱品质的影响与保藏原理。

二、实验原理

果酱制作是利用高浓度溶液的极高渗透压作用，使微生物细胞生理脱水来抑制微生物的生长发育，从而达到保藏的目的。草莓果酱是草莓经软化打浆、加入砂糖和其他辅料后，经加热浓缩至可溶性固形物达65%~70%的凝胶状酱体。

三、实验材料及仪器

1. 实验材料

草莓、白砂糖、柠檬酸。

2. 仪器

手持折光仪、打浆机、不锈钢锅、不锈钢刀、不锈钢盆、电炉、温度计、胶体磨、四旋盖玻璃瓶、台秤、天平等。

四、工艺流程

五、操作步骤

1. 原料选择

要求选择成熟度适宜，含果胶、酸较多，芳香味浓郁的草莓。果实八九分熟，果面呈红色或淡红色。逐个拧去果梗、果蒂，去净萼片，挑出杂物及霉烂果。

2. 清洗

将草莓倒入清水中浸泡3~5min，分装于竹箩中，再放入流动的水中或通入压缩空气的水槽中淘洗，洗净泥沙，除去污物等杂质。

3. 配料

草莓300kg，75%的糖液412kg，柠檬酸714kg，山梨酸240kg；或草莓40kg，白砂糖46kg，柠檬酸120g，山梨酸30g。

4. 加热浓缩

可采用常压或真空浓缩。常压浓缩：将草莓倒入夹层锅内，并加入一半的糖液，加热使其充分软化，搅拌后，再加余下的糖液和柠檬酸、山梨酸，继续加热浓缩至可溶性固形物达66.5%~67.0%时出锅。真空浓缩：将草莓与糖液置入真空浓缩锅内，控制真空度达46.66~53.33kPa，加热软化5~10min，然后将真空度提高到79.89kPa，浓缩至可溶性固形物达60%~63%，加入已溶化好的山梨酸和柠檬酸，继续浓缩至浆液浓度达67%~68%，关闭真空泵，破除真空，并把蒸气压力提高到250kPa，继续加热，至酱温达98~102℃，停止加热，而后出锅。

5. 装罐与密封

果酱趁热装入经过消毒的罐中，每锅酱须在 20min 内装完。密封时，酱体温度不低于 85℃，放正罐盖旋紧。

6. 杀菌及冷却

封盖后立即投入沸水中杀菌 5~10min，然后逐渐用水冷却至罐温达 35~40℃ 为止。

7. 擦罐、入库

擦干罐身，在 20℃ 的库房中存放 1 周，经敲罐检验合格后，进行感官评价、总糖测定、总酸测定、果胶含量测定、可溶性固形物含量测定等。

六、分析检测及产品标准

（一）总糖测定

1. 原理

单糖在浓硫酸的作用下，脱水生成糠醛或糠醛衍生物，糠醛类化合物可与蒽酮反应生成蓝绿色的有色化合物，在 620nm 处有最大吸收，当糖含量为 20~200mg/L 时，其吸光度与糖含量成正比，符合朗伯-比耳定律，故可以进行定量分析。该法适用于含微量糖的样品的测定，具有灵敏度高、试剂用量少等优点。

2. 试剂

（1）10~100μg/mL 葡萄糖系列标准溶液　称取 1.0000g 葡萄糖，用水定容至 1000mL，从中吸取 1mL、2mL、4mL、6mL、8mL、10mL 分别移入 100mL 容量瓶中，用水定容即得 10μg/mL、20μg/mL、40μg/mL、60μg/mL、80μg/mL、100μg/mL 葡萄糖系列标准溶液。

（2）0.1% 蒽酮溶液　称取 0.1g 蒽酮和 1.0g 硫脲（作稳定剂），溶于 100mL 72% 硫酸中，贮存于棕色瓶中，于 0~4℃ 存放。

3. 操作步骤

取 8 支具塞比色管，分别加入蒸馏水（零管），10μg/mL、20μg/mL、40μg/mL、60μg/mL、80μg/mL、100μg/mL 葡萄糖系列标准溶液，样品溶液（含糖 20~80μg/mL）各 1.0mL，沿管壁各加入蒽酮试剂 5.0mL，立即摇匀，放入沸水浴中加热 10min，取出，迅速冷却至室温，并在暗处放置 20min 后，用 1cm 比色皿，以零管作参比，于 620nm 波长处测定吸光度，绘制标准曲线。根据样品溶液的吸光度查标准曲线，测得含糖量。

结果计算：

$$总糖质量分数（以葡萄糖计） = \frac{C \times f \times V_{样液总}}{10^6 \times m} \times 100\% \tag{3-3}$$

式中　C——从标准曲线查得的糖浓度，μg/mL；

　　$V_{样液总}$——样液总体积，mL；

　　　f——稀释倍数；

　　　m——样品质量，g。

4. 注意事项

（1）该法实际上几乎可以测定所有的糖类，不但可以测定单糖、低聚糖，而且能测定多糖，如淀粉、纤维素等（因为反应液中的浓硫酸可以把多糖水解成单糖而发生反应），所以用蒽酮法可测出溶液中全部可溶性糖类总量。如果不希望包含多糖的量，则应用 80% 乙醇作提取剂，以避免多糖的干扰。

（2）蒽酮试剂不稳定，易被氧化为褐色，添加稳定剂硫脲后，在冰箱可保存2周。一般宜当天配制。

（3）混合物中硫酸的最终浓度必须大于50%，才能使蒽酮保持溶解状态。

（4）样品中允许含有5%的乙醇，当用乙醇作提取剂时，可稀释后再测定。

（5）当样品中含有大量色氨酸时，由于它也能与蒽酮反应，与糠醛发生竞争作用，减少620nm处的吸收，干扰测定。

（6）反应条件对测定准确性的影响很大，故应严格遵守测定方法所规定的试剂浓度、用量、反应时间和温度等。

本实验产品的总糖含量应不低于57%。

（二）总酸测定

参见实验十五中"总酸的测定"部分。

（三）果胶含量测定

1. 原理

先用70%乙醇处理样品，使果胶沉淀，再依次用乙醇、乙醚洗涤沉淀，以除去可溶性糖类、脂肪、色素等物质，残渣分别用酸或水提取总果酸或水溶性果胶。果胶经皂化生成果胶酸钠，再经乙酸酸化生成果胶酸，加入钙盐则生成果胶酸钙沉淀，烘干后称重。

2. 仪器

布氏滤斗，G2垂融坩埚，抽滤瓶，真空泵。

3. 试剂

（1）乙醇，乙醚，0.05mol/L盐酸，0.1mol/L氢氧化钠溶液。

（2）1mol/L乙酸溶液 取58.3mL冰乙酸，用水定容到100mL。

（3）1mol/L氯化钙溶液 称取110.99g无水氯化钙，用水定容到500mL。

4. 操作步骤

（1）样品处理 称取试样30~50g，置于预先放有99%乙醇的500mL锥形瓶中，装上回流冷凝器，在水浴上沸腾回流15min后，冷却，用布氏漏斗过滤，残渣于研钵中一边慢慢磨碎，一边滴加70%的热乙醇，冷却后再过滤，反复操作至滤液不呈糖的反应（用苯酚–硫酸法检验）为止。残渣用99%乙醇洗涤脱水，再用乙醚洗涤以除去脂类和色素，风干乙醚。

（2）提取果胶

①水溶性果胶提取：用150mL水将上述漏斗中的残渣移入250mL烧杯中，加热至沸并保持沸腾1h，随时补足蒸发的水分，冷却后移入250mL容量瓶中，加水定容，摇匀，过滤，弃去初滤液，收集滤液即得水溶性果胶提取液。

②总果胶的提取：用150mL加热至沸的0.05mol/L盐酸把漏斗中残渣移入250mL锥形瓶中，装上冷凝器，于沸水浴中加热回流1h，冷却后移入250mL容量瓶中，加甲基红指示剂2滴，加0.5mol/L氢氧化钠溶液中和后，用水定容，摇匀，过滤，收集滤液即得总果胶提取液。

（3）测定 用25mL提取液（能生成果胶酸钙25mg左右）于500mL烧杯中，加入0.1mol/L氢氧化钠溶液100mL，充分搅拌，放置0.5h，再加入1mol/L乙酸溶液50mL，放置5min，边搅拌边缓缓加入1mol/L氯化钙溶液25mL，放置1h（陈化），加热煮沸5min，趁热用烘干至恒重的滤纸（或G2垂融坩埚）过滤，用热水洗涤至无氯离子（用10%硝酸银溶液检验）为止。滤渣连同滤纸一同放入称量瓶中，置于105℃烘箱中（G2垂融漏斗可直接放入）干燥至恒重。

计算：

$$果胶物质质量分数（以果胶酸计）= \frac{(m_1 - m_2) \times 0.9233}{m \times \dfrac{25}{250} \times 1} \times 100\% \qquad (3-4)$$

式中　m_1——果胶酸钙和滤纸或垂融坩埚质量，g；

　　　m_2——滤纸和滤纸或垂融坩埚质量，g；

　　　m——样品质量，g；

　　　25——测定时取果胶提取液的体积，mL；

　　　250——果胶提取液总体积，mL；

　0.9233——由果胶酸钙换算为果胶酸的系数。

5. 注意事项

（1）新鲜试样若直接研磨，由于果胶分解酶的作用，果胶会迅速分解，故需将切片浸入乙醇中，以钝化酶的活性。

（2）检验糖分的苯酚-硫酸法　取检样 1mL，置于试管中，加入 5% 苯酚水溶液 1mL，再加入硫酸 5mL，混匀，如溶液呈褐色，证明检液中含有糖分。

（3）加入氯化钙溶液时，应边搅拌边缓慢滴加，以减小过饱和度，并避免溶液局部过浓。

（4）采用热过滤和热水洗涤沉淀，是为了降低溶液的黏度，加快过滤和洗涤速度，并增大杂质的溶解度，使其易被洗去。

（四）果酱罐头内壁游离酚的测定

1. 原理

苯酚与溴作用产生 2，4，6-三溴酚黄白色沉淀，以鉴别塑料成品中有无游离残留酚存在。

2. 试剂

溴试剂配制：100mL 水中加入溴液 8mL，振摇，使用时取上层饱和溶液。

样品处理：样品（如塑料容器）加水装满，用表面皿盖好，移至 60℃ 水浴中进行浸出试验，保持 60℃，不断搅拌，放置时间为 30min。样品如为塑料薄板片，应按每平方厘米表面积加 2mL 水的比例浸入。加热到 60℃ 的浸出用液中，加盖表面皿，恒温 60℃，不断搅拌，放置时间为 30min。

3. 鉴定方法

吸取浸出液 5mL，置于试管中，加入溴试液 5 滴，放置 1h 不应产生黄白色沉淀。

（五）可溶性固形物含量的测定

参见实验十五中"罐头食品中可溶性固形物含量的测定（折光计法）"部分。本实验产品可溶性固形物含量应不低于 65%。

（六）感官评价

分别从色泽、组织状态（均匀一致，酱体呈胶黏状，不流散，不分泌汁液，无糖晶析出）、风味（酸甜适口，具有适宜的草莓风味，无异味）、酱体可保留部分果块等方面对所得产品进行评价。

七、思考题

1. 预煮软化时为何要求升温时间短？

2. 果酱产品若发生汁液分离是何原因？如何防止？

实验十七 桃脯制作

一、实验目的

加深理解果脯蜜饯的加工原理，了解果脯蜜饯的一般加工方法。

二、实验原理

桃脯是以桃为原料，以糖为保藏方法的加工制品，其加工原理是利用糖液的高浓度而产生的强大的渗透再经合理的配方及各种工艺手段，使果蔬成为各种风味形态的果脯蜜饯。

三、实验材料及仪器

1. 原料

桃选择成熟、新鲜、个大、肉厚、无腐烂、无损伤的作为原料。

2. 仪器

电子天平等。

3. 相关工具

筛网/滤布（100目、200目）、不锈钢锅和盆、量杯、烧杯、不锈钢漏勺、玻璃棒、温度计及处理相应水果所需要的刀具等。

四、工艺流程

原料 → 脱皮去核 → 浸泡 → 糖煮 → 烘干 → 成品

五、实验步骤

1. 原料选择

选择肉白或黄的，无虫蛀，无腐烂，坚硬，八成熟的新鲜桃为原料。

2. 预处理

将挑好的桃放入2%~3%沸碱水中浸0.5~1min，取出后迅速放入清水中冲2~3次，以利脱皮和除净氢氧化钠碱液。再放入0.2%~0.3%的亚硫酸（或亚硫酸钠）溶液中，浸泡4~8h，当果肉变为白色时，切半去核。

3. 糖煮

（1）方法一 将处理好的桃果放入20%~30%沸糖水中浸8~12h，再转至40%的沸糖水中浸8~12h，取出桃果。把剩余糖液混合加热浓缩，加糖调整使糖液浓度为50%~60%，将此糖液平分2份，取其中一份放入桃果，微沸10min后，将另一份糖液分2~3次加入，每次加糖液是在煮沸2~3min后进行，加完糖液后继续熬煮至糖液温度达112~115℃、浓度为80%左右时才出锅。

（2）方法二 在夹层锅内配成40%的糖液，加热煮沸，倒入果块，以旺火煮沸后加入同浓度的冷糖液，重新煮沸。如此反复煮沸与补加糖液3次，共历时30~40min，此后再进行6次加糖煮制。全部糖煮的时间为1~1.5h，待果块呈现透明状态，温度达到105~106℃、糖液浓度达到60%左右时，即可起锅。

4. 烘干

将桃果摆放在烘盘或盖帘上，60~70℃烘烤，到桃瓣不黏手为止。

5. 评价和检测

取成品进行感官评价和理化指标检测。

六、分析检测及产品标准

1. 总糖测定

（1）仪器　恒温水浴锅、可调电炉、组织捣碎机。

（2）试剂　盐酸溶液（1∶1）、0.1g/100mL 甲基红乙醇溶液、20g/100mL 氢氧化钠、斐林甲液、斐林乙液、220g/L 乙酸锌溶液、106g/L 亚铁氰化钾溶液、1.0mg/mL 转化糖标准溶液。

（3）操作步骤

①样品处理　准确称取捣匀的样品 2.5~5g 置于 250mL 容量瓶中，加水 50mL，摇匀后慢慢加入 5mL 乙酸锌溶液，混匀后再慢慢加入 5mL 亚铁氰化钾溶液，振摇，加水定容并摇匀后静置 30min，用干滤纸过滤，弃去初始滤液，滤液备用。

②酸解　吸取 50mL 样品处理液置于 100mL 容量瓶中，加盐酸溶液 5mL，在 68~70℃ 水浴中恒温加热 15min，冷却后加 2 滴甲基红指示剂，用 200g/L 氢氧化钠溶液中和至中性，加水至刻度，混匀。

③样品溶液的预测定　吸取斐林甲、乙液各 5mL，置于 150mL 锥形瓶中，加水 10mL，加入 2 粒玻璃珠，控制在 2min 内加热至沸腾，趁沸腾以先快后慢的速度，从滴定管中滴加样液，趁沸腾以 0.5 滴/s 的速度继续滴定至蓝色刚好褪去为终点，记录消耗样液的体积。

④样品溶液的测定　吸取斐林甲、乙液各 5mL，置于 150mL 锥形瓶中，加水 10mL，加入 2 粒玻璃珠，从滴定管中加入比预测定体积少 1mL 的样液，使其在 2min 内加热至沸腾，趁沸腾以 0.5 滴/s 的速度继续滴定至蓝色刚好褪去为终点，记录消耗样液的体积，同法平行操作 3 次，得出平均消耗样液的体积。

2. 总酸测定

参见实验十五中"总酸的测定"部分。

3. 感官评价

桃脯的感官评价项目和要求如表 3-2 所示。

表 3-2　　　　　　　　　　　　　　桃脯的感官要求

项目	要求
色泽	具有该品种应有的色泽，色泽基本一致
组织状态	块形完整，颗粒饱满，糖分渗透均匀，有透明感，大小、厚薄基本一致，无返砂现象，不流糖，不黏手，无较大表面缺陷
滋味与气味	具有该品种应有的滋味和气味，酸甜适口，无异味
杂质	无肉眼可见外来杂质

4. 相关产品标准

NY/T 436—2018《绿色食品　蜜饯》规定了蜜饯的感官要求、理化指标、污染物、食品添加剂和真菌毒素限量。

七、思考题

1. 简述蜜饯类制品的加工工艺流程。

2. 蜜饯类产品的主要质量问题有哪些？如何控制？

第三节　蔬菜制品

实验十八　番茄酱和番茄沙司制作及分析

一、实验目的

掌握番茄酱和番茄沙司的制作方法。掌握保证产品质量的关键操作步骤。

二、实验原理

番茄酱是以番茄为原料经过冲洗、热烫和打浆等步骤制作而成，番茄沙司是在番茄酱基础上的进一步加工，除番茄酱外，一般还含有白砂糖、食醋、食用盐和其他食品添加剂等。果酱原料经软化打浆后，加糖浓缩，使可溶性固形物含量达60%以上，趁热装罐、密封、杀菌、冷却后，制得能长期保存的凝胶体。

三、实验材料及仪器

1. 材料

番茄、洋葱、大蒜、丁香、肉桂、精盐、白砂糖、柠檬、生姜等。

2. 仪器

可倾式夹层锅、蒸汽锅炉、打浆机、封罐机、玻璃瓶、盖子、台秤、折光仪、不锈钢刀、搅拌木棒、纱布。

四、工艺流程

五、实验步骤

1. 原料的选择和处理

选用可溶性固形物含量高、出浆多的红色或粉红色、味浓的番茄品种（农残不超标、无染色），除去腐烂及病虫果，用水冲洗干净，同时用刀除去果蒂绿色部分。

2. 热烫和打浆

番茄经整理后放入沸水中，经1~2min热烫，果实变软，果皮、肉分离，即取出放入打浆机内打浆，要求打出的浆不带有种子及杂物而且细腻均匀。

3. 配料的准备

配料加入的种类和数量可根据消费者的喜好而定。一般配方为100kg有可溶性固形物6%的浆加入白砂糖7.5kg、八角茴香0.025kg、丁香（去头）0.066kg、精盐1.6kg、豆蔻（磨碎）0.006kg、冰乙酸0.6kg、肉桂（磨碎）0.11kg、大蒜（切碎）0.146kg、胡椒粉0.015kg、洋葱（切碎）1.4kg。

糖、醋、盐要求洁净；洋葱、大蒜去皮切碎；肉桂、丁香、豆蔻、胡椒、八角茴香用纱布放在铝锅中加入300mL水沸煮，然后加入冰乙酸，再用微火焖煮1~2h，取出过滤备用。

4. 浓缩

将打好的番茄酱放入可倾式夹层锅中，加热浓缩，并记下最初液面高度，当剩下1/3左右浓度约为20%即可加糖，分2~3次加入，再继续浓缩到剩下1/5左右（浓度达到30%以上），加入配料浸出液和盐，搅拌均匀即成成品，浓缩时要注意防止糊锅底，因而加热时火要由大到小（浓度达20%时火要变小），同时还要不断搅拌，搅拌的速度随浓度的升高而加快。

5. 装瓶

在浓缩的同时将瓶洗净，并用沸水消毒。浓缩完毕，趁热装瓶，温度不低于90℃，瓶要装满，立即封盖，可不再进行杀菌。如装瓶温度低于90℃，则必须杀菌（瓶内温度应达到90℃以上杀菌5~8min）。

6. 品质鉴定

对番茄酱进行感官指标、理化指标及微生物指标检测。

六、分析检测及产品标准

1. 氯化钠含量的测定

（1）仪器　100mL容量瓶、烧杯、组织捣碎机、吸量管、移液管、滴定管。

（2）试剂　冰乙酸、蛋白质沉淀剂、硝酸溶液（1∶3）、80%（体积分数）乙醇溶液、0.1mol/L硝酸银标准滴定溶液、0.1mol/L硫氰酸钾标准滴定溶液、硫酸铁铵饱和溶液。

（3）操作步骤

①试样准备：按固液体比例，取具有代表性的样品至少200g，去除不可食部分，在组织捣碎机中捣碎，置于500mL烧杯中备用。

②试液制备：称取已捣碎的试样约10g（精确至0.001g），置于100mL烧杯中，用80%（体积分数）乙醇溶液将其全部转移到100mL容量瓶中，稀释至刻度，充分振摇，抽提15min。用滤纸过滤，弃去最初部分滤液。

③沉淀氯化物：吸取上述经处理的试液（含50~100mg氯化钠），置于100mL容量瓶中，加入5mL硝酸溶液。边猛烈摇动边加入2.00~40.00mL的0.1mol/L硝酸银标准滴定溶液，用水稀释至刻度，避光放置5min（若不出现氯化银凝聚沉淀，置沸水浴中加热数分钟，取出，在冷水中迅速冷却至室温），用快速定量滤纸过滤，弃去最初滤液10mL。

④滴定：吸取上述沉淀氯化钠后的滤液50.00mL置于250mL锥形瓶中，加入2mL硫酸铁铵饱和溶液，边猛烈摇动边用硫氰酸钾标准滴定溶液滴至出现淡棕红色，保持1min不褪色。记录消耗硫氰酸钾标准滴定溶液的体积。

⑤空白试验：用50mL水代替50.00mL滤液，加入滴定试样时消耗0.1mol/L硝酸银标准滴定溶液体积的1/2，按与样品滴定相同的步骤操作。记录空白试验消耗硫氰酸钾标准滴定溶液的体积。

⑥计算：

$$X = \frac{0.05844 \times c_1(V_0 - V)n}{m} \times 100 \qquad (3-5)$$

式中　X——样品中氯化钠的含量，g/100g；

V_0——空白试验时消耗硫氰酸钾标准滴定溶液的体积，mL；

V——滴定试样时消耗硫氰酸钾标准滴定溶液的体积，mL；

c_1——硫氰酸钾标准滴定溶液的实际浓度，mol/L；

n——样品的稀释倍数；

m——样品的质量，g。

注：同一样品的两次测定值之差，每100g试样不得超过0.2g。

2. 感官评价

酱体应呈红褐色，均匀一致，具有一定的黏稠度；味酸，无异味。

3. 相关产品标准

GB/T 14215—2021《番茄酱罐头质量通则》规定了番茄酱罐头的产品分类及代号、要求、试验方法、检验规则、包装、标志、运输和贮存的基本要求。该标准适用于以成熟的番茄或番茄酱为主要原料，经预处理、浓缩、调味（或不调味）、灌装或分装、密封、杀菌或无菌灌装制成的罐头。

七、思考题

1. 番茄酱和番茄沙司主要的保藏原理是什么？与罐藏有何异同？

2. 番茄酱和番茄沙司在什么情况下可以不杀菌？如果要进行杀菌，应用什么方法？为什么？

3. 分析番茄酱和番茄沙司浓缩过程中颜色变暗的原因。

实验十九　清水蘑菇罐头制作及分析

一、实验目的

熟悉清水蘑菇罐头的制作工序和操作要求；加强对蘑菇变色原因及控制办法的认识和了解。

二、实验原理

选用新鲜蘑菇，经整形、护色、热烫后装罐，再加入食盐、柠檬酸等汤汁制成罐头食品。为隔绝外界空气和微生物，在进行盐渍工艺的基础上，使罐内微生物死亡或失去活力，并钝化果实中各种酶的活力，防止氧化作用的进行，使罐内果蔬处于密封状态，防止其被外界微生物感染，可在室温下贮藏较长的时间。

三、实验材料及仪器

1. 材料

蘑菇、精盐、柠檬酸、护色液、水、焦亚硫酸盐。

2. 仪器

铝盆、整修刀、漂洗罐、预煮锅、分级机、排气箱、封罐机、杀菌锅空罐（962#）、汤勺、罐瓶清洗剂。

四、工艺流程

原料验收 → 护色 → 漂洗 → 预煮 → 冷却 → 分级 → 修整 → 配汤装罐 → 排气 →

密封 → 杀菌 → 冷却 → 擦罐 → 成品

五、实验步骤

1. 原料验收

蘑菇应菌伞完整、无开伞、颜色洁白、无褐变及斑点。菇伞直径 2~4cm，菇梗切剥平整，其长度不超过 1.5cm。无畸形，不带泥。

2. 护色

方法一：取适量的原料，放在玻璃烧杯中，摇动烧杯使蘑菇受到一定的机械撞击，以使其出现轻重不等的机械伤。放置于空气中 1h 后，取出一半于 0.1% 的焦亚硫酸钠溶液中浸泡 2min；

方法二：取适量的原料立即浸入清水中放置 30min；

方法三：取适量的原料，立即浸入 0.03% 焦亚硫酸钠溶液中 30min；

方法四：取适量的原料，立即浸入 0.5%~0.8% NaCl 溶液中 30min；

方法五：取适量的原料，立即浸入 0.05% 焦亚硫酸钠溶液中 2min。

3. 漂洗

护色后的原料以流动水漂洗 30min。

4. 预煮

预煮时，菇∶水=2∶3，水中加入 0.007%~0.1% 柠檬酸，在 95~98℃ 的条件下，预煮 5~8min。煮后以流动水冷却。

5. 分级、修整

按直径<18mm、18~20mm、20~22mm、22~24mm、24~27mm、>27mm 分为六个等级。修正带有泥根、柄过长或起毛、斑点、空心等蘑菇。

6. 空罐和汤汁的准备

空罐须经检查消毒后使用。汤汁为 2.3%~2.5% 沸盐水中加入 0.05% 柠檬酸，过滤后备用。

7. 配汤装罐

采用 962# 型罐，净重 291g，蘑菇装 225~235g，汤汁装 165~180g，加汤时要求汤汁温度大于 80℃。

8. 排气、密封

热排气时罐中心温度为 70~80℃，时间为 8~10min，排气完毕后立即封罐。真空封罐时，真空度控制在 46~53kPa，12min。

9. 杀菌、冷却

采用杀菌式 10~20min/121℃（反压冷却），反压冷却到 38~40℃。杀菌后取出罐置于 37℃ 保温箱中，一周后开罐检验。

10. 品质鉴定

对清水蘑菇罐头进行感官指标、理化指标及微生物指标检测。

六、分析检测及产品标准

(一) 氯化钠含量的测定

参见实验十八中"氯化钠含量的测定"部分。

(二) 金黄色葡萄球菌的检测

1. 样品的处理

称取 25g 样品至盛有 225mL 7.5%氯化钠肉汤或 10%氯化钠胰酪胨大豆肉汤的无菌均质杯内，8000～100000r/min 均质 1～2min，或放入盛有 225mL 7.5%氯化钠肉汤或 10%氯化钠胰酪胨大豆肉汤的无菌均质袋中，用拍击式均质器拍打 1～2min。若样品为液态，吸取 25mL 样品至盛有 225mL 7.5%氯化钠肉汤或 10%氯化钠胰酪胨大豆肉汤的无菌锥形瓶（瓶内可预置适当数量的无菌玻璃珠）中，振荡混匀。

2. 增菌和分离培养

(1) 将上述样品匀液于 (36±1)℃培养 18～24h。金黄色葡萄球菌在 7.5%氯化钠肉汤中呈浑浊生长，污染严重时在 10%氯化钠胰酪胨大豆肉汤内呈浑浊生长。

(2) 将上述培养物，分别划线接种到血平板和 Baird-Parker 平板，血平板 (36±1)℃培养 18～24h。Baird-Parker 平板 (36±1)℃培养 18～24h 或 45～48h。

(3) 金黄色葡萄球菌在 Baird-Parker 平板上，菌落直径为 2～3mm，颜色呈灰色到黑色，边缘为淡色，周围为一浑浊带，在其外层有一透明圈。用接种针接触菌落有似奶油至树胶样的硬度，偶然会遇到非脂肪溶解的类似菌落，但无浑浊带及透明圈。长期保存的冷冻或干燥食品中所分离的菌落比典型菌落所产生的黑色较淡些，外观可能粗糙并干燥。在血平板上，形成菌落较大，圆形、光滑凸起、湿润、金黄色（有时为白色），菌落周围可见完全透明溶血圈。挑取上述菌落进行革兰氏染色镜检及血浆凝固酶试验。

3. 鉴定

(1) 染色镜检 金黄色葡萄球菌为革兰氏阳性球菌，排列呈葡萄球状，无芽孢，无荚膜，直径为 0.5～1μm。

(2) 血浆凝固酶试验 挑取 Baird-Parker 平板或血平板上可疑菌落 1 个或以上，分别接种到 5mL 脑心浸液肉汤（BHI）培养基和营养琼脂小斜面，(36±1)℃培养 18～24h。

取新鲜配制兔血浆 0.5mL，放入小试管中，再加入脑心浸液肉汤（BHI）培养物 0.2～0.3mL，振荡摇匀，置 (36±1)℃温箱或水浴箱内，每 0.5h 观察一次，观察 6h，如呈现凝固（即将试管倾斜或倒置时，呈现凝块）或凝固体积大于原体积的一半，被判定为阳性结果。同时以血浆凝固酶试验阳性和阴性葡萄球菌菌株的肉汤培养物作为对照。也可用商品化的试剂，按说明书操作，进行血浆凝固酶试验。

(三) 二氧化硫残留量的检测

1. 原理

样品经水溶解后，在酸性条件下用碘标准溶液滴定，求出样品中二氧化硫的含量。

2. 试剂

浓盐酸，0.1mol/L 碘标准溶液，1%淀粉指示剂。

3. 操作方法

称取试样 10.0g，置于 250mL 碘价瓶中，加入 100mL 水，使其溶解后，加入 5mL 浓盐酸混匀后，加入 1mL 淀粉指示剂，立即用碘标准溶液滴定至蓝色，同时进行空白试验。

4. 计算

$$二氧化硫(\%) = \frac{(V_1 - V_0) \times N \times 0.032}{W} \times 100 \tag{3-6}$$

式中　V_1——滴定试样时所消耗碘标准溶液体积，mL；

　　　V_0——滴定空白试验时所消耗碘标准溶液体积，mL；

　　　N——碘标准溶液的浓度；

　　　W——样品质量，g；

　　0.032——二氧化硫的毫克当量。

(四) 感官评价

(1) 从外观、组织状态、形体、口感、酸度等方面观察一周后和一个月后的变化。

(2) 与市场上的同类产品比较。

(五) 相关产品标准

GB/T 14151—2006《蘑菇罐头》。该标准规定了蘑菇罐头的产品分类与代号、技术要求、试验方法、检验规则、标志、包装、运输和贮存的要求，适用与新鲜蘑菇或盐渍蘑菇为原料、经加工制成的蘑菇罐头。

七、思考题

1. 不同护色方法与条件和成品的品质有何关系？

2. 预煮和杀菌时间的不同对成品品质有何影响？

实验二十　四川泡菜制作及分析

一、实验目的

掌握四川泡菜制作原理和泡菜生产的基本操作工艺和分析检测技术，能够举一反三地制作和分析其他种类的发酵蔬菜。

二、实验原理

四川泡菜的制作原理是根据微生物耐受渗透压的不同，利用一定浓度的食盐产生一定的渗透压，选择性地抑制腐败微生物的生长繁殖和生理作用，维护有益菌（乳酸菌等）的生长繁殖和生理作用，从而达到保藏蔬菜、同时改进蔬菜风味的作用。

三、实验材料及仪器

1. 材料

蔬菜（萝卜、卷心菜、豇豆等）、辅料（姜、蒜、花椒、酒等）、食盐、泡菜母水或菌剂。

2. 试剂

氢氧化钠、1,1-二苯基-2-硝基苯肼 DPPH 试剂。

3. 用具

1L 或 2L 泡菜坛、筷子、砧板、菜刀、塑料盆或不锈钢盆。

四、实验步骤

1. 原料和器具的处理

（1）将蔬菜原料洗净、切成条或者块，晾干。

（2）泡菜坛子彻底洗净、晾干，然后倒入少许白酒，晃动瓶子使酒均匀接触一遍坛子内壁，然后倒掉酒，倒扣坛子备用。

2. 泡制

（1）将自来水煮沸后，量取 1000mL 加入 20~80g 食盐化开。食盐水放凉备用。

（2）将切成条或者块的蔬菜均匀放入泡菜坛（记录放入泡菜坛的蔬菜量），加入放凉的食盐水（蔬菜加量视品种而定，以泡菜水液面没过蔬菜为准）、辅料。加入泡菜母水或菌剂 20mL（或根据使用说明），用筷子搅拌均匀。用移液管取少量泡菜水到小烧杯中，用盐度计测定泡菜水的盐度。随即盖上密封碗，用清水注满坛沿（翻口处的水不宜过满，以防止生水滴入坛中），置于阴凉通风处，保持水槽内水不干。泡制 14d。注：蔬菜原料、辅料配比、食盐浓度、发酵剂可自行设计或选择。

3. 发酵过程理化指标测定

（1）发酵过程中每天取泡菜水样一次，测定 pH、总酸、盐度。

（2）发酵结束后，取泡菜水测定 pH，取泡菜水（或泡菜）测定总酸、盐度、DPPH 自由基清除能力和亚硝酸盐含量；对泡菜水中的微生物进行显微镜观察（简单染色或革兰氏染色）；取泡菜成品进行感官评价；取泡菜和发酵前的蔬菜原料进行质构分析。

4. 包装

使用小型真空包装机对泡菜成品进行包装；包装完后可进行巴氏杀菌。

5. 结果讨论

各组相互交流实验结果并分析讨论。

五、分析检测、设备及产品标准

1. 总酸测定（酸碱滴定法）

吸取泡菜水 5mL，加入 20mL 蒸馏水稀释，滴加两滴酚酞，用 0.1mol/L NaOH 标准溶液滴定至溶液变色，且 30s 内不褪色，记录消耗的 NaOH 标准溶液体积。并设置 25mL 蒸馏水作对照。总酸含量按式（3-7）计算：

$$总酸(g/100mL) = \frac{c \times (V_1 - V_0) \times 0.09}{V} \times 100 \tag{3-7}$$

式中　c——NaOH 标准溶液的浓度，mol/L；

　　　V_1——稀释液滴定过程中消耗 NaOH 标准溶液的体积，mL；

　　　V_0——空白滴定过程中消耗 NaOH 标准溶液的体积，mL；

　0.09——乳酸换算系数；

　　　V——样品体积。

2. DPPH 自由基清除能力测定

取四支试管（三个平行样品，一个空白对照）。每支试管中依次加入 500μL 泡菜水（空白对照为 500μL 蒸馏水），1mL 80% 乙醇和 0.1mmol/L DPPH 溶液 1mL，混匀。暗处反应 30min，加入 1.25mL 蒸馏水，混匀，510nm 比色（80% 乙醇调零），记录吸光度值。

$$清除率(\%) = (1 - A_1/A_2) \times 100\% \tag{3-8}$$

式中　A_1——样品吸光度；

　　　A_2——空白对照吸光度。

3. 亚硝酸盐的测定（盐酸萘乙二胺法）

（1）试剂

亚铁氰化钾溶液（106g/L）：称取 106.0g 亚铁氰化钾，用水溶解，并稀释至 1000mL。

乙酸锌溶液（220g/L）：称取 220.0g 乙酸锌，先加 30mL 冰乙酸溶解，用水稀释至 1000mL。

饱和硼砂溶液（50g/L）：称取 5.0g 硼酸钠，溶于 100mL 热水中，冷却后备用。

盐酸（0.1mol/L）：量取 5mL 盐酸，用水稀释至 600mL。

对氨基苯磺酸溶液（4g/L）：称取 0.4g 对氨基苯磺酸，溶于 100mL 20%（体积分数）盐酸中，置棕色瓶中混匀，避光保存。

盐酸萘乙二胺溶液（2g/L）：称取 0.2g 盐酸萘乙二胺，溶于 100mL 水中，混匀后，置棕色瓶中，避光保存。

亚硝酸钠标准溶液（200μg/mL）：准确称取 0.1000g 于 110~120℃ 干燥恒重的亚硝酸钠，加水溶解移入 500mL 容量瓶中，加水稀释至刻度，混匀。

亚硝酸钠标准使用液（5.0μg/mL）：临用前，吸取亚硝酸钠标准溶液 5.00mL，置于 200mL 容量瓶中，加水稀释至刻度。

（2）亚硝酸钠标准曲线绘制　吸取 0.00mL、0.20mL、0.40mL、0.60mL、0.80mL、1.00mL、1.50mL、2.00mL、2.50mL 亚硝酸钠标准使用液（相当于 0.0μg、1.0μg、2.0μg、3.0μg、4.0μg、5.0μg、7.5μg、10.0μg、12.5μg 亚硝酸钠），分别置于 50mL 带塞比色管中。加入 2mL 对氨基苯磺酸溶液，混匀，静置 3~5min 后各加入 1mL 盐酸萘乙二胺溶液，加水至刻度，混匀，静置 15min，用 2cm 比色杯，以零管调节零点，于波长 538nm 处测吸光度，绘制标准曲线。

（3）样品测定

①提取：取 2.5g 泡菜用钵体研磨，加 2.5mL 泡菜水，置于 50mL 烧杯中，加 50g/L 饱和硼砂溶液 12.5mL，搅拌均匀，以 70℃ 左右的水约 300mL 将试样洗入 500mL 容量瓶中，于沸水浴中加热 15min，取出置冷水浴中冷却，并放置至室温。

②提取液净化：在振荡上述提取液时加入 5mL 亚铁氰化钾溶液，摇匀，再加入 5mL 乙酸锌溶液，以沉淀蛋白质。加水至刻度，摇匀，放置 30min，除去上层脂肪，上清液用滤纸过滤，弃去初滤液 30mL，滤液备用。

③亚硝酸盐的测定：吸取 40.0mL 上述滤液于 50mL 带塞比色管中，后续步骤同上，根据标准曲线方程计算样品中亚硝酸盐含量。

亚硝酸盐（以亚硝酸钠计）的含量按式（3-9）计算：

$$X_1 = \frac{A_1 \times 1000}{m \times (V_1/V_0) \times 1000} \tag{3-9}$$

式中　X_1——试样中亚硝酸钠的含量，mg/kg；

　　　A_1——测定用样液中亚硝酸钠的质量，μg；

　　　m——试样质量，g；

　　　V_1——测定用样液体积，mL；

V_0——试样处理液总体积，mL。

以重复性条件下获得的两次独立测定结果的算术平均值表示，结果保留两位有效数字。

4. 泡菜感官评价

（1）泡菜品质的感官评分标准　按评分标准表做好记录。泡菜产品感官品评指标为 3 大类（色泽及形态、香气、质地及滋味）（表 3-3）。

表 3-3　　　　　　　　　　　　　　泡菜评分标准表

类别	描述	扣分	总分
色泽及形态	色泽清亮，组织大小均匀，无菜屑、杂质及异物，汁液不浑浊，无生霉产花现象		30
	1. 色泽暗淡、不新鲜、无光泽、褐变	1~6	
	2. 菜坯大小不一致、不均匀	1~5	
	3. 存在杂质和异物	1~6	
	4. 油水分离现象	1~3	
	5. 汤汁浑浊、有霉花浮膜	5~10	
香气	固有泡菜的香气（如菜香），或具有发酵型香气及辅料添加后的复合香气（如酱香、酯香等）、无不良气味及其他异香		30
	1. 香气单薄	1~5	
	2. 香气不纯	1~10	
	3. 有臭味（如氨、硫化氢、焦煳、酸败等气味）	7~15	
质地及滋味	滋味鲜美、质地脆嫩、酸咸适宜、无刺激酸味、无苦臭味		40
	1. 菜质脆嫩度差	1~4	
	2. 发软，咀嚼有渣	1~5	
	3. 口味淡薄	1~5	
	4. 有刺激酸、过咸过甜味	1~5	
	5. 有苦味及涩味、臭味、酸败味	3~6	
	6. 其他不良气味（如馊臭味、霉味等）	7~15	

（2）感官评定步骤

①色泽及形态：将样品放于小白瓷盘中，观察其是否有该产品应有的颜色，是否有光泽或晶莹感，有泡汁水的汤汁是否清亮，有无霉花浮膜，无泡汁水的（如红油和白油产品）色泽是否一致，有无油水分离现象，菜坯规格大小是否均匀、一致，有无菜屑、杂质及异物等。

②香气：将定量泡菜放于小白瓷盘中，用鼻嗅其气味，反复数次鉴别其香气，是否具有本身菜香，是否具有发酵型香气及辅料添加后的复合香气（如酱香、酯香等），有无不良气味

（如氨、硫化氢、焦糊、酸败等气味）及其他异香。

③质地及滋味：取一定量样品于口中，鉴别质地脆嫩程度，滋味是否鲜美，酸咸甜是否适口，有无过酸过咸过甜或无味现象，有无不良滋味（如苦涩味、焦糊、酸败等滋味）和其他异味（如馊味、霉味等）。

（3）感官评定结果　记录色泽及形态评价及评分，香气评价及评分，质地及滋味评价及评分。

5. 泡菜的质构分析

利用质构分析仪可对发酵前后的泡菜样品的咀嚼度进行测试。以 TA XTplus 型质构分析仪为例。

（1）咀嚼度测试条件设置　探头为 P/2N。测前速率为 1mm/s，测试速率和测后速率均为 5mm/s，目标位移 10mm，触发力为 5g，可根据实际情况进行调节。

（2）测试操作

①开机预热 30min，打开操作面板。

②TA 程序设定，在程序库中选择 1：Rerurn to start。

③参数设定：选择存档信息；探头选择 P/2N；参数：应变高度四选项填 "自助"；数据采集数值为 200；测试后选项中 "宏" 打 "√"。

④校准：先校重（使用砝码），后校高（直接点击菜单）。

⑤分析：点击▤图标下载宏中 "泡菜" 模板，放置泡菜。

⑥运行测试。

⑦记录数据。

6. 小型真空包装机使用

真空包装机（图 3-1）是使用复合薄膜袋对食品等进行真空包装，达到保鲜和延长保质期的目的。整机主要由机身、真空室腔、平台、电器、真空系统五大部分组成。工作过程自动控制，热风温度可根据物品包装所需调节。

本机真空系统是由真空容积和真空元件组成的系统，真空容积由真空室胶、小气室（气囊）组成，真空元件有真空泵、真空阀、真空表、真空管等。真空泵启动时，对真空室腔、小气室抽气，当达到预定最低压强时，真空泵停止工作，整个控制程序转入热封程序，在热封时小气室进大气，进行封口，再转入下程序，到最后真空室腔进大气完成整个系统工作。

（1）操作人员第一次开机时，需先给真空泵注入机油至油窗一半。

（2）检查袋子封口质量是否存在问题，如真空度不够，可延长真空时间；如封口不结实，可延长热封时间；若封口熔破、烫皱，需要缩短热封时间。

图 3-1　真空包装机

（3）将装好产品的包装袋放入真空室中（产品体积不应超过包装袋的2/3），袋口要整齐地摆放在热封条上。

（4）压下机盖，真空泵开始工作，机盖同时被吸住，抽至所需真空度后，封口机进行自动封口，封口完毕后自动抬起机盖。真空包装过程全部结束，检查袋口封装情况。

（5）将真空时间、热封时间调节至适宜的参数（注：试机时间宜短些），开启电源开关电源指示灯亮。

（6）如包装袋放置不平整或出现故障，按下急停按钮，不论抽气或封口就会立即停止，工作室立即进气可提起机盖。

7. 相关产品标准

目前尚无泡菜的国家标准。与泡菜有关的地方标准及行业标准有：

（1）四川省地方标准 DB 51/T975—2009《四川泡菜》。该标准规定了泡渍类、调味类和其他类等术语定义（本实验所制作泡菜为泡渍类）；原辅料、感官要求、理化指标［如泡渍类要求固形物含量≥50.0%，食盐（以 NaCl 计）≤10.0%，总酸（以乳酸计）≤1.5%，总砷（以 As 计）≤0.5mg/kg，铅（以 Pb 计）≤1.0mg/kg，亚硝酸盐（以 $NaNO_2$ 计）≤10.0mg/kg］、微生物指标［大肠菌群< 30MPN/100g，致病菌（沙门氏菌、志贺氏菌、金黄色葡萄球菌）不得检出］和试验方法。

（2）中华人民共和国国内贸易行业标准 SB/T 10756—2012《泡菜》。该标准规定了泡菜、中式泡菜（简称泡菜）、韩式泡菜、日式泡菜的术语和定义（本实验所制作泡菜为中式泡菜）；原辅料、感官要求、理化指标［其中对中式泡菜的要求为：固形物> 50g/100g，食盐（以 NaCl 计）≤10.0%；总酸（以乳酸计）≤1.5%］、食品安全指标、净含量、试验方法、检验规则、标签、包装、运输与贮存。

（3）四川省地方标准 DB 51/T1069—2010《四川泡菜生产规范》。该规范规定了四川泡菜生产主要原辅料、厂区环境、车间、卫生设施、设施及工具、人员卫生、废弃物处理、工艺流程、标志、标签、运输、贮存的要求。适用于以新鲜蔬菜为主要原料，添加或不添加辅料，经食盐或食盐水泡渍发酵，调味或不调味等加工而制成的四川泡菜的生产加工过程。

（4）中华人民共和国出入境检验检疫行业标准 SN/T 2303—2009《进出口泡菜检验规程》。本标准规定了进出口泡菜的抽样、检验及检验结果的处理。适用于以精选时令蔬菜、辅以其他调料经修选、切断、盐腌、调味后发酵而成的进出口泡菜。其中对泡菜（kimichi）的定义为以时令新鲜蔬菜（如大白菜）为主要原料（70%以上），以其他蔬菜（如蒜、姜、葱、萝卜等）和调味品为辅料，经盐腌、调味和发酵等工序加工而成的具有韩国风味的产品。

六、思考题

1. 简述泡菜抗氧化性能的影响因素。
2. 发酵过程对泡菜质构性能的影响及原因分析。

实验二十一 非油炸果蔬脆片制作及分析

一、实验目的

掌握真空冷冻干燥技术加工果蔬脆片的方法和设备；了解其他非油炸工艺生产果蔬脆片的方法。

二、实验原理

非油炸工艺生产果蔬脆片技术较常见的有真空冷冻干燥（简称冻干）技术、微波真空干燥、微波-压差膨化等。本实验为采用冻干技术加工果蔬脆片。冻干技术是先将湿物料冻结到共晶点温度以下，使水分变成固态的冰，然后通过抽真空将物料中的水分由固态（冰）直接升华为气态（水蒸气）而排出物料之外，通过真空系统中的水汽凝结器（捕水器）将水蒸气冷冻。用冻干工艺制成的脱水果蔬产品，不仅色、香、味、形俱全，而且最大程度地保存了果蔬中的维生素、蛋白质等营养物质。

三、实验材料及仪器

1. 材料

市售新鲜果蔬（如草莓、苹果、豌豆、胡萝卜、洋葱等）。

2. 仪器设备

不锈钢刀具、电子天平、超低温冰箱、甩干机、真空冷冻干燥机、真空包装机等。

四、工艺流程

原料 → 分选 → 清洗 → 去皮、去核 → 切片 → 护色、调配 → 甩干 → 冻结 →

真空升华干燥 → 包装 → 成品

五、实验步骤

1. 原料选择

作为冻干果蔬脆片加工的原料应成熟度适中、色鲜、香气浓郁、甜酸适宜、无腐烂变质。

2. 清洗

对农药残留量高的可用专用果蔬清洗剂浸泡，最后用清水漂洗干净。

3. 去皮、去核

对水果或块根类蔬菜的去皮，有手工去皮或化学去皮法。化学去皮一般采用 10~40g/L NaOH，温度 70~90℃水溶液。

将洗净的果蔬用不锈钢刀去掉梗、萼，去心（核）。苹果因为果皮坚韧，采用手工去皮。胡萝卜去皮用 10~20g/L 氢氧化钠热溶液（100℃）浸泡 2min，碱液处理后必须立即用流动的清水漂洗。

4. 切片

用不锈钢刀将原料切分成 3~5mm 的薄片。要求刀刃锋利，切片厚薄均匀完整，无厚薄不一致，碎片、成片率要求达到 90%以上。

5. 护色、调配

（1）漂烫灭酶　常采用热水（93~100℃）漂烫 1~5min 或蒸汽（100℃）热烫延长 15%~50%的时间，实现果蔬原料的灭酶、护色、去除异味等目的。漂烫温度和时间根据原料的品种、形状、大小和切分的程度进行适当调整。一般整形蔬菜（如豌豆）为 3~5min；经切分的果蔬时间较短，为 1~3min（如胡萝卜需漂烫 2min），有的数十秒即可。热烫后，立即用 0~5℃冷水漂洗 3~5 次进行冷却。

（2）护色液护色 可采用 5.0~10g/L NaCl 溶液、5.0~10g/L 柠檬酸溶液或 1~2g/L NaHSO₄ 热浸泡 15min。苹果可采用以上护色液护色。护色后，立即用冷水漂洗 3~5 次进行冷却，沥干。

（3）加糖处理 浆果类如草莓一般不用漂烫处理，而是用 30%~50% 糖液浸泡 3~5min。浸泡时轻轻搅拌，捞出沥去糖液。

6. 甩干

调配后的果蔬原料表面附着一层调配液，为了减轻冻结及真空升华干燥设备的负载，可以采用 400~600r/min 的甩干机进行甩干。

7. 冻结、真空升华干燥

冻结室的温度越低越好，生产实际中一般要求在 -35℃ 左右，使原料迅速冻结。

在真空室绝对压力 13~266 Pa，加热板温度 38~66℃ 的条件下，对原料进行升华干燥处理。

如冻干草莓的参考工艺参数为预冻阶段：-30℃，3h；升华阶段：-20℃，0.5h；-5℃，1h；5℃，4h；15℃，8h；20℃，0.5h；解析阶段：40℃，1.5h；50℃，2.5h。升华阶段真空度设置为 70~90Pa，解析阶段真空度设置为 40~60Pa。

8. 冻干曲线的绘制

冻干曲线（图 3-2）记录整个冻干工艺的重要数据，是进行工艺优化和批次研究的重要工具。采用设备中的软件绘制冻干曲线，可据此优化冻干工艺。

9. 包装

选用不透气的复合包装袋，采用真空包装，同时也可给包装加一定量的干燥剂小袋，以防干制品吸潮。

10. 成品评价与检测

测定成品的水分、筛下物、脂肪、色度色差和质构指标。

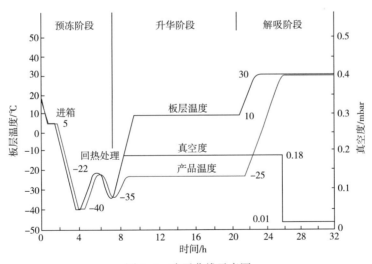

图 3-2 冻干曲线示意图

注：1mbar=100Pa

六、分析检测、设备及产品标准

1. 水分测定

参见实验一中"水分测定"部分。

2. 筛下物测定

将总量不少于 100g 的试样，用精密度为 0.1g 的天平称其质量，置于符合 GB/T 6003.1—2022《试验筛　技术要求和检验　第 1 部分：金属丝编织网试验筛》中规格为 $\Phi200\times50$—2.8/1.12 的连同接收盘和盖一起使用的试验筛中，每次放入试验筛的试样不得超过试验筛体积的 1/3，双手握住试验筛沿水平方向摇动 8 圈至 10 圈（频率约每分钟 80 圈，摇动直径约 250mm），倒掉筛上物，按以上要求继续筛分余下的试样，当全部试样经过筛分后称其筛下物的质量，按式（3-10）计算筛下物：

$$X = \frac{m_2}{m_1} \times 100 \tag{3-10}$$

式中　X——筛下物含量，%；

　　　m_1——试样质量，g；

　　　m_2——筛下物质量，g。

3. 脂肪测定

按照 GB/T 5009.6—2016《食品安全国家标准　食品中脂肪的测定》中索氏抽提法测定。将滤纸裁成 8cm×15cm 大小，以直径为 2.0cm 的大试管为模型，将滤纸紧靠管壁卷成圆筒形，把底端封口，内放一小片脱脂棉，用白细线扎好定型，在 100~105℃电热恒温干燥箱中烘至恒重备用。称取充分混匀后的试样 2~5g，准确至 0.001g，全部移入滤纸筒内。将滤纸筒放入索氏抽提器的抽提筒内，连接已干燥至恒重的接收瓶，由抽提器冷凝管上端加入无水乙醚或石油醚至瓶内体积的 2/3 处，于水浴上加热，使无水乙醚或石油醚不断回流抽提（每小时 6~8 次），一般抽提 6~10h。提取结束时，用磨砂玻璃棒接取 1 滴提取液，磨砂玻璃棒上无油斑表明提取完毕。取下接收瓶，回收无水乙醚或石油醚，待接收瓶内溶剂剩余 1~2mL 时在水浴上蒸干，再于（100±5）℃干燥 1h，放干燥器内冷却 0.5h 后称量。重复以上操作直至恒重（直至两次称量的差不超过 2mg）。

试样中脂肪的含量按式（3-11）计算：

$$X = \frac{m_1 - m_0}{m_2} \times 100 \tag{3-11}$$

式中　X——试样中脂肪的含量，g/100g；

　　　m_1——恒重后接收瓶和脂肪的质量，g；

　　　m_0——接收瓶的质量，g；

　　　m_2——试样的质量，g；

　　　100——换算系数。

计算结果表示到小数点后一位。

4. 色度色差测定

采用分光测色计进行色度色差的测定。依据 CIELAB 表色系统测定苹果片的明度值 L^*、红绿值 a^*、黄蓝值 b^*，并计算总色差 ΔE 值，ΔE 值越小，说明与鲜样颜色越接近，色泽越好。每个处理做 8 次平行，按式（3-12）计算：

$$\Delta E = \sqrt{\Delta L^2 + \Delta a^2 + \Delta b^2} \tag{3-12}$$

式中　ΔL——脆片 L^* 与鲜样 L^* 的差值；

　　　Δa——脆片 a^* 与鲜样 a^* 的差值；

Δb——脆片 b^* 与鲜样 b^* 的差值。

5. 产品的质构检测

试验选用 TA. XT-plus 质构分析仪测定其硬度和脆性。探头型号：P/5；测试模式：压缩；测试前速度：2mm/s；测试速度：2mm/s；测试后速度：10mm/s；下压距离：5mm。在脆性方面，选取破裂距离、脆性斜率和脆裂用功三个指标，破裂距离是指脆片破裂时探头所走过的距离，距离越短说明脆片破裂越迅速，脆性越好；脆性斜率是指脆片在破裂距离内，脆片所受的力与时间的比值，斜率越大说明脆片脆性越好；脆裂用功是指探头对脆片完成一次破坏所消耗的能量，破裂时间越短，受力越小，破裂用功越少，脆片的脆性越好。

6. 真空冷冻干燥机

真空冷冻干燥机（图3-3）适用于生物、食品、化工、药物中间体等物料的干燥。真空冷冻干燥机是将制冷系统、真空系统、导热油加热系统、排湿系统组合一体推出的一种新型箱体结构，较大地利用箱体内存放物料空间进行干燥。

真空冷冻干燥机开机后将物料投入物料箱内进行冷冻。物料的冷冻过程，一方面是真空系统进行抽真空把一部分水分带走；另一方面是物料受冻时把某些分子中所含水分排到物料的表面冻结，达到冷冻要求后，由加热系统对物料加热干燥，通过抽真空把物料中所含的水分带到冷冻捕集箱结冻，达到物料冷冻干燥要求。冷阱是冷冻干燥过程捕获水分的装置，理论上讲，冷阱温度越低，冷阱的捕水能力越强，但冷阱温度低，对制冷要求高，机器成本及运转费用高。不同的冷阱温度适用于不同的产品，冷阱温度为-45℃的冻干适用于一些容易冻干的产品，冷阱温度为-60℃左右的真空冷冻干燥机适用于大部分产品的冻干，冷阱温度为-80℃的真空冷冻干燥机适用于一些特殊产品的冻干。

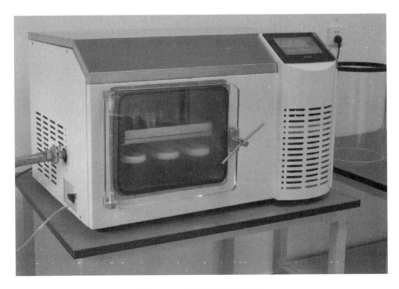

图3-3　真空冷冻干燥机

7. 甩干机

甩干机（图3-4）是利用离心原理工作，其运转速度可调，脱水性能好，具有运转安全可靠、操作简便、噪声低等显著特点，可广泛应用于蔬菜加工、豆制品加工及肉类制品加工等。

图 3-4 甩干机

8. 相关产品标准

GB/T 23787—2009《非油炸水果、蔬菜脆片》。本标准规定了非油炸水果、蔬菜脆片的要求、试验方法、检验规则、标签标志、包装、运输及贮存。本标准适用于非油炸水果、蔬菜脆片的生产、检验和销售。

NY/T 2779—2015《苹果脆片》。本标准规定了苹果脆片产品的术语和定义、要求、试验方法、检验规则、标志标签、包装、运输与贮存。本标准适用于以鲜苹果为主要原料制得的油炸及非油炸苹果脆片。

七、思考题

1. 非油炸工艺生产果蔬脆片技术较常见的有哪些？其各自的原理是什么？

2. 果蔬护色有哪些方法？原理是什么？

第四章

粮油及豆制品

第一节 粮油及豆制品概述

一、粮油制品加工工艺、设备及分析检测技术

(一) 粮油制品原料的分类

粮油加工食品以谷物和豆类为基础原料，以油脂、糖类、蛋及蛋制品、乳及乳制品等作为主要原料。粮油加工食品经焙烤工艺成熟定型或其他方式加工而成，且大多数粮油食品属于不需经过调理就能直接食用的食品，包括焙烤食品及食用油脂等。

我国的粮油作物根据化学成分和用途分为以下 4 大类。

1. 禾谷类作物

禾谷类作物属于单子叶的禾本科植物，其特点是种子含有发达的胚乳，主要由淀粉（70%~80%）、蛋白质（10%~16%）和脂肪（2%~5%）构成，例如，小麦、大麦、黑麦、燕麦、水稻、玉米、高粱、栗等。荞麦虽然属于双子叶蓼科植物，但种子中以淀粉为主要储藏养分，也包括在内。

2. 豆类作物

豆类作物包括一些双子叶的豆科植物，其特点是种子无胚乳，却有两片发达的子叶，子叶中含有丰富的蛋白质（20%~40%）和脂肪（5%~20%），如花生和大豆，有的含脂肪不多，却含有较多的淀粉，如豌豆、蚕豆、绿豆与赤豆等。

3. 油料作物

油料作物包括多种不同科属的植物，例如十字花科的油菜、胡麻科的芝麻、菊科的向日葵以及豆科中的大豆与花生等，其共同特点是种子的胚部与子叶中含有丰富的脂肪和蛋白质，可以作为提取食用植物油的原料，提取后的油饼中含有较多的蛋白质，可作为饲料或经加工制成蛋白质食品。

4. 薯类作物

薯类作物也称为根茎块作物，由属于不同科属的双子叶植物组成，其特点是在块根或块茎中含有大量淀粉，例如甘薯、木薯、马铃薯。

(二) 粮油原料的加工工艺及设备

1. 米麦加工设备

日常食用的米麦加工是将稻谷和小麦去除外壳，碾去糠层后得到的产品。一般工艺流程如下：

米麦 → 挑选清洗 → 去壳 → 磨粉 → 和面（粉）压制 → 熟化 → 造型干燥 → 成品

在加工中通常需要用到多种设备。

(1) 砻谷机　砻谷机是将稻谷脱去颖壳，制成糙米的粮食加工机械。它能脱去稻谷外壳，减少米粒爆腰和表皮受损，尽量保持糙米完整。主要由料斗进料装置、机头装置、谷壳分离室、齿轮变速箱、机架等组成。

在砻谷后，谷壳和稻谷、糙米均混合在一起，需进行分离。由于谷壳比稻谷、糙米均轻，它们无论是容重还是密度都相差很大，而谷壳的容重是稻谷容重的 1/5，糙米的 1/7，所以它们的悬浮速度也有很大的差异。通过测定，谷壳的悬浮速度 $1.5 \sim 2.0 \mathrm{m/s}$，而稻谷的悬浮速度为 $8 \mathrm{m/s}$ 左右，糙米则更大。因此根据上述物理特性的显著不同，利用风力的作用，来达到谷壳分离的目的。

(2) 碾米机　碾米机是对糙米进行去皮碾白的粮食加工机械。主要由固定扳手，加紧螺帽扳手，毛刷，下料斗，砂轮，钢丝刷等组成。我国小型碾米机主要有三种类型：即分离式碾米机、砻碾组合米机和喷风式碾米机。分离式碾米机操作容易、价格较低，但机型老化，碾出的米质较差，已逐渐面临淘汰；砻碾组合米机，加工的米质好，但是其结构复杂、价格较贵；喷风式碾米机，具有良好的性价比，可一次完成脱壳、碾白程序，加工的成品米洁白光亮，近几年来已成为市场的主流产品。

(3) 稻谷烘干机　稻谷烘干机是降低稻谷含水率的加工机械，按谷物与气流相对运动方向，可分为横流、混流、顺流、逆流及顺逆流、混逆流、顺混流等型式。由于稻谷收割后含水很高，要想让稻谷达到安全仓储的条件，必须把水稻的含水率降低到能够进行仓储的安全水分（≤12%），以延长保存期限。

(4) 研磨机　研磨机是对籽粒施以挤压、剪切、剥刮和撞击作用，从而将清理和润麦后的净麦剥开，刮净黏结在表皮上的胚乳，并将胚乳部分磨成一定细度的面粉或米粉的机械。现有种类主要为盘式磨粉机、锤式磨粉机、辊式磨粉机、撞击磨粉机和松粉机。

(5) 和面机　和面机主要功能是将面粉和水进行均匀的混合，还可以打蛋，拌馅。有正反转精装和面机、简装和面机、和面搅拌机、强力和面机、双速双动和面机等。

(6) 压面机　压面机是把面粉跟水搅拌均匀之后代替传统手工揉面的食品机械。可用于制作面条、吞皮、糕点、面点等，压面机压制出的面条，面筋韧性强度大，耐煮，不易断。工业用大中型压面机，是把经过和面及熟化的面团，通过多道作相对旋转的轧辊，把厚而薄的面团轧成面片。压面机的作用是使面团中的面筋质进一步形成细密的网络，并使面团成为一定厚度的具有可塑性、延伸性的面带。

2. 油料作物加工设备

制取植物油脂的主要方法有两大类，物理压榨法和溶剂提取法。其中压榨法加工的工艺流程如下：

原料 → 挑选清洗 → 烘干冷却 → 破碎脱皮 → 蒸炒 → 压榨降温 → 精炼 → 成品

从压榨原料的预处理来区分有冷榨法和热榨法（熟榨法）。冷榨就是原料不经过烘炒或者蒸制直接投入榨油机挤压出油，这种方法油品颜色相对比较浅，色彩更加明亮，但出油率低，而且油料味道不浓厚、香醇。而熟榨要把油料作物在压榨前经过烘干，目的是降低原料水分，增加油脂分子的活跃性和流动性，从而提高出油率，保证油质味道的香浓。但也破坏了油品的化学组织成分，导致油的颜色更深，更黑。

同一溶剂中，不同的物质有不同的溶解度，同一物质在不同溶剂中的溶解度也不同。利用样品中各组分在特定溶剂中溶解度的差异，使其完全或部分分离的方法即为溶剂提取法，在植物油的制取中一般采用水代油法。常用的设备如下。

（1）榨油机 物理制油过程中最重要的一步是压榨。榨油机就是借助于机械外力的作用，通过提高温度，激活油分子，将油脂从油料中挤压出来的机器。榨油机可分为家用榨油机、水压机制油机、螺旋制油机、新型液压榨油机、高效精滤榨油机、全自动榨油机。

（2）浸出设备 浸出设备主要为浸出罐组，油脂浸出的基本原理，是用有机溶剂提取油料中油脂的工艺过程。油料的浸出，可视为固-液萃取，它是利用溶剂对不同物质具有不同溶解度的性质，将固体物料中有关成分加以分离的过程。在浸出时，油料用溶剂处理，其中易溶解的成分（主要是油脂）就溶解于溶剂。

（3）精炼设备 包括杂质分离、脱胶、脱酸、脱色、脱臭和脱蜡等工序，现有机器将工序集中于一体，为综合型油脂精炼设备。

蒸馏是通过加热蒸发掉萃取过程中引入的溶剂；脱胶是让热水（80℃）冲洗油脂充分搅拌并静置沉淀出树胶和蛋白质；脱酸是用氢氧化钠或者碳酸钠处理油，去除游离脂肪酸、磷脂、色素和蜡；脱色用硅藻土，活性炭，活性土能去除不良色泽；脱蜡可提高油脂透明性，降低温度，去除析出固体物；脱臭则通过高温高压蒸汽蒸发掉不稳定的可能导致不正常的气味和口感的化合物；添加防腐剂以利于油脂保持稳定。

（三）粮油品质的分析检测方法

1. 粮油检验的分类

粮油检验可分为：物理检验、化学检验、动物试验、色谱分析四个方面。目前对粮油品质鉴定的常规检验，仍以物理检验和化学检验为主。

（1）物理检验 是利用人体感觉器官或科学仪器，从粮油的外部形态特征或粮油的不同物理特征、特性来鉴别粮油的品质。检验后的粮油基本不改变原有性状。包括以下两个方面。

①感官检验：利用人体感觉器官，从粮油的外部形态特征或不同的物理特性来鉴别粮油的品质。主要是根据长期工作积累的经验，用眼看、手摸、耳听、鼻嗅、牙咬等方法，来检验粮食的成熟度或饱满程度、水分、杂质、不完善粒、虫蚀、霉变、色泽、气味等。对成品油也可检验其色泽、气味、氧化程度、纯净度等。

这种方法虽然简便，不需要携带任何仪器，但没有实践经验不易掌握，检验结果也不够准确。因此，某些项目的检验一定要结合仪器检验的结果，反复地进行对比练习，才能不断提高感官检验的准确性。它的优点是检测速度快，缺点是不够准确，这种方法适用范围比较广泛，可用作为判定粮油品质的初检或粗检，属于粗略估测。

②仪器检验：是根据粮油需要检验的项目，使用仪器进行检验，这种方法结果较为正确，取得的数据可作为出证依据。

（2）化学检验　是通过比较复杂的仪器，配以必需的化学药剂，来测定粮油的化学成分及有毒、有害物质含量的检测方法。

（3）动物试验　利用动物对毒物的敏感性，通过动物饲养结果的病状得知毒物毒性，即动物试验。

（4）色谱分析　不同物质在固定相和流动相构成的体系中，具有不同的分配系数。当两相作相对运动时，这些物质也随流动相一起运动。并在两相进行反复多次分配，使分配系数只有微小差别的物质，在移动速度上产生了很大差别，使各组分完全分离，而测知其性质与含量的检测方法。检测结果较化学检测误差要小。

2. 粮油检验的指标

（1）稻谷检验　需要检测的指标有色泽、气味、杂质、互混率、出糙率、整精米率、黄粒米、水分等。

（2）米类检验　需要检测的指标有碎米、加工精度、不完善粒、水分、杂质、互混率、黄粒米、色泽气味、直链淀粉含量等。

（3）小麦检验　需要检测的指标有容重、不完善粒、杂质、水分、色泽气味、硬度等。

（4）小麦粉检验　需要检测的指标有加工精度、灰分、粗细度、面筋质、含砂量、磁性金属物、水分、脂肪酸值、气味口味等。

3. 植物油脂检验

需要检测的指标有酸价、皂化值、碘值、过氧化值、溶剂残留量、游离棉酚、色泽气味等。

二、豆制品加工工艺、设备及分析检测技术

（一）豆及豆制品的分类

豆类泛指所有能产生豆荚的豆科植物。豆类的品种很多，主要有大豆、蚕豆、绿豆、豌豆、赤豆、黑豆等。根据豆类的营养物质种类和数量可将它们分为两大类：一类以黄豆为代表的高蛋白质、高脂肪豆类；另一类则以碳水化合物含量高为特征，如绿豆、赤豆、黑豆、豌豆、豇豆等。鲜豆不但可做菜肴，而且还可以作为调味品的原料。

豆制品是以大豆、小豆、绿豆、豌豆、蚕豆等豆类为主要原料，经加工而成的食品，大多数豆制品是由大豆豆浆凝固而成的豆腐及其再制品。豆制品主要分为两类，发酵性豆制品和非发酵性豆制品。发酵性豆制品是以大豆为主要原料，经微生物发酵而成的豆制品，如腐乳、豆豉等。非发酵性豆制品是指以大豆或其他杂豆为原料制成的豆腐，或豆腐再经卤制、杂卤、熏制、干燥的豆制品，如豆腐、豆浆、豆腐丝、豆腐皮、豆腐干、腐竹、素火腿等。

（二）豆制品的加工工艺及设备

豆腐制作的一般工艺流程如下：

现有的制作设备多是全自动生产线。豆浆生产线的磨浆分离系统由电机、分离式磨浆机、盛浆桶组成；加热煮浆系统由吸浆泵、加热蒸汽包、煮浆桶组成。如制作豆腐，则在生产线中加入豆腐成型机和切块机等即可。家庭制作则需要用到磨浆机，将清洗除杂浸泡后的豆子打成豆浆，在蒸煮锅中进行点脑成型。

（三）豆及豆制品的分析检测方法

1. 大豆的检验

需要检测的指标有完整粒率、损伤粒率、杂质、水分、粗脂肪、气味色泽、粗蛋白质等。

2. 豆制品检验

需要检测的指标有感官评价、脲酶试验、污染物、真菌毒素和微生物等。

第二节　粮油制品

实验二十二　杂粮粉条制作及分析

一、实验目的

掌握杂粮粉条的制作工艺和操作要点；了解粉条的感官评价和膳食纤维含量等指标的测定方法。

二、实验原理

粉条是以大米、豆类、薯类和杂粮为原料加工后制成的丝条状干燥的特色传统食品。我国各地均有各自独特的生产工艺，成品粉条呈灰白色、黄色或黄褐色，按形状可分为圆粉条、细粉条和宽粉条等。

三、实验材料及仪器

1. 材料

红薯淀粉、玉米粉、荞麦粉、小米粉、燕麦粉、鸡蛋、食盐。

2. 仪器

搅拌机、压面机、醒发器、蒸箱、托盘、保鲜袋。

四、实验步骤

1. 工艺一

（1）调浆　取红薯淀粉350g和玉米粉、小米粉、燕麦粉各50g放入搅拌机中混合均匀，在混合粉中加入5g食盐，搅拌均匀后分批加入500g的水，不停搅拌直到淀粉浆液里没有干粉，也没有疙瘩，非常的匀称细腻。

（2）装盘熟化　将调制好的淀粉浆液均匀地倒在托盘上，厚度3~5mm，在蒸箱中蒸3~5min。

（3）切条　取出熟化好的杂粮薄皮，折叠后切条，得到杂粮粉条。

（4）感官评价　直接试吃，或加入调料拌匀调味后品尝，进行感官评价。

（5）保存　将切好的杂粮粉条放入干燥箱中烘干，可长期保存。

2. 工艺二

（1）调浆　取玉米淀粉 350g 和荞麦粉、小米粉、燕麦粉各 50g 放入搅拌机中混合均匀，在混合粉中加入 5g 食盐，搅拌均匀后分批加入 300g 的水，不停搅拌直到拌好的粉料以手握可成团、一碰即散为宜。

（2）挤压熟化　将调制好的淀粉糊全部装入保鲜袋内，挤压至袋底，下方放置装好水的煮锅，按照想要的粉条粗细将袋底剪出一个小口，用力将粉糊向袋底挤压，使粉条落入水中开始预煮，及时剪断便可得到均匀的杂粮粉条。

（3）感官评价　直接试吃，或向水中加入调料调味后品尝，进行感官评价。

（4）保存　将煮熟的杂粮粉条放入干燥箱中烘干，可长期保存。

五、分析检测

（一）酶解法测定膳食纤维

1. 原理

干燥试样经热稳定 α-淀粉酶、蛋白酶和葡萄糖苷酶酶解消化去除蛋白质和淀粉后，经乙醇沉淀、抽滤，残渣用乙醇和丙酮洗涤，干燥称量，即为总膳食纤维残渣。另取试样同样酶解，直接抽滤并用热水洗涤，残渣干燥称量，即得不溶性膳食纤维残渣；滤液用 4 倍体积的乙醇沉淀、抽滤、干燥称量，得可溶性膳食纤维残渣。扣除各类膳食纤维残渣中相应的蛋白质、灰分和试剂空白含量，即可计算出试样中总的、不溶性和可溶性膳食纤维含量。本标准测定的总膳食纤维为不能被 α-淀粉酶、蛋白酶和葡萄糖苷酶酶解的碳水化合物聚合物，包括不溶性膳食纤维和能被乙醇沉淀的高分子质量可溶性膳食纤维，如纤维素、半纤维素、木质素、果胶、部分回生淀粉及其他非淀粉多糖和美拉德反应产物等；不包括低分子质量（聚合度 $3\sim12$）的可溶性膳食纤维，如低聚果糖、低聚半乳糖、聚葡萄糖、抗性麦芽糊精以及抗性淀粉等。

2. 材料及试剂

蒸馏水、MES-TRIS 缓冲液、95% 乙醇、丙酮、氢氧化钠、石油醚、盐酸、硫酸、蛋白酶溶液、硅藻土、热稳定 α-淀粉酶液、重铬酸钾、冰乙酸、淀粉葡萄糖苷酶液、三羟甲基氨基甲烷、2-（N-吗啉代）乙烷磺酸，试剂均为分析纯；

85% 乙醇溶液：取 895mL 95% 乙醇，用水稀释并定容至 1L，混匀；

78% 乙醇溶液：取 821mL 95% 乙醇，用水稀释并定容至 1L，混匀；

6mol/L 氢氧化钠溶液：称取 24g 氢氧化钠，用水溶解至 100mL，混匀；

1mol/L 氢氧化钠溶液：称取 4g 氢氧化钠，用水溶解至 100mL，混匀；

1mol/L 盐酸溶液：取 8.33mL 盐酸，用水稀释至 100mL，混匀；

2mol/L 盐酸溶液：取 167mL 盐酸，用水稀释至 1L，混匀；

0.05mol/L MES-TRIS 缓冲液：称取 19.52g 2-（N-吗啉代）乙烷磺酸和 12.2g 三羟甲基氨基甲烷，用 1.7L 水溶解，根据室温用 6mol/L 氢氧化钠溶液调 pH，20℃ 时调 pH 8.3，24℃ 时调 pH 8.2，28℃ 时调 pH 8.1，$20\sim28$℃ 其他室温用插入法校正 pH。加水稀释至 2L；

蛋白酶溶液：用 0.05mol/L MES-TRIS 缓冲液配成浓度为 50mg/mL 的蛋白酶溶液，使用前现配并于 $0\sim5$℃ 暂存；

酸洗硅藻土：取200g硅藻土于600mL的2mol/L盐酸溶液中，浸泡过夜，过滤，用水洗至滤液为中性，置于（525±5）℃马弗炉中灼烧灰分后备用；

重铬酸钾洗液：称取100g重铬酸钾，用200mL水溶解，加入1800mL浓硫酸混合；

3mol/L乙酸溶液：取172mL乙酸，加入700mL水，混匀后用水定容至1L。

3. 实验仪器

烧杯、量筒、移液管、坩埚、真空抽滤装置、恒温振荡水浴箱、分析天平、马弗炉、电热恒温干燥箱、干燥器、酸度计、真空干燥箱、筛网。

4. 操作步骤

（1）试样制备 试样根据水分含量、脂肪含量和糖含量进行适当的处理及干燥，并粉碎、混匀过筛。由于本实验中试样水分含量低，将试样直接反复粉碎至完全过筛，混匀待用。

（2）酶解 准确称取双份试样，约1g（精确至0.1mg），双份试样质量差≤0.005g。将试样转置于烧杯中，加入0.05mol/L MES-TRIS缓冲液40mL，用磁力搅拌直至试样完全分散在缓冲液中。同时制备两个空白样液与试样液进行同步操作，用于校正试剂对测定的影响。

热稳定α-淀粉酶液酶解：向试样液中分别加入50μL热稳定α-淀粉酶液缓慢搅拌，加盖铝箔，置于95~100℃恒温振荡水浴箱中持续振摇，当温度升至95℃开始计时，通常反应35min。将烧杯取出，冷却至60℃，打开铝箔盖，用刮勺轻轻将附着于烧杯内壁的环状物以及烧杯底部的胶状物刮下，用10mL水冲洗烧杯壁和刮勺。

蛋白酶酶解：将试样液置于（60±1）℃水浴中，向每个烧杯加入100μL蛋白酶溶液，盖上铝箔，开始计时，持续振摇，反应30min。打开铝箔盖，边搅拌边加入5mL 3mol/L乙酸溶液，控制试样温度保持在（60±1）℃。用1mol/L氢氧化钠溶液或1mol/L盐酸溶液调节试样液pH至4.5±0.2。

淀粉葡萄糖苷酶酶解：边搅拌边加入100μL淀粉葡萄糖苷酶液，盖上铝箔，继续于（60±1）℃水浴中持续振摇，反应30min。

（3）总膳食纤维（TDF）测定

①沉淀：向每份试样酶解液中，按乙醇与试样液体积比4∶1的比例加入预热至（60±1）℃的95%乙醇，取出烧杯，盖上铝箔，于室温条件下沉淀1h。

②抽滤：取已加入硅藻土并干燥称重的坩埚，用15mL 78%乙醇润湿硅藻土并展平，接上真空抽滤装置，抽取乙醇使坩埚中硅藻土平铺于滤板上。将试样乙醇沉淀液转移入坩埚中抽滤，用刮勺和78%乙醇将烧杯中残渣转移至坩埚中。

③洗涤：分别用78%乙醇15mL洗涤残渣2次，用95%乙醇15mL洗涤残渣2次，丙酮15mL洗涤残渣2次，抽滤去除洗涤液后，将坩埚连同残渣在105℃烘干过夜。将坩埚置干燥器中冷却1h，称量（m_{GR}，包括处理后坩埚质量及残渣质量），精确至0.1mg。减去处理后坩埚质量，计算试样残渣质量（m_R）。

④蛋白质和灰分的测定：取2份试样残渣中的1份按GB 5009.5—2016《食品安全国家标准 食品中蛋白质的测定》测定氮含量，以6.25为换算系数，计算蛋白质质量（m_P）；另1份试样测定灰分，即在525℃灰化5h，于干燥器中冷却，精确称量坩埚总质量（精确至0.1mg），减去处理后坩埚质量，计算灰分质量（m_A）。

5. 分析计算

空白组按式（4-1）计算：

$$m_B = \overline{m}_{B_R} - m_{B_P} - m_{B_A} \tag{4-1}$$

式中　m_B——试剂空白质量，g；

　　　$\overline{m}_{B_R}$——双份试剂空白残渣质量均值，g；

　　　m_{B_P}——试剂空白残渣中蛋白质质量，g；

　　　m_{B_A}——试剂空白残渣中灰分质量，g。

　　试样中膳食纤维的含量按下式计算：

$$m_R = m_{GR} - m_G \tag{4-2}$$

$$X = \frac{\overline{m}_R - m_B - m_P - m_A}{\overline{m} \times f} \times 100 \tag{4-3}$$

$$f = \frac{m_C}{m_D} \tag{4-4}$$

式中　m_R——试样残渣质量，g；

　　　m_{GR}——处理后坩埚及残渣质量，g；

　　　m_G——处理后坩埚质量，g；

　　　X——试样中膳食纤维的含量，g/100g；

　　　$\overline{m}_R$——双份试样残渣质量均值，g；

　　　m_B——试剂空白质量，g；

　　　$\overline{m}$——双份试样取样质量均值，g；

　　　f——试样制备时因干燥、脱脂、脱糖导致质量变化的校正因子；

　　　m_C——试样制备前质量，g；

　　　m_D——试样制备后质量，g。

（二）感官评价

按表4-1对制作的杂粮粉条进行感官评价。

表4-1　　　　　　　　　　　　　杂粮粉条感官评价表

项目	分值	评分标准
色泽	10	粉条颜色和亮度好，呈现杂粮辅料添加色为8~10分；一般4~8分；颜色发暗1~4分
表观状态	10	粉条表面结构细密光滑8~10分；一般4~8分；表面粗糙，变形严重1~4分
适口性	10	咀嚼力适中8~10分；偏硬或偏软5~8分；过硬或过软1~5分
韧性	10	粉条有嚼劲、富有弹性8~10分；一般5~8分，嚼劲差、弹性不足1~5分
黏性	10	咀嚼粉条时爽口、不黏牙8~10分；一般5~8分；不爽口、黏牙1~5分
食味	10	具有杂粮粉条特有的清香味8~10分；基本无异味5~8分；有苦味、异味1~5分

六、思考题

1. 简述实验过程中淀粉的结构变化。

2. 查找资料，比较所用杂粮粉的淀粉差异。同时分析原料中直链和支链淀粉对粉条质量的影响。

实验二十三　花生油的提取及分析

一、实验目的

掌握植物油提取的原理及方法；了解相关仪器的使用方法；了解花生油品质的相关分析技术。

二、实验原理

水酶法是一种新兴的植物油脂和蛋白质提取技术。与压榨法相比，水酶法采用了比较温和的提取条件，蛋白质也作为副产物生产且具有高质量的功能特性，不含毒素，极大地增加了蛋白质的利用率。与溶剂浸出法相比，水酶法以水作为提取介质更加安全、环保，提取的油脂品质高且不需要进一步精炼。减少了生产环节，同时也节约了生产成本。

水酶法的原理是在机械破碎的基础上，通过使用能降解油料细胞中的脂蛋白、脂多糖、细胞壁等大分子复合物的酶来处理油料，达到破坏其组织结构、水解大分子复合体，最后利用油水密度差以及各组分对油水亲和力的差异，将油脂和蛋白质分离开。油脂体是由一层磷脂膜包围三酰基甘油（triacylglycerol，TAG）所形成的完整、稳定、独立存在于细胞质中的小球体，蛋白质镶嵌在磷脂膜上。由于油脂体结构非常稳定，有效地破坏油脂体的磷脂蛋白膜就成了酶法破乳的关键。利用激光共聚焦显微镜观察木瓜蛋白酶对乳状液进行破乳的微观结构变化，其中圆球状部分为油脂，其外部由一层蛋白膜包被。

三、实验材料及仪器

1. 材料

市售花生仁（无霉变，颗粒饱满）、碱性蛋白酶、氢氧化钠、盐酸，均为分析纯。

2. 仪器

电子天平、粉碎机、电热恒温干燥箱、酸度计、电动搅拌机、低速离心机、超声波清洗器。

四、实验步骤

1. 原料预处理

选取颗粒相对饱满的花生仁，用开水烫30s，倒入凉水内，浸泡约2min，将其取出，手工对其进行剥皮处理，将剥皮后的花生仁平铺在培养皿中，放入电热恒温干燥箱内50℃烘干。

2. 粉碎超声

使用粉碎机将花生仁细磨成花生浆，取60g花生浆置于锥形瓶中，加入300mL蒸馏水，超声处理20min，温度为45℃。

3. 碱提

加入NaOH或HCl调节pH至9.4~9.6，温度为55℃，提取30min。

4. 酶解

加入碱性蛋白酶0.1g，恒温振荡3.5h。

5. 灭酶

温度为95℃，处理时间15min。

6. 离心

转速为4000r/min，离心15min后取出上清液。

7. 成品分析

计算花生油的出油率。取成品进行感官评价和理化指标分析。

五、分析检测及产品标准

(一) 紫外分光光度计测定过氧化值

1. 原理

过氧化值（POV）是表示油脂和脂肪酸等被氧化程度的一种指标，是 1kg 样品中的活性氧的含量，以过氧化物的毫摩尔数表示。

2. 操作步骤

（1）取样品 2.5g，置于 10mL 容量瓶中，加氯仿-甲醇溶液（体积比 7∶3）定容。

（2）吸取 1.0mL 样品于 10mL 干燥的具塞比色管内，加入 0.05mL 3.5g/L $FeCl_2$ 溶液，用氯仿-甲醇稀释至刻度，加 300g/L 硫氰酸钾溶液混匀反应 5min。

（3）以试剂空白为参比，在 $\lambda = 500nm$ 处测吸光度，用 20μg/mL 碘酸钾溶液做标准曲线（表 4-2），同时做 3 个平行样。

表 4-2　　　　　　　　　　　　　过氧化值标准曲线测定

试样样品	试管编号							
	1	2	3	4	5	6	7	8
标准样品的体积/mL	0	0.1	0.2	0.3	0.4	0.5	0.7	0.9
标准样品的质量/μg	0	4	8	12	16	20	28	36

（4）过氧化值按式（4-5）计算：

$$POV = \frac{6A}{100m} \times 100 \times 78.8 \qquad (4\text{-}5)$$

式中　m——样品的质量，kg；

　　　A——样品测定液中含碘量，μg；

　　POV——样品的过氧化值，μg/kg。

(二) 硫代巴比妥酸值的测定

1. 原理

不饱和脂肪酸的氧化产物醛类，可与硫代巴比妥酸（thiobarbituric acid，TBA）生成有色化合物，如丙二醛（MDA）与 TBA 生成有色物在 530nm 处有最大吸收，而其他的醛（烷醇、烯醇等）与 TBA 生成的有色物的最大吸收在 450nm 处，故需要在两个波长处测定有色物的吸光度值，以此来衡量油脂的氧化程度。

2. 试剂

三氯乙酸混合液：准确称取 37.50g（精确至 0.01g）三氯乙酸及 0.50g（精确至 0.01g）乙二胺四乙酸二钠，用水溶解，稀释至 500mL；

硫代巴比妥酸（TBA）水溶液：准确称取 0.288g（精确至 0.001g）硫代巴比妥酸溶于水

中，并稀释至100mL（如不易溶解，可加热超声至全部溶解，冷却后定容至100mL），相当于0.02mol/L；

标准品：1,1,3,3-四乙氧基丙烷，纯度≥97%；

丙二醛标准储备液（100μg/mL）：准确移取0.315g（精确至0.001g）1,1,3,3-四乙氧基丙烷至1000mL容量瓶中，用水溶解后稀释至1000mL，置于冰箱4℃储存。有效期3个月；

丙二醛标准使用溶液（1.00μg/mL）：准确移取丙二醛标准储备液1.0mL，用三氯乙酸混合液稀释至100mL，置于冰箱4℃储存；

丙二醛标准系列溶液：准确移取丙二醛标准使用液0.10mL、0.50mL、1.0mL、1.5mL、2.5mL于10mL容量瓶中，加三氯乙酸混合液定容至刻度，该标准溶液系列浓度为0.01μg/mL、0.05μg/mL、0.10μg/mL、0.15μg/mL、0.25μg/mL，现配现用。

3. 操作步骤

（1）试样制备　称取样品5g（精确到0.01g）置入100mL具塞锥形瓶中，准确加入50mL三氯乙酸混合液，摇匀，加塞密封，置于恒温振荡器上50℃振摇30min，取出，冷却至室温，用双层定量慢速滤纸过滤，弃去初滤液，续滤液备用。

准确移取上述滤液和标准系列溶液各5mL分别置于25mL具塞比色管内，另取5mL三氯乙酸混合液作为样品空白，分别加入5mL硫代巴比妥酸（TBA）水溶液，加塞，混匀，置于90℃水浴内反应30min，取出，冷却至室温。

（2）测定　以样品空白调节零点，于532nm处1cm光径测定样品溶液和标准系列溶液的吸光度值，以标准系列溶液的质量浓度为横坐标，吸光度值为纵坐标，绘制标准曲线。

（三）气相色谱-质谱（GC-MS）检测花生油挥发性成分

1. 原理

参见实验三相关部分。

2. 处理条件

取5g（6mL）样品置于15mL顶空瓶中，将老化后的75μm CAR/PDMS萃取头插入样品瓶顶空部分，于50℃吸附30min，吸附后的萃取头取出后插入气相色谱进样口，于250℃解吸3min，同时启动仪器采集数据。

3. 气相色谱条件

毛细管色谱柱（30m×0.25mm，0.25μm）；载气He；流量：恒流0.8mL/min，不分流；恒压35kPa；升温程序：起始温度40℃，初始时间4min，以6℃/min升温至80℃，再以10℃/min升温至230℃，保留7min。

4. 质谱条件

电子电离（electron ionization，EI）源，进样孔温度250℃，离子源温度200℃，接口温度250℃，电子能量70eV，灯丝发射电流200μA，探测器电压350V。

（四）相关产品标准

本实验为花生油的制作及分析，与其相关的标准较多，本实验涉及的标准包括GB/T 1534—2017《花生油》、GB 5009.227—2016《食品安全国家标准　食品中过氧化值的测定》、GB 5009.229—2016《食品安全国家标准　食品中酸价的测定》、GB/T 5525—2008《植物油脂　透明度、气味、滋味鉴定法》和GB/T 5533—2008《粮油检验　植物油脂含皂量的测定》等。

六、思考题

1. 分析比较浸出法与水酶法的区别及各自的优缺点。
2. 请分别对市售的花生油与本实验的花生油进行感官评价并分析其差异的原因。

第三节 豆制品

实验二十四 豆腐制作及分析

一、实验目的

理解大豆蛋白凝固成型的原理；掌握豆腐制作的基本原理和工艺；掌握豆腐品质的评测指标和分析方法。

二、实验原理

豆腐是大豆蛋白在凝固剂作用下相互结合形成的具有三维网络结构的凝胶产品。豆腐生产中，先通过磨浆把大豆蛋白质溶解出来形成豆浆，由于蛋白质分子是一种两性电解质，在水溶液中蛋白质分子表面形成一个水膜和双电层，使蛋白质在水中有很高的溶解度。豆浆在加热过程中，随着温度的升高，蛋白质分子内能增加，发生热变性，肽链失去卷曲状态。要使蛋白质在水溶液中聚合凝固出来，还需在豆浆中加入凝固剂，使蛋白质凝固成凝胶体。

常用的凝固剂有卤盐、石膏、新型凝固剂葡萄糖酸内酯等。卤盐和石膏的凝固原理为盐析：在低盐浓度时蛋白质分子和溶剂的结合力大于蛋白质分子之间的引力，蛋白质颗粒上吸附某种无机盐离子后，使蛋白质颗粒带同种电荷，相互排斥，同时与水作用加强，使溶解度增加。在高浓度时，蛋白质脱水，中和蛋白质表面电荷，使蛋白质凝聚析出。

新型凝固剂葡萄糖酸内酯是利用酸性使蛋白质凝固。其水溶性很好，可以在豆浆中充分均匀分散。葡萄糖酸内酯本身并不能使蛋白质胶凝，但其水解后生成的葡萄糖酸能释放出氢离子，使弱酸性的蛋白质负离子俘获氢离子而呈电中性，由于氢键、二硫键及疏水基团的相互作用使多肽链连接起来，蛋白质出现胶凝。由于葡萄糖酸内酯水解和释放氢离子过程较为缓慢，凝聚得以缓慢进行，所得的豆腐结构整齐，因而口感滑腻。内酯豆腐的生产过程中，煮浆使蛋白质形成前凝胶，为蛋白质的胶凝创造了条件；熟豆浆冷却后，为混合、灌装、封装等工艺创造了条件，混有葡萄糖酸内酯的冷熟豆浆，经加热后，即可在包装内形成具有一定弹性和形状的凝胶体。

三、实验材料及仪器

1. 材料

大豆、葡萄糖酸内酯、石膏、高碳醇脂肪酸酯复合物（DSA-5）等。

2. 仪器设备

磨浆机、恒温水浴、电炉、过滤筛（100~120目）、敞口锅、勺、木制压榨箱、白布等。

四、实验步骤

1. 石膏豆腐制作

工艺流程：

大豆清洗 → 浸泡 → 磨浆 → 过滤 → 煮浆 → 点浆 → 包压成型

操作步骤：

（1）原料处理 清除杂质，选用颗粒饱满整齐、无霉变虫蛀的新鲜大豆为原料。去除大豆中的碎石和杂质，用清水冲洗后浸泡。豆水比为 1：3，春秋季 8~12h，夏季 6h，冬季 16~20h。浸泡好的大豆表面比较光亮，没有皱皮，豆瓣易被手指掐断，断面浸透无硬心，增重约 1.1 倍左右。

（2）磨浆 将泡好的黄豆捞起，加入清水，豆水比为 1：4，磨浆。磨浆要求一边投料一边加水，且投料加水均匀。使磨糊光滑，粗细适当，前后均匀，以磨出来的豆浆能自由流动为宜。

（3）过滤 用漂白布或纱布做成小布袋，将磨好的豆浆倒入布袋内，用绳缚住袋口，用手搓揉布袋，直至无色白浆搓出为止，随后用水冲洗豆渣两次。总用水量掌握在干豆质量的 8 倍内为宜。

（4）煮浆 用敞口锅煮浆，煮浆要快，时间短，不超过 15min，沸腾 3~5min，为消除泡沫可加入少许消泡剂或食用油。煮浆后可添加冷水降温，或在冷水浴中使豆浆降温至 85℃。

（5）点浆 石膏粉碎磨细后用 50℃ 左右温水调稀，加水量为石膏量的 5 倍。点浆的石膏用量一般约为干豆质量的 3.5% 左右。将石膏悬浊液慢慢加入温度为 85℃ 的豆浆中，一边用勺子自上而下的搅拌豆浆，使之像开锅似的翻滚，边点边看，要随时查看浆花的变化，在即将成脑时，要减速减量。当浆里已结有很密的芝麻大小的浆花，停止搅拌，点浆完成。加盖保温 30~40min。

（6）包压成型 在洗净的豆腐格中铺上洗净的包布，将豆腐脑倒入其中包严，加框盖。加压要先轻后重，使水分从包布中渗出，压到水分不流成线即可。将成型的豆腐拆开后划成方块，撒上凉水，立即降温及迅速散发表面的多余水分，以达到豆腐制品的保鲜和形态稳定的作用，冷至室温为宜。

2. 内酯豆腐制作

工艺流程：

大豆清洗 → 浸泡 → 磨浆 → 过滤 → 煮浆 → 冷却 → 点浆 → 凝固成型

操作步骤：

（1）原料处理 同石膏豆腐的制作。

（2）磨浆 豆水比为 1：5，磨浆，过滤去渣。

（3）煮浆 用敞口锅煮浆，当豆浆升温到 60~70℃ 时投入 0.3%（以干豆计）的消泡剂高碳醇脂肪酸酯复合物（DSA-5），混合至完全溶解，煮沸后冷却到室温（30℃ 以下）。

（4）点浆 以 0.25%~0.30% 内酯的比例，将内酯溶解于少量水中，加入豆浆中搅拌均匀。

（5）凝固成型 将加入凝固剂后的豆浆装入袋子或盒中，用蒸汽加热（或隔水加热）80℃

左右呈固态，冷却后成型。

3. 成品评价

对石膏豆腐和内酯豆腐进行感官评价，水分、蛋白质、微生物指标测定和质构分析，并比较差别。

感官评价要求：豆腐呈淡黄色或白色，断面光滑细腻，块形完整，软硬适中，质地细嫩，有弹力，无杂质，具有豆腐特有的香气和滋味，无涩味。

理化指标要求：水分（g/100g）≤90，蛋白质（g/100g）≥8.0。

微生物指标要求：菌落总数（CFU/g）≤750，大肠菌群（MPN/100g）≤40，致病菌（沙门氏菌、志贺氏菌和金黄色葡萄球菌）不得检出。

4. 得率计算

将新鲜的豆腐在室温下静置5min，称量，计算每100g大豆所得湿豆腐质量：

$$湿豆腐得率（g/100g）= 湿基豆腐质量（g）/干基大豆质量（g）×100 \qquad (4-6)$$

五、分析检测、设备及产品标准

（一）小型豆腐机的使用

规模化的豆腐制作可采用机械化设备，实现浸泡、打浆、煮浆、过滤、点浆、压榨等工序的连续化，从而提高生产效率和改善产品品质。一种小型的豆腐机设备如图4-1所示。此设备产量为40~50kg/h，配备了磨浆与煮浆一体机和气压控制的豆腐机，可以单人操作。

图4-1 小型豆腐机

具体操作步骤如下：

1. 清洗和浸泡

（1）选料 选用蛋白质含量高、色泽光亮、颗粒饱满无虫蛀的新大豆。

（2）清洗 在浸泡容器漂洗出草叶、霉豆等杂物。特别注意去沙石等。

（3）浸泡 在容器中加入水浸泡大豆，至其无硬芯即可。夏季需5~8h，冬季加倍。

2. 磨浆

（1）加料 用网筛在泡豆容器内捞出泡好的豆料放入料斗内（每两料斗约可做9kg豆腐），并同时加入液状消泡剂适量。

（2）磨浆 先打开料斗上方的水龙头，然后打开磨浆机开关，开始磨浆，注意观察豆浆浓度（适当浓度为7°Be′），随时调节注水量。如果做豆浆可以适当降低豆浆浓度，为进一步提高得浆率，可将豆渣加水至粥状倒入料斗重复加工。

注意在启动磨浆机前，可用手轻推出渣口露出的滤网架，当无阻滞转动灵活时方可启动。磨浆前应调节磨片间隙听到轻摩擦声，如果调整过细易阻塞滤网，出现渣中带浆，明显降低生产效率，增加电能消耗，间隙过大出渣率过高，同样造成生产效率低及物料浪费。如遇到哑豆和沙石等硬物，应停机及时清除。

3. 煮浆

把盛放生豆浆的桶推至加热器下，将加热器降至豆浆桶中，打开蒸汽阀门，高温蒸汽通入豆浆中开始加热，至豆浆烧开为止，即成熟豆浆（请注意加热器架上的温度计）。

在温度至60℃左右时加入粉末状消泡剂，继续升温至90℃时关闭蒸汽阀2/3，闻豆浆无豆腥味而有香味时，再加热3～5min至100℃后关闭蒸汽阀门。提起加热器，并注意防止烫伤。

4. 点浆

热豆腐在容器中冷却至75～80℃时，加凝固剂凝固称为点浆、点卤，是制作豆制品的关键步骤。

首先在豆浆桶中加入少量食盐（100～150g）以提高豆制品口感。用搅拌器搅拌至充分溶化，然后边搅拌（翻浆）边用水勺注入卤水。点卤水时，应注意卤水的流量先大后小，翻浆先快后慢；当豆浆表面逐渐浮出来大小不一的白色凝固体时，翻动速度放慢；凝固颗粒逐渐扩大时，把搅拌器提到上层平推一下确认凝固状态均匀后，整个点浆过程就结束。

点浆前应确认豆浆的量，然后计算适当的卤水量。卤水的浓度在6～8°Be′为好。翻浆时应做8字形搅拌。另外，如果翻浆太快，易导致已凝固的豆花颗粒被破坏；翻浆太慢，会使豆花凝成大块，都会影响压制成型。点卤水的原则是宁少勿多。

卤水的调配：通常的盐卤（氯化镁）为粉末状或冰块状，为25～27°Be′。调配时在10L水中加入4～5L的盐卤，完全溶解后去除杂质，检测卤水浓度可用舌头沾试，如能立即感觉到刺激的感觉，卤水浓度就大体合适。

5. 蹲脑

点完卤水后，将豆脑花凝固物静置15～20min，时间不宜过长，以免下降过多。

6. 破脑

用搅拌器轻翻凝固的豆腐花。若卤水点得合适，桶中会析出清亮的黄色水；若出现浓黄色水，则说明卤水量过多；若无析出黄色水而是颜色发混白的浆，则说明卤水量过少，可适当补点卤水。

7. 压制

将成型箱和成型接框依次放在成型机上，铺上豆包，用盆或勺将破脑后的豆脑花倒入成型盘中，调节气压0.3～0.4MPa，转动换向阀手柄至"降"的位置，此时气缸活塞下降开始挤压成型。一般压制时间为10min左右。

8. 切块

压好后转动换向气阀"升"的位置，气缸活塞向上定位，带起压盘，取下成型框，待成型盘中的豆腐冷却一会儿后，翻盘切块，豆腐制作完成。

（二）豆腐的感官评价

1. 色泽鉴别

进行豆腐色泽的感官鉴别时，取一块样品在散射光线下直接观察。良质豆腐呈均匀的乳白色或淡黄色，稍有光泽；次质豆腐色泽变深直至呈浅红色，无光泽；劣质豆腐呈深灰色、深黄色或者红褐色。

2. 组织状态鉴别

先取样品观察其外部情况，然后用刀切成几块再仔细观察切口处，最后用手轻轻按压，以试验其弹性和硬度。良质豆腐块形完整，软硬适度，富有一定的弹性，质地细嫩，结构均匀，无杂质；次质豆腐块形基本完整，切面处可见比较粗糙或嵌有豆粒，质地不细嫩，弹性差，有黄色液体渗出，表面发黏，用水冲后即不黏手；劣质豆腐块形不完整，组织结构粗糙而松散，触之易碎，无弹性，有杂质，表面发黏，用水冲洗后仍然黏手。

3. 气味鉴别

取一块样品豆腐，在常温下直接嗅闻其气味。良质豆腐具有豆腐特有的香味；次质豆腐香气平淡；劣质豆腐有豆腥味、馊味等不良气味或其他外来气味。

4. 滋味鉴别

在室温下取小块样品细细咀嚼以品尝其滋味。良质豆腐口感细腻鲜嫩，味道纯正清香；次质豆腐口感粗糙，滋味平淡；劣质豆腐有酸味、苦味、涩味及其他不良滋味。

（三）蛋白质含量的测定

凯氏定氮法。参见实验六中"全氮检测"部分。

（四）微生物学检验

根据 GB 2712—2014《食品安全国家标准　豆制品》，豆腐的微生物学检验指标包括菌落总数、大肠菌群和致病菌等。

1. 菌落总数的测定

检样经过处理，在一定条件下（如培养基、培养温度和培养时间等）培养后，所得每克（毫升）检样中形成的微生物菌落总数，用以判断食品被污染的程度。通常采用平板菌落计数法来进行测定：将样品制成一系列不同浓度的稀释液，使样品中的细菌分散成单个菌落，而存在于溶液中，再取一定量的稀释液进行接种，经培养后，平板上出现单一菌落，即为一个菌落形成单位（CFU）。根据平板上长出的菌落数，计算每克（毫升）样品中的含菌数。

（1）试剂及器材　牛肉膏蛋白胨琼脂培养基，无菌生理盐水，平板计数琼脂培养基，磷酸盐缓冲液，生理盐水等；恒温培养箱，无菌培养皿，无菌移液管，试管，恒温水浴锅，酒精灯，试管架，电炉，pH 试纸，锥形瓶，电子天平，高压蒸汽灭菌锅，酒精棉球，打火机等。

（2）检验步骤

①取样：以无菌操作取样。采样时注意样品代表性，采取接触盛器边缘、底部及上面不同部位样品，放入灭菌容器内。称取 25g 样品放入盛有 225mL 生理盐水的无菌均质袋中，用拍击式均质器拍打 1~2min，制成 1∶10 的样品匀液。

②样品的稀释：取 1mL 灭菌吸管吸取 1∶10 稀释液 1mL，沿管壁徐徐注入含有 9mL 灭菌生理盐水的试管中，振摇混匀，制成 1∶100 的稀释液。另取 1mL 灭菌吸管，按上述操作顺序，制备 10 倍递增稀释液，如此每递增稀释一次即换用 1 支 1mL 吸管。根据样品情况，做成 10^{-3}、10^{-4}、10^{-5} 稀释液。

③检样的吸取：另取一支 1mL 吸管，从生理盐水开始依次 10^{-5}、10^{-4}、10^{-3} 各吸取 1mL 注入无菌平皿中，每个稀释度做两个平皿。同时，分别吸取 1mL 空白稀释液加入两个无菌平皿内作空白对照。

④培养：将稀释液移入平皿后，将凉至46℃的营养琼脂培养基注入平皿约15mL，并转动平皿，混合均匀。待琼脂凝固后，翻转平板，置（36±1）℃恒温培养箱内培养（48±2）h。

⑤菌落计数：可用肉眼观察，必要时可用放大镜观察，记录稀释倍数和相应的菌落数量，菌落计数以菌落形成单位（CFU）表示。

注：选取菌落数在30~300CFU、无蔓延菌落生长的平板计数菌落总数，低于30CFU的平板记录具体菌落数，大于300CFU的可记录为多不可计，每个稀释度的菌落数采用两个平板的平均数；其中一个平皿有较大片状菌落生长时，则不宜采用，而应以无片状菌落生长的平皿作为该稀释度的菌落数，若片状菌落不到平皿的一半，而其余一半中菌落分布又很均匀，则可以计算半个平皿后乘以2以代表一个平板菌落数；当平板上出现菌落间无明显界限的链状生长时，则应每条链作为一个菌落计数。

（3）菌落总数的计算

①若只有一个稀释度平板上的菌落数在适宜计数范围内，计算两个平板菌落数的平均值，再将平均值乘以相应稀释倍数，作为每克样品中菌落总数结果。

②若有两个连续稀释度的平板菌落数在适宜计数范围内，按式（4-7）计算：

$$N = \sum C/(n_1 + 0.1n_2)d \tag{4-7}$$

式中　N——样品中菌落数；

　　　C——平板（含适宜范围菌落数的平板）菌落数之和；

　　　n_1——第一稀释度（低稀释倍数）平板个数；

　　　n_2——第二稀释度（高稀释倍数）平板个数；

　　　d——稀释因子（第一稀释度）。

③若所有稀释度的平板菌落总数均大于300CFU，则对最高稀释度的平板进行计数，其他平板可记录为多不可计，结果按最高稀释度的平均菌落数乘以稀释倍数计算。

④若所有稀释度的平板菌落总数均小于30，则以最低稀释度的平均菌落数乘稀释倍数计算。

⑤若所有稀释度的平板菌落总数均不在30~300CFU，其中一部分小于30CFU，或大于300CFU，则以最接近300或30的平均菌落数乘以稀释倍数计算。

⑥若所有稀释度的平板（包括液体样品的原液）均无菌落生长，则应按小于1乘以最低稀释倍数计算。

（4）菌落总数的报告（单位CFU/g）　菌落总数在100以内时，按"四舍五入"原则修约，采用两位有效数字报告；大于或等于100时，第三位数字采用"四舍五入"原则修约后，取前两位数字，后面用0代替位数；也可用10的指数形式来表示，按"四舍五入"原则修约后，采用两位有效数字；若是有平板上为蔓延菌落而无法计数，则报告菌落蔓延；若空白对照上有菌落生长，则此次检测结果无效。

2. 大肠菌群的测定

大肠菌群是指一群能在32~37℃，24h内发酵乳糖，产酸，产气，好氧或兼性好氧的革兰氏阴性无芽孢杆菌，主要包括大肠杆菌，产气杆菌和一些其他类型的肠道杆菌。检验时以每克或每毫升食品中含有大肠菌群的个数计量。

（1）试剂及器材　月桂基硫酸盐胰蛋白胨（LST）肉汤，煌绿乳糖胆盐（BGLB）肉汤，无菌生理盐水；高压蒸汽灭菌锅，恒温培养箱，恒温水浴箱，天平，显微镜，锥形瓶，无菌培养皿，无菌吸管，试管，载玻片，接种环，试管架，pH试纸，酒精灯等。

（2）检验步骤

①取样及稀释：以无菌操作取样。采样时注意样品代表性，采取接触盛器边缘、底部及上面不同部位样品，放入灭菌容器内。称取25g样品放入盛有225mL生理盐水的无菌均质袋中，用拍击式均质器拍打1~2min，制成1:10的样品匀液。用一支1mL灭菌吸管吸取1:10样品液1mL，注入盛有9mL灭菌生理盐水的试管内，振摇混匀，做成1:100的稀释液，再换用1支1mL灭菌吸管，按上述操作依次做10倍递增稀释液。根据食品卫生要求或对检验样品污染情况估计，选择三个稀释度，每个稀释度接种3管，也可直接用样品接种。

②初发酵试验：将已选择的稀释检液充分振摇，混合均匀后，分别吸取1mL接种于月桂基硫酸盐胰蛋白胨（LST）肉汤（内置小倒管），每一个稀释度接种3管。接种量在1mL以上者，用双料LST肉汤；1mL及1mL以下者，用单料LST肉汤。置（36±1）℃培养（24±2）h，观察倒管内产气情况。（24±2）h产气者进行复发酵试验，如未产气继续培养至（48±2）h。观察产气情况。产气者进行复发酵试验。未产气者为大肠菌群阴性。

③复发酵试验：用接种环从产气的LST肉汤管中分别取培养物1环，移种于煌绿乳糖胆盐（BGLB）肉汤管中，（36±1）℃培养（48±2）h，观察产气情况。产气者，计为大肠菌群阳性管。

（3）报告　按确证的大肠菌群LST阳性管数，检索MPN表（表4-3），报告每克样品中大肠菌群的MPN值。

表4-3　　　　　　　　　　大肠菌群最可能数（MPN）检索表

阳性管数			MPN	95%可信限		阳性管数			MPN	95%可信限	
0.10	0.01	0.001		下限	上限	0.10	0.01	0.001		下限	上限
0	0	0	<3.0	—	9.5	2	2	0	21	4.5	42
0	0	1	3.0	0.15	9.6	2	2	1	28	8.7	94
0	1	0	3.0	0.15	11	2	2	2	35	8.7	94
0	1	1	6.1	1.2	18	2	3	0	29	8.7	94
0	2	0	6.2	1.2	18	2	3	1	36	8.7	94
0	3	0	9.4	3.6	38	3	0	0	23	4.6	94
1	0	0	3.6	0.17	18	3	0	1	38	8.7	110
1	0	1	7.2	1.3	18	3	0	2	17	17	180
1	0	2	11	3.6	38	3	1	0	43	9	180
1	1	0	7.4	1.3	20	3	1	1	75	17	200
1	1	1	11	3.6	28	3	1	2	120	37	420
1	2	0	11	3.6	42	3	1	3	160	40	420
1	2	1	15	4.5	42	3	2	0	93	18	420
1	3	0	16	4.5	42	3	2	1	150	37	420
2	0	0	9.2	1.4	38	3	2	2	210	40	430

续表

阳性管数			MPN	95%可信限		阳性管数			MPN	95%可信限	
0.10	0.01	0.001		下限	上限	0.10	0.01	0.001		下限	上限
2	0	1	14	3.6	42	3	2	3	290	90	1000
2	0	2	20	4.5	42	3	3	0	240	42	1000
2	1	0	15	3.7	42	3	3	1	460	90	2000
2	1	1	20	4.5	42	3	3	2	1100	180	4100
2	1	2	27	8.7	94	3	3	3	>1100	420	—

注：1. 本表采用 3 个稀释度 [0.1g（mL）、0.01g（mL）和 0.001g（mL）]，每个稀释度接种 3 管。

2. 表内所列检样量如改用 1g（mL）、0.1g（mL）和 0.01g（mL）时，表内数字应相应降低 10 倍；如改用 0.01g（mL）、0.001g（mL）、0.0001g（mL）时，则表内数字应相应增高 10 倍，其余类推。

3. 致病菌的测定

参照 GB 4789.4—2016《食品安全国家标准　食品微生物学检验　沙门氏菌检验》、GB 4789.10—2016《食品安全国家标准　食品微生物学检验　金黄色葡萄球菌检验》。

（五）保水率测定

保水率又称为豆腐持水性（WHC），指豆腐成型后，内含一定水分而不失重的性质。测定样品去除分离水后残留物质质量占总质量的百分比。

称取 2～3g（精确到 0.0001g）豆腐于底部有脱脂棉的 50mL 离心管中，以 1500r/min 转速离心 10min 后称重并记录（W_1），置于 105℃ 下干燥至恒重（W_0）

$$WHC = (W_1 - W_0)/W_1 \times 100\% \tag{4-8}$$

（六）质构测定

质构是豆腐制品重要的品质指标之一。豆腐的质构特性包括硬度、弹性、黏聚性、咀嚼性、回复性等，它们对豆腐的可接受性有着重要的影响。

豆腐质构的测定可采用质构仪。以 TA-XA PLUS 物性测试仪（Stable micro systems 公司）为例，具体操作如下：将豆腐水封保存在 4℃ 下过夜，取出后使豆腐的温度平衡至室温。用直径为 2cm 的不锈钢钢管取样器在豆腐中部取样，样品高 1cm；选择 P50 铝制圆柱形探头进行豆腐质构特性测定，测前速度为 2.00mm/s，测中速度为 0.80mm/s，测后速度为 2.00mm/s，模式为压缩比（TPA 模式），起始距离为 30.00cm，压缩比为 70.00%，时间为 3.00s，压力为 10.0g。同一样品选择 3 个不同的部位进行测定，结果取其均值。

（七）相关产品标准

行业标准 SB/T 10325—1999《调味品名词术语　豆制品》对豆腐的定义为："豆腐，又称大豆腐、水豆腐。以大豆或大豆饼粕为原料，经选料、浸泡、磨糊、过滤、煮浆、点脑、蹲缸、压榨成型等工序，制成的厚度在 3cm 以上的各类豆腐的通称。含水量在 80%～90%。其特点是持水性强、质地细嫩，有一定弹性和韧性，风味独特。"该标准对豆腐相关的一般常用名词术语及产品、工艺名词术语进行了解释。其他有关的标准如下。

GB 2712—2014《食品安全国家标准　豆制品》主要相关内容包括：定义、原料要求、感官要求（色泽、滋味、气味、状态）、理化指标、污染物限量和真菌毒素限量、微生物限量以及食品添加剂等方面的要求。

GB/T 4789.23—2003《食品卫生微生物学检验 冷食菜、豆制品检验》主要相关内容包括：豆腐检验所涉及的规范性引用文件、设备和材料、培养基和试剂、操作步骤、分析方法等。

GB/T 5009.51—2003《非发酵性豆制品及面筋卫生标准的分析方法》主要相关内容包括：豆腐的感官检查以及理化指标，包括砷、铅、防腐剂、黄曲霉毒素 B_1、水分、总酸、蛋白质、食盐等的分析方法。

GB/T 22106—2008《非发酵豆制品》主要相关内容包括：豆腐类产品的术语和定义、试验方法、技术要求（原料、辅料、食品添加剂）、质量要求（感官要求、理化指标、卫生指标）、净含量、检验方法、检验规则和包装、标签、运输与贮存的要求。

NY/T 1052—2014《绿色食品 豆制品》主要相关内容包括：绿色食品豆制品的术语与定义、分类（豆腐脑、内酯豆腐、南豆腐、北豆腐、冻豆腐、脱水豆腐、油炸豆腐和其他豆腐等）、原料要求、生产过程、感官要求、理化指标（水分、蛋白质、酸价、过氧化值等）、污染物限量（铅、镉、无机砷、苯并芘）、农药残留限量（氯氰菊酯、溴氰菊酯、氰戊菊酯）、食品添加剂限量（苯甲酸、糖精钠、亚硝酸盐、甲醛次硫酸钠）和真菌毒素限量（黄曲霉毒素 B_1、赭曲霉毒素 A）、微生物限量（菌落总数、大肠菌群、霉菌和酵母）、净含量、检验规则、标志和标签、包装、运输和贮存。

SB/T 10229—1994《豆制品理化检验方法》主要相关内容包括：豆制品中水分、蛋白质、氯化钠、无盐固形物、总酸、氨基酸态氮以及豆类淀粉制品中淀粉含量的检验方法。

六、思考题

1. 豆腐凝固的机理是什么？有哪些常用的凝固剂？
2. 制作内酯豆腐时是什么机理使豆腐凝固？
3. 如何检验豆腐成品的软硬及其弹性？

实验二十五 豆乳制作及分析

一、实验目的

熟悉豆乳的制作工艺及参数控制；了解豆乳加工所涉及的基本设备及运行原理；掌握豆乳常规的品质指标及其测定方法；学会分析豆乳品质提升的工艺操作及方法。

二、实验原理

豆乳主要是以大豆作为原料，其加工原理主要在于大豆蛋白质、脂肪和磷脂（主要是卵磷脂）等大豆主要成分的相互作用，进而影响豆乳的组织和品质呈现。豆乳属于典型的胶体食品，其品质和组织形态受到体系中溶质（即蛋白质、油脂、卵磷脂等）在溶剂（即水）中的稳定溶解。大豆蛋白质是球蛋白，因为疏水基团包埋于分子内部，而分子表面为亲水基团，所以在豆乳体系中呈现溶解状态。大豆油脂是一类非极性的疏水性物质，在常温下呈现液态。卵磷脂是一种两性物质，其分子一端（胆碱链）是极性基团，另一端（两个脂肪酸链）是非极性基团，所以表现出典型的亲水亲油性质。

经热变性后的大豆蛋白分子疏水性基团大量暴露，分子表面的亲水性基团相对减少，水溶性降低。这种变性的蛋白质将与磷脂及油脂形成混合体系，通过添加营养、风味成分和乳化剂调和，经均质或超声处理，互相作用，形成具有极高稳定性的二元及三元缔合体，在水中形成均匀的乳状分散体系，即为豆乳。

豆乳是大豆经原料筛选、脱皮、灭酶、浸泡、磨浆、过滤、真空脱臭、调质、均质、杀菌、包装等工艺制成的一类蛋白质含量较高的液体饮品。在实际生产中可采用上述单元操作制取豆乳，而在实验条件下可不必完全按照上述工艺环节或省去某些环节来制取豆乳，如灭酶与浸泡同时进行、省去真空脱臭等。近年来，随着杂粮逐渐受到消费者的认可，一些杂豆也被用于制备豆乳产品，如黑豆、红豆等，丰富了豆乳产品的品类。

三、实验材料及仪器

1. 材料

市售干大豆、红豆和黑豆（无虫眼、无杂质）、自来水（符合食用标准）、白砂糖、乳粉、玉米油、稳定剂（蔗糖酯）。

2. 设备与器具

磨浆机、不锈钢锅、电磁炉、均质机、杀菌锅、塑料杯（400mL，PP材质）、封杯机、色差计、黏度计、离心机、分光光度计、水浴锅、电热恒温干燥箱、凯氏定氮仪、粗脂肪测定仪、激光粒度分析仪。

四、工艺流程

豆类原料 → 清理 → 浸泡 → 脱皮 → 磨浆 → 过滤 → 调制 → 均质 → 装瓶密封 →
杀菌 → 冷却 → 成品

五、实验步骤

1. 清理除杂

可采用人工或振动筛除去豆类原料中的砂子、杂物。

2. 浸泡

浸泡目的在于脱皮及钝化豆类中的脂肪氧化酶。具体操作是将清洁的豆类浸泡于85℃水中30~40min，待豆类表皮出现皱缩即可。

3. 脱皮

本实验采用湿法手工去皮。将浸泡后出现软化的表皮除去，可减少细菌，改善豆乳风味，限制起泡性，缩短脂肪氧化酶钝化所需的加热时间，降低储存蛋白质的变性，防止非酶褐变，赋予豆乳良好的色泽。

4. 磨浆

采用热磨法进行磨浆。沥去浸泡豆类的浸泡水，另加沸水磨浆，在高于80℃的条件下保温10~15min。研磨时大豆∶水控制在（4~5）∶1（质量比）；要求豆浆磨得较细，豆糊细度在120目以上。豆类磨碎是为了最大限度提取豆类中的有效成分，除去不溶性的多糖和纤维素。在高温状态下打浆有利于进一步实现脂肪氧合酶的钝化，减少豆腥味的形成，改善产品的风味。

5. 过滤

过滤采用120目的纱布进行两层过滤，并挤压豆渣，收集豆浆。一般要求豆渣含水率<85%。

6. 调制

豆乳调制目的在于丰富豆乳口感或风味、提高豆乳稳定性或营养性等。豆乳调制可根据产品口味、营养或其他要求，将各种原料按一定比例进行调配。本实验产品可加入 0.2% 乳粉、5% 白砂糖、1.0% 玉米油和 0.5% 蔗糖酯，从而改善豆乳口感及提高稳定性。在具体实验过程中，可根据个人口味需求，在乳粉或白砂糖添加量上进行调整，从而获得口感丰富的豆乳产品。

7. 均质

为防止豆乳成品发生乳相分离（脂肪上浮、蛋白质沉淀的现象），改善豆乳口感，需要使蛋白质粒子与水分子充分水化，构成稳定的乳浊液体系。将调配好的浆液加热至 80~90℃，采用均质机在 20MPa 压力下进行均质处理，连续进行两次均质。

8. 灌装

均质后的浆液分装于塑料杯中，并留一定顶隙，用专用的密封塑料纸采用封杯机进行密封。

9. 杀菌

为了延长产品的保质期，本实验采取常规的高温高压杀菌处理。杀菌条件为 121℃、15min。注意高压蒸汽锅的使用操作，缓慢放气。

10. 冷却

杀菌后的乳液要冷却至室温，保证产品质量。然后进行感官评定和理化指标测定；对不同种类豆乳产品的品质进行对比分析。

六、分析检测、设备及产品标准

1. 感官分析

选择 16 位经过培训的专业人员组成感官评价小组，采用百分制分别对豆乳进行独立感官评价。按照表 4-4 的评价标准分别从色泽、组织形态、气味、口感四个方面进行评分，其总分记为感官评分，再取平均值作为最终感官评价结果。

表 4-4   豆乳的感官评定细则

评价指标	评价标准	评价得分
色泽（25分）	均匀分布的乳白色或淡黄色	21~25
	白色，略有光泽	11~20
	颜色灰暗，无光泽	1~10
组织形态（25分）	均匀的乳浊液，无沉淀、无凝结	21~25
	不均匀，有少量絮状沉淀和凝结	11~20
	絮状沉淀较多，凝结严重	1~10
气味（25分）	豆香味浓郁，无豆腥味及其他异味	21~25
	豆香味平淡，略有豆腥味和焦煳味	11~20
	豆腥味，焦煳味较重或有酸败味	1~10

续表

评价指标	评价标准	评价得分
	口感浓厚，细腻爽滑，无颗粒感	21~25
口感（25分）	口感较稀薄，略有苦涩味或颗粒感	11~20
	口感很稀薄，有明显苦涩味及颗粒感	1~10

2. 颜色的测定

色差采用 NR10QC 型色度计直接测定，具体操作为：色差仪开机后，将界面切换到标样测定，按下仪器背面的测试键，对标准白板进行三次测定，再将界面切换到样品测定，向石英比色皿中倒满豆乳，使色差仪测量口垂直对准比色皿，按下测试键，对样品进行颜色测定，同一个样品取 3~5 个不同的点，记录每一个点的 ΔL^*、Δa^*、Δb^* 值，最后取平均值。按式（4-9）计算总色差 ΔE_{ab}^*。

$$\Delta E_{ab}^* = \sqrt{(\Delta L^*)^2 + (\Delta a^*)^2 + (\Delta b^*)^2} \tag{4-9}$$

式中　ΔE_{ab}^*——总色差；

　　　ΔL^*——$L_{样品}^* - L_{标准}^*$，黑白差异；

　　　Δa^*——$a_{样品}^* - a_{标准}^*$，红绿差异；

　　　Δb^*——$b_{样品}^* - b_{标准}^*$，黄蓝差异。

3. 黏度的测定

豆乳黏度使用 NDJ-8S 型黏度计直接测定。仪器开机后，根据豆浆自身特性，连接 1#转子，设置测定参数为：转速 30r/min，测定时间 30s。测定时先用蒸馏水对转子进行清洗，并小心擦干；再将转子放入装有豆乳（25℃）的烧杯中，使样品液面没过转子，且转子不能碰到杯壁和杯底，以保证测量结果的准确性，按下开始键，仪器自动对样品黏度进行测定，测定结束后，记录仪器显示的数值，即为样品黏度。

4. 稳定性测定

豆乳稳定性的测定采用离心分光光度法。将 2mL 豆乳用蒸馏水稀释至 50mL，取 10mL 稀释液在 5000r/min 条件下离心 5min，小心吸取适量的上清液移入玻璃比色皿 3/4 处，将比色皿外壁的液体用擦镜纸擦干，放置在分光光度计样品室内，将装有蒸馏水的空白管对准光路，盖上样品室盖子，设置测定波长 785nm，按下调零键，使空白管的吸光度值为零，再逐步拉出样品滑杆，分别记录样品液的吸光度值；按同样操作方法对豆乳稀释液的吸光度值进行测定。并按式（4-10）计算豆浆稳定性：

$$R = \frac{A_1}{A_2} \tag{4-10}$$

式中　R——稳定系数；

　　　A_1——豆浆离心后上清液吸光度；

　　　A_2——豆浆离心前样品吸光度。

5. 总固形物含量测定

参照 GB/T 30885—2014《植物蛋白饮料 豆奶和豆奶饮料》中的方法，吸取 10mL 试样于已恒重的盛有海砂的称量皿中，在水浴上蒸发至干，取下称量皿，擦干附着的水分，放入电热恒温干燥箱内，在 100~105℃下烘 1h，直至恒重。按式（4-11）计算总固形物含量。

$$X = \frac{M_1 - M_0}{10} \times 100 \tag{4-11}$$

式中　X——试样中总固形物的含量，g/100mL；

　　　M_0——海砂和称量皿的质量，g；

　　　M_1——烘干后试样加海砂和称量皿的质量，g；

　　　10——吸取试样的体积，mL。

6. 蛋白质的测定

参见实验六中"全氮检测"部分。

7. 脂肪的测定

参照 GB 5009.6—2016《食品安全国家标准　食品中脂肪的测定》中的索氏抽提法对豆乳中的脂肪含量进行测定。称取豆乳样品 5g 置于蒸发皿中，加入约 20g 石英砂，于沸水浴上蒸干后，在电热恒温干燥箱中于 100℃干燥 30min 后取出研细，全部移入滤纸筒内，蒸发皿及粘有试样的玻璃棒，均用蘸有乙醚的脱脂棉擦净，并将棉花放入滤纸筒内。使用粗脂肪提取仪代替索氏抽提器对脂肪进行提取，将滤纸筒放入抽提瓶中，向接收瓶中加入约 40mL 乙醚或石油醚作为提取溶剂，设置加热温度为 50~60℃，提取 2~6h。提取结束后，回收乙醚或石油醚，待接收瓶内溶剂剩余 1~2mL 时在水浴上蒸干，再于 100℃干燥 1h，放干燥器内冷却 0.5h 后称量。计算公式如下：

$$X = \frac{M_2 - M_1}{m} \times 100 \tag{4-12}$$

式中　X——样品粗脂肪含量，g/100g；

　　　M_2——接收瓶和脂肪的质量，g；

　　　M_1——接收瓶的质量，g；

　　　m——样品质量，g；

　　　100——换算系数。

8. 豆乳粒度的分析

豆乳粒度是指豆乳体系中悬浮的不溶性颗粒的大小，与豆乳的稳定性有密切关系。一般来说，豆乳体系中存在许多粒径差异较大的不溶性颗粒，所以在表征豆乳体系中颗粒粒度时采用粒度分布的分析来完成。本实验采用激光粒度分析仪对所制备的豆乳进行粒度分布分析。具体实验步骤如下：测试时，以蒸馏水为分散介质，折射率为 1.333。向样品池中倒入蒸馏水，使其液面刚好没过进水口上侧边缘，开启循环泵，使循环系统中充满液体，对仪器进行基准测量，待仪器完成基准测量后，点击"下步"进入动态测试状态，关闭循环泵，将适量样品滴入样品池中，使遮光比位于 1~2 即可，设置超声时间 1min、搅拌速度 30r/min，准备就绪后启动超声和搅拌器，使被测样品在样品池中分散均匀；超声和搅拌结束后，启动循环泵，开始测试，当数据稳定时存储测试数据。

9. 均质设备

作为现代食品加工常见的物料尺寸减小的加工技术，均质技术已经成为乳制品、果汁、植物蛋白制品、固体饮料等食品的常用手段。均质是使被均质对象均化分离的过程，是一个集单元尺寸缩小和相互接触同时发生的处理过程。具体原理是通过机械作用或流体力学效应造成高压、挤压冲击、失压等，使物料在高压下挤压，强冲击下发生剪切，失压下膨胀，在这三重作用下达到细化和混合均质的目的，如图 4-2 所示。

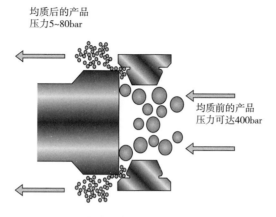

均质后的产品
压力5~80bar

均质前的产品
压力可达400bar

图 4-2　均质操作的原理（1bar＝10^5Pa）

均质机根据均质过程作用力的不同，可分为高压均质机、高剪切均质机、离心均质机、喷射式均质机、超声波均质机和胶体磨均质机。因为具有操作简便、方便设计、应用范围广等特点，高压均质机广泛用于牛乳、果汁及豆乳等产品的加工。这里对高压均质机的原理、特点及在豆乳制品中的应用进行简要说明。

高压均质（high pressure homogenization，HPH）是一种非热加工技术，悬浊液或乳浊液状态的流体物料通过均质作用形成微米级或纳米级的稳态溶液，同时物料中的组分发生物理、化学、生物活性等一系列变化。随着高压技术和设备发展和革新，现今高压均质的压力可以达到 400MPa，进一步拓展高压均质技术在食品工业中的研究和应用。豆乳物料以高速状态通过均质阀狭窄缝隙时受到剧烈的剪切、碰撞、空穴、湍流、涡旋、加热等多种效应，颗粒粗大、不均一的乳浊液或悬浮液被加工成非常细微、稳定的乳浊液。在这些物理作用下，虽然体系温度也有所增加，但是增加幅度并不太高。首先，物料被升高到设定的压力，温度会略有升高，通常为 2~3℃/100MPa；然后，物料通过均质阀，压力降低，由于能量的转化以及剪切等机械应力的作用，物料温度急剧升高，可以达到 14~18℃/100MPa，整个高压均质处理过程的温度升高值为 16~22℃/100MPa。所以，经过高压均质的物料因温度导致的破坏作用可以忽略，如对热敏性营养成分和对口感风味的不利影响。经过高压均质后，豆乳的营养组成及含量并无发生显著变化；同时，感官特性和物化特性反而能得到改善。例如，经过高压均质（200MPa，55~77℃）的豆乳比经过巴氏杀菌（90℃，30s）的豆乳具有更细的平均粒径、浊度和更高的胶体稳定性。

本实验所使用高压均质机如图 4-3 所示。

10. 包装设备

本实验中使用的豆乳包装设备主要是封杯机（图 4-4）。封杯机的原理是靠热封的作用在精准控制条件下将封口膜与杯口进行密封，可实现自动送杯、送膜、压膜、热封、裁剪、出杯等功能，节省人力，工作效率高。

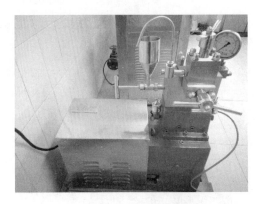

图 4-3　高压均质机

图 4-4　封杯机

11. 相关产品标准

GB/T 30885—2014《植物蛋白饮料 豆奶和豆奶饮料》，此标准规定了豆奶和豆奶饮料的术语和定义、产品分类、技术要求、试验方法、检验规则和标签、包装、运输、贮存的要求。按照产品特性，豆乳制品可分为豆乳和豆乳饮料两类。豆乳按照工艺可分为原浆豆乳、浓浆豆乳、调制豆乳（如本实验所制作产品）、发酵豆乳（按特性分发酵原浆豆乳和发酵调制豆乳；按是否经过杀菌分非活菌型和活菌型）。豆乳饮料按工艺可分为调制豆乳饮料和发酵豆乳饮料。作为非发酵性豆乳制品，应该具有乳白色、微黄色，或有与原料或添加成分相符的色泽；具有豆乳或添加成分应有的滋味或气味；组织均匀、无凝块、无杂质等。浓浆豆乳、调制豆乳和调制豆乳饮料的总固形物含量应该分别≥8.0g/100mL、≥4.0g/100mL、≥2.0g/100mL、蛋白质含量应该分别≥3.2g/100g、≥2.0g/100g、≥1.0g/100g 和脂肪含量应该分别≥1.6g/100g、≥0.8g/100g、≥0.4g/100g。

GB/T 4789.23—2003《食品卫生微生物学检验 冷食菜、豆制品检验》，此标准规定了非发酵豆制品中微生物的检测方法及样品取样方法。

GB/T 5009.51—2003《非发酵性豆制品及面筋卫生标准的分析方法》，此标准规定了非发酵豆制品各项卫生指标的分析方法，主要包括感官检查和理化检验。

GB/T 22106—2008《非发酵豆制品》，此标准规定了非发酵豆制品的术语和定义、分类、技术要求、试验方法、检验规则和标签、包装、运输、贮存的要求。

GB 2712—2014《食品安全国家标准 豆制品》，此标准主要对预包装豆制品的感官要求、理化指标和微生物限量做出规定。

七、思考题

1. 豆乳加工的基本原理是什么？
2. 豆乳豆腥味产生的原因是什么？用什么方法可以防止豆腥味的产生？
3. 豆乳颜色加深的原因有哪些？如何能够保持豆乳具有正常的乳白色？
4. 湿法磨浆的作用有哪些？
5. 豆乳生产为什么需要进行调质？
6. 均质处理对提高豆乳食用品质有哪些作用？
7. 豆乳杀菌的注意事项有哪些？
8. 评价豆乳品质应该从哪些质量指标入手？
9. 豆乳黏度受到什么成分的影响？
10. 影响豆乳品质稳定性的因素有哪些？
11. 豆乳中的固形物主要包括哪些成分？
12. 豆乳蛋白质含量测定需要注意哪些问题？
13. 豆乳脂肪测定时，为什么先要将豆乳水分除去？

实验二十六　豆腐乳制作及分析

一、实验目的

掌握豆腐乳发酵的工艺过程；观察豆腐乳发酵过程中的变化；理解豆腐乳发酵的原理。

二、实验原理

豆腐乳是我国独特的传统发酵食品，是用豆腐发酵制成。民间传统生产豆腐乳多用自然发酵，如毛霉豆腐乳发酵需要7~10d，杂菌多、产品不卫生。现代酿造厂采用纯种培养毛霉人工接种，只需2~3d，产品稳定，质量好。其发酵过程为在豆腐坯上接种毛霉，经过培养繁殖，分泌蛋白酶、淀粉酶、谷氨酰胺酶等多种酶系，在长时间发酵后与腌坯调料中的酵母、细菌等协同作用，使豆腐坯蛋白质缓慢水解，生成多种氨基酸，加之由微生物代谢产生的各种有机酸，与醇类作用生成酯，形成豆腐乳细腻、鲜香的特有风味。

三、实验材料及仪器

1. 材料

毛霉斜面菌种，马铃薯葡萄糖（PDA）琼脂培养基，无菌水，豆腐，红曲米，面曲，甜酒酿，白酒，黄酒，食盐。

2. 仪器和设备

培养皿，500mL锥形瓶，镊子，接种针，无菌纱布，笼格，喷枪或喷壶，小刀，带盖广口瓶或缸，腐乳坛子，显微镜，恒温培养箱。

四、工艺流程

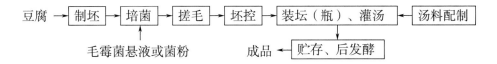

五、实验步骤

1. 毛霉菌悬液或菌粉制备

（1）毛霉菌悬液制备　在无菌 PDA 琼脂培养基上活化，然后转接于锥形瓶中，25~28℃培养 2d，待毛霉种子生长旺盛时加入无菌水 100mL，用玻璃棒搅碎菌丝，用无菌双层纱布过滤，滤渣倒回锥形瓶，再加 100mL 无菌水洗涤 1 次，合并滤液于第一次滤液中，装入喷枪贮液瓶中供接种使用。

（2）毛霉菌粉制备　将豆腐渣与大米粉（或面粉）混合 [其配比为 1∶1（质量比）]，装入锥形瓶中，以 1~2cm 厚度为宜，加棉塞，高压灭菌（0.1MPa）1h，冷却至室温接种，于 20~25℃培养 3~4d，风干后，每瓶加少量大米粉，混匀即成菌种粉。

2. 制坯

选取含水量为 71%~72% 的新鲜豆腐，用刀切成 2.4cm×2.4cm×1.2cm 坯形。

3. 毛霉菌培养与晾花

将豆腐坯置于笼格内，均匀排列；块间距为一块坯的厚度。将已制备好的毛霉菌悬液均匀地喷射接种到排列好的豆腐坯的前、后、左、右、上 5 个面上，或在豆腐坯的各面均匀撒上菌粉。将接菌后的豆腐坯置于 (28±1)℃恒温恒湿培养箱中，培养 12~14h 后可以观察到生长的菌丝，到 22h 左右菌丝已布满豆腐坯，物料温度开始上升。每隔 6h 上下层调换一次，以更换新鲜空气，使品温相对平衡。培养 28h 以后，菌丝大部分已成熟，长满白色的毛霉菌丛。32h 后，笼内温度再次升高时，可以将笼格交错摆放，控制温度升高，使菌体老化。44~48h 后，菌丝顶端已长出孢子囊，腐乳坯上毛霉呈棉花絮状，菌丝下垂，白色菌丝已包围住豆腐坯，此时将笼格取出，使热量和水分散失，坯迅速冷却，其目的是增加酶的作用，并使霉味散发，此操作在工艺上称为晾花。

4. 搓毛腌坯

将晾花后的毛坯先用手工将菌丝分开或抹倒，使毛坯块上形成一层"衣皮"，以保持腐乳的块形。然后将其装入圆形玻璃瓶或缸中，沿壁以同心圆方式一圈一圈向内侧放置（注意毛坯道口，即未长菌丝的一面靠边，不能朝下，以防成品变形）。码一层坯，撒一层盐，每层加盐量逐渐增加，装满后再撒一层封顶盐。腌制中盐分渗入毛坯，水分析出，为使上下层含盐均匀，腌坯 3~4d 时需加盐水淹没坯面。腌坯周期为 5~7d，用盐量为每 100 块豆腐坯约 400g 盐，使平均含盐量为 16%。

5. 装坛、灌汤

将沥干盐水的毛坯装入坛内，装坛时先将每块坯子的各面蘸上预先配好的汤料，然后立即码入坛（瓶）内，随后加入汤料。豆腐乳汤料的配制，各地区不同，各品种也不同。以白方豆腐乳和红方豆腐乳的汤料为例配制如下。

白方豆腐乳：按甜酒酿 0.5kg、黄酒 1kg、白酒 0.75kg、盐 0.25kg 的配方配制汤料。

红方豆腐乳：每 100 块坯子，用红曲米 32g、面曲 28g、甜酒酿 1kg 的比例配制染坯红曲卤和装瓶红曲卤。

6. 贮存、后发酵

加入汤料至淹没豆腐乳后，清洁坛（瓶）口，加盖，豆腐乳封坛后即放在通风干燥之处，利用户外的气温进行发酵，一般需贮藏 3~5 个月成熟。

7. 成品评价与检测

尝评产品，并测定成品的过氧化值、水溶性蛋白质、总酸、食盐和氨基酸态氮等指标。

六、分析检测及产品标准

1. 过氧化值（以脂肪计）测定

（1）试样的制备 样品制备过程应避免强光，并尽可能避免带入空气。

将漏斗置于锥形瓶上，用不锈钢筷子将样品从瓶中直接取出，放于漏斗上静置 30min，以除去卤汤。取约 150g 左右不含卤汤的腐乳样品，放入洁净干燥的研钵中研磨成糊状，混匀后备用。

取粉碎的样品，加入样品体积 3~5 倍体积的石油醚，并用磁力搅拌器充分搅拌 30~60min，使样品充分分散于石油醚中，然后在常温下静置浸提 12h 以上，经装有无水硫酸钠的漏斗过滤，取滤液，在低于 45℃ 的水浴中，用旋转蒸发仪减压蒸干石油醚，残留物即为待测试样。

（2）试样的测定 应避免在阳光直射下进行试样测定。称取制备的试样 2~3g（精确至 0.001g），置于 250mL 碘量瓶中，加入 30mL 三氯甲烷—冰乙酸混合液（体积比 40：60），轻轻振摇使试样完全溶解。准确加入 1.00mL 饱和碘化钾溶液，塞紧瓶盖，并轻轻振摇 0.5min，在暗处放置 3min。取出加 100mL 水，摇匀后立即用硫代硫酸钠标准溶液（过氧化值估计值在 0.15g/100g 及以下时，用 0.002mol/L 标准溶液；过氧化值估计值大于 0.15g/100g 时，用 0.01mol/L 标准溶液）滴定析出的碘，滴定至淡黄色时，加 1mL 1% 淀粉指示剂，继续滴定并强烈振摇至溶液蓝色消失为终点。同时进行空白试验。空白试验所消耗 0.01 mol/L 硫代硫酸钠溶液体积不得超过 0.1mL。

（3）分析结果的表述

①用 1kg 样品中活性氧的毫摩尔数表示过氧化值时，按式（4-13）计算：

$$X_1 = \frac{(V - V_0) \times c}{2 \times m} \times 1000 \tag{4-13}$$

式中 X_1——过氧化值，mmol/kg；

　　V——试样消耗的硫代硫酸钠标准溶液体积，mL；

　　V_0——空白试验消耗的硫代硫酸钠标准溶液体积，mL；

　　c——硫代硫酸钠标准溶液的浓度，mol/L；

　　m——试样质量，g；

1000——换算系数。

计算结果以重复性条件下获得的两次独立测定结果的算术平均值表示，结果保留两位有效数字。

②用过氧化物相当于碘的质量分数表示过氧化值时，按式（4-14）计算：

$$X_2 = \frac{(V - V_0) \times c \times 0.1269}{m} \times 100 \tag{4-14}$$

式中 X_2——过氧化值，g/100g；

　　V——试样消耗的硫代硫酸钠标准溶液体积，mL；

　　V_0——空白试验消耗的硫代硫酸钠标准溶液体积，mL；

　　c——硫代硫酸钠标准溶液的浓度，mol/L；

0.1269——与 1.00mL 硫代硫酸钠标准滴定溶液 $[c(Na_2S_2O_3) = 1.000mol/L]$ 相当的碘的

质量；

  m——试样质量，g；

  100——换算系数。

计算结果以重复性条件下获得的两次独立测定结果的算术平均值表示，结果保留两位有效数字。

2. 水溶性蛋白质的测定

试样的制备：将漏斗置于锥形瓶上，用不锈钢筷子将样品从瓶中直接取出，放于漏斗上静置 30min，以除去卤汤。取约 150g 左右不含卤汤的腐乳样品，放入洁净干燥的研钵中研磨成糊状，混匀后备用。

称取约 20g 试样于 150mL 烧杯中，加入 60℃水 80mL，搅拌均匀并置于电炉上加热煮沸后即取下，冷却至室温（每隔 0.5h 搅拌一次），然后移入 200mL 容量瓶中，用少量水分次洗涤烧杯，洗液并入容量瓶中，并加水至刻度，混匀，用干燥滤纸滤入 250mL 磨口瓶中备用。

分析步骤参见实验六中"全氮检测"部分。

3. 总酸（以乳酸计）的测定

（1）试样的制备 同前"水溶性蛋白质的测定"。

（2）分析步骤 吸取 10.0mL 上述滤液，置于 150mL 烧杯中，加 50mL 水，开动磁力搅拌器，用氢氧化钠标准滴定溶液 $[c(NaOH) = 0.0500mol/L]$ 滴定至酸度计指示 pH 8.2，记下消耗氢氧化钠标准滴定溶液的体积，可计算总酸含量。量取 50mL 水，同时做试剂空白试验。

试样中总酸含量按式（4-15）计算：

$$X = \frac{(V_1 - V_2) \times c \times 0.090}{\dfrac{m}{200} \times 10} \times 100 \tag{4-15}$$

式中 X——试样中总酸的含量（以乳酸计），g/100g；

  V_1——测定试样时消耗 0.05mol/L 氢氧化钠标准滴定溶液的体积，mL；

  V_2——空白试验时消耗 0.05mol/L 氢氧化钠标准滴定溶液的体积，mL；

  m——称取试样的质量，g；

  c——氢氧化钠标准滴定溶液的浓度，mol/L；

 0.090——与 1.00mL 氢氧化钠标准滴定溶液 $[c(NaOH) = 1.000mol/L]$ 相当的乳酸的质量，g。

计算结果保留三位有效数字。

4. 食盐（以氯化钠计）测定

（1）试样的制备 同前"水溶性蛋白质的测定"。

（2）分析步骤 吸取 2.0mL 试液于 150mL 锥形瓶中，加 50mL 水及 1mL 铬酸钾指示剂，混匀。用硝酸银标准滴定溶液 $[c(AgNO_3) = 0.100mol/L]$ 滴定至初显砖红色。量取 50mL 水，同时做试剂空白试验。

试样中食盐含量按式（4-16）计算：

$$X = \frac{(V_1 - V_2) \times c \times 0.0585}{\dfrac{m}{200} \times 10} \times 100 \tag{4-16}$$

式中 X——试样中食盐的含量（以氯化钠计），g/100g；

V_1——测定试样时消耗硝酸银标准滴定溶液的体积，mL；

V_2——空白试验时消耗硝酸银标准滴定溶液的体积，mL；

m——称取试样的质量，g；

c——氢氧化钠标准滴定溶液的浓度，mol/L；

0.0585——与1.00mL硝酸银标准滴定溶液［$c(AgNO_3)$ = 1.000mol/L］相当的氯化钠的质量，g。

计算结果保留两位有效数字。

5. 氨基酸态氮测定

参见实验四中"氨基酸态氮测定"部分。

6. 相关产品标准

SB/T 10170—2007《腐乳》，本标准规定了腐乳的术语和定义、要求、生产加工过程的卫生要求、试验方法、检验规则、标志、包装、运输和贮存。本标准适用的腐乳为以大豆为主要原料，经加工磨浆、制坯、培菌、发酵而制成的调味、佐餐制品。红腐乳（红方）：在后期发酵的汤料中，配以着色剂红曲酿制而成的腐乳。白腐乳（白方）：在后期发酵过程中，不添加任何着色剂，汤料以黄酒、酒酿、白酒、食用酒精、香料为主酿制而成的腐乳，在酿制过程中因添加不同的调味辅料，使其呈现不同的风味特色，大致包括糟方、油方、霉香、醉方、辣方等品种。青腐乳（青方）：在后期发酵过程中，以低度盐水为汤料酿制而成的腐乳，具有特有的气味，表面呈青色。酱腐乳（酱方）：在后期发酵过程中，以酱曲（大豆酱曲、蚕豆酱曲、面酱曲等）为主要辅料酿制而成的腐乳。本标准不适用于以腐乳为原料，经再加工制成的、不具有腐乳形态的其他产品。

七、思考题

1. 豆腐乳生产发酵的原理是什么？

2. 腌坯时所用食盐含量对豆腐乳质量有何影响？

3. 豆腐乳制作的基本环节有哪些？需注意的细节是什么？

第五章

肉、蛋、乳制品

第一节　肉、蛋、乳制品概述

一、肉制品分类、加工工艺、设备及分析检测技术

(一) 肉制品的分类

肉制品 (meat products) 是指以肉或可食内脏为原料加工制成的产品。肉制品的种类繁多，在我国仅名、特、优肉制品就有 500 多种，而且新产品还在不断涌现。

根据我国肉制品最终产品的特征和产品的加工工艺，可以将肉制品分为肠类肉制品、火腿肉制品、腌腊肉制品、酱卤肉制品、熏烧焙烤肉制品、干肉制品、油炸肉制品、调制肉制品和其他类肉制品 9 大类。其中，肠类肉制品包括中式香肠、发酵香肠、熏煮香肠和生鲜肠；火腿肉制品包括干腌火腿、熏煮火腿和压缩火腿；腌腊肉制品包括腊肉、咸肉和风干肉；酱卤肉制品包括白煮肉、酱卤肉和糟肉；熏烧焙烤肉制品包括熏烤肉、烧烤肉和培根；干肉制品包括肉松、肉干和肉脯；油炸肉制品包括挂糊炸肉和清炸肉；调制肉制品包括生鲜肉和冷冻肉；其他类肉制品是指上述分类中未涵括的肉制品。

(二) 肉制品的加工工艺及设备

肉制品加工工艺有悠久的历史，最早源于腌腊制品，经长时间的发展，逐渐演变出欧式香肠、板鸭、卤煮等各类别的肉制品。目前在肉类生产中广泛应用的加工工艺包括：腌制工艺、粉碎混合和乳化工艺、充填成型和包装工艺、熏制工艺、干制工艺、煮制工艺、炸制工艺。

腌制是指用食盐或以食盐为主，并添加硝酸钠 (或硝酸钾)、亚硝酸钠、蔗糖和香辛料等腌制辅料处理肉类的过程。腌制是肉制品生产加工中一个重要的工艺环节，既可以提高肉的色泽、风味、保水性，又可延长产品的保质期。要注意的是腌制温度应控制在 15℃ 以下，否则会对肉质造成极大的破坏。腌制后，肉色变成桃红色，用刀切开断面，颜色均匀，即达到腌制效果，常用盐水注射器、盐水注射机等。

粉碎是指将原料肉经机械作用由大变小的过程。粉碎程度因制品的不同而异。通过粉碎可以达到改善制品的均一性和提高制品嫩度的目的。混合是为了使肉类蛋白质溶解和膨胀，在进一步加工前进行的附加搅拌，这是一道独立的加工工序，与单一进行绞肉相比，能确保各种配

料成分，尤其是腌制料和调味料的均匀分布。肌肉、脂肪、水和盐混合后经高速斩切，形成水包油型乳化特性肉糊的过程称为肉的乳化。乳化加工形成的肉制品，其质地和稳定性与各种成分之间的物理性状密切相关。一种典型的肉糊的形成包括蛋白质膨胀并形成黏性基质和可溶性蛋白质、脂肪球和水乳化两个相关的变化过程。通常用到的设备包括绞肉机、切片机、乳化机和斩拌机等。

把混合、乳化或滚揉好的肉馅、肉糜或肉块灌入肠衣或模具以备成型的过程叫充填。把肉料充填到肠衣中经打结、打卡或充填到其他模具中经压制、切割等操作，使肉制品形成一定的外观造型的过程叫成型。包装是现代肉制品加工中非常重要的一个环节。通常在生产工艺过程的最后步骤进行。需要的设备主要有灌肠机、包装机等。

熏制是指用烟气、火等处理肉制品的过程，分糖熏、土炉熏制和自动烟熏炉熏制几种。糖熏要求产品趁热熏制，用白糖或锯末加糖。土炉熏制要求先用明火烤，待肠体水分充分蒸发，然后锯末发烟，达到肠体表面均匀皱褶，颜色枣红色。土炉熏制的产品烟熏味浓，水分含量低，生产周期长。用自动烟熏炉熏制，烟熏时间短，水分含量较土炉产品高，但生产周期短，自动化程度高，干净、卫生。所用的设备主要为烟熏炉。

肉的干制是指将肉中一部分水分排除的过程，因此又称其为脱水。肉制品干制的目的主要有抑制微生物和酶活力、减轻肉制品质量和缩小体积，以便于运输及改善肉制品风味。干燥方法主要有常压干燥、减压干燥和微波干燥三种，常用设备包括烘房、真空干燥机和微波干燥仪等。

煮制就是对产品实行热加工的过程，加热方式有用水、蒸汽等。煮制工艺中，不同品种肉制品有所差异，动物肠衣一般 82~83℃，中心温度 80℃，热收缩肠衣一般 85~90℃，中心温度 85℃以上。欧式香肠因饮食习惯的不同，熟制温度一般在 78℃，中心温度在 72℃。常用设备为蒸煮锅、夹层锅等。

炸制是利用油脂在较高的温度下对肉食品进行热加工的过程。油炸制品在较高温度作用下可以快速致熟，营养成分最大限度地保持在食品内不易流失，赋予食品特有的香味和金黄色泽等。常用设备为油炸锅、油炸机等。

（三）肉制品的分析检测技术

肉制品检测主要包括理化指标检测（感官、水分、复合磷酸盐、铅、无机砷、镉、总汞、苯并芘、亚硝酸盐、添加剂），微生物检测（菌落总数、大肠菌群、金黄色葡萄球菌、志贺氏菌、沙门氏菌等），兽药残留检测（四环素类、硝基呋喃类、磺胺类等），瘦肉精检测（盐酸克伦特罗、莱克多巴胺等），肉类成分真实性鉴定等。所使用的方法主要有感官检验、物理检验、化学分析、仪器分析、酶分析法和免疫学分析法等。肉新鲜度的检验一般是以感官、物理、化学和微生物四个方面确定其适合指标进行鉴定。肉的腐败变质是一个渐进过程，变化十分复杂，同时受多种因素影响，因此需要采取感官检查和实验室检查等方法才能比较客观地对其变质的性质或卫生状态做出正确的判断。感官检验主要包括视觉检验、嗅觉检验、触觉检验和肉汤煮沸检验。而现代分析检测中应用的主要有酶联免疫吸附测定、放射免疫测定、免疫传感器以及荧光免疫测定等生物化学检验技术。随着图像处理技术和神经网络的发展，畜禽胴体的分级正逐步向着自动化方向发展，其中视觉图像分析（visual image analysis，VIA）技术在部分欧美国家已处于试用阶段。

二、蛋制品分类、加工工艺、设备及分析检测技术

（一）蛋制品的分类

蛋制品是以禽蛋为原料加工而成的食品，主要包括：粗加工蛋制品（咸蛋、咸蛋黄、糟蛋、醋蛋、卤蛋、皮蛋、水煮蛋、茶香蛋、烤蛋）、精加工蛋制品（蛋液、蛋粉、蛋黄粉、蛋白粉、皮蛋粉）和调制蛋制品（蛋肠、蛋干）三大类。

依照蛋制品加工方法不同可将蛋制品分为四类：再制蛋类、干蛋类、冰蛋类和其他类。再制蛋类是指以鲜鸡蛋或其他禽蛋为原料，经由纯碱、生石灰、盐或含盐的纯净黄泥、红泥、草木灰等腌制或用食盐、酒糟及其他配料糟腌等工艺制成的蛋制品，如皮蛋、咸蛋、糟蛋。干蛋类是指以鲜鸡蛋或者其他禽蛋为原料，取其全蛋、蛋白或蛋黄部分，经加工处理、喷粉干燥工艺制成的蛋制品，如巴氏杀菌鸡全蛋粉、鸡蛋黄粉、鸡蛋白片。冰蛋类是指以鲜鸡蛋或其他禽蛋为原料，取其全蛋、蛋白或蛋黄部分，经加工处理，冷冻工艺制成的蛋制品，如巴氏杀菌冻鸡全蛋、冻鸡蛋黄、冰鸡蛋白。其他类是指以禽蛋或上述蛋制品为主要原料，经一定加工工艺制成的其他蛋制品，如蛋黄酱、色拉酱等。

（二）蛋制品的加工工艺及设备

由鲜蛋加工成蛋制品要经过多道工序，大体可分为两个阶段，第一阶段为半成品加工阶段，第二阶段为将半成品再经过不同的加工方法制造成各种蛋制品。冰蛋品是指将蛋液在杀菌后装入罐内，进行低温冷冻后的一类蛋制品，是长期保存蛋品的一种有效方法。冰蛋品分冰全蛋、冰蛋黄、冰蛋白三种，其加工方法基本相同。下面以巴氏杀菌冰鸡全蛋的加工为例介绍蛋制品加工工艺和设备。

巴氏杀菌冰鸡全蛋的加工工艺主要包括搅拌与过滤、巴氏杀菌、冷却、灌装、冷冻、包装、冷藏。

1. 搅拌与过滤

为了使蛋液中蛋白与蛋黄混合均匀，组织状态均匀一致，加热杀菌更完全，必须将打蛋后的蛋液放入搅拌过滤器内，搅拌成均匀的乳状液。搅拌时应注意尽量不使其发泡，否则会影响后面加热杀菌的效果。过滤是为了除去蛋液中的蛋壳碎片、系带、蛋壳膜和蛋黄膜等杂质。搅拌与过滤工艺所用到的设备主要为搅拌过滤器。

2. 巴氏杀菌

蛋液的巴氏杀菌即对蛋液进行低温杀菌，是在尽量保持蛋液营养价值的条件下，杀灭其中的致病菌，最大限度减少蛋液中细菌数目的处理方法。英国、德国等欧洲国家较早将巴氏杀菌法应用于冰蛋品的生产。近年来，国内一些蛋品加工厂在加工冰蛋时也采用了这一处理方法。实践证明，蛋液经巴氏杀菌的杀菌效果良好，产品的卫生质量显著提高。目前，蛋液的巴氏杀菌所用设备主要为片式热交换器。

3. 冷却

杀菌后的蛋液应迅速冷却降温至4℃左右（若加工的产品供本厂使用，可冷却到15℃）。采用片式热交换器进行巴氏杀菌时，杀菌完成后，蛋液将从保温区进入冷却区直接实现降温。如果蛋液未经巴氏杀菌，搅拌、过滤后的蛋液应迅速转入冷却罐内冷却降温至4℃左右。所需设备主要为冷却罐。

4. 灌装

蛋液降温达到要求时即可灌装。冷却蛋液一般采用马口铁罐（内衬塑料袋）灌装，马口铁罐一般有20kg、10kg和5kg三种规格。灌装容器使用前必须洗净并用121℃蒸汽消毒30min，待干燥后备用。为了便于销售，蛋液也可采用塑料袋灌装，塑料袋通常有0.5kg、1kg、2kg、5kg等几种规格。灌装工艺所需设备主要为灌装机。

5. 冷冻

灌装好的蛋液送入低温冷冻间内冻结。在国内，冷冻间的温度一般控制在-23℃左右，当罐（袋）内中心温度降至-15℃时即可完成冻结。在普通冻结间内完成冻结一般需60~70h，而在-45~-35℃的冷冻条件下，一般只需16h左右。在冷冻时蛋黄的物性将发生很大的变化。当冷冻温度低于-6℃时，蛋黄的黏度会突然增加，而解冻后的黏度也较大并有糊状物产生。据研究，在-10℃和-20℃冷冻时，-20℃冷冻对蛋黄黏性的影响要大得多。但使用液氮冷冻时则不会出现蛋黄黏性改变的现象。为了减少蛋黄在冻结时产生上述不利变化，一方面可以在-10℃左右进行冷冻，另一方面，可在蛋黄中先添加10%左右的蔗糖或3%~5%的食盐再对其冷冻。

6. 包装

冻结完成后，马口铁罐需用纸箱包装，用塑料袋灌装的产品也应在其外面加硬纸盒包装，以便于保管和运输。

7. 冷藏

将包装好的冰蛋送入-18℃以下的低温冷库中贮藏。如果是冰蛋黄可放于-8℃左右的冷库中冷藏。冰蛋的冷藏期一般为6个月以上。

（三）蛋制品的分析检测技术

蛋制品分析检测主要包括感官检测、理化检测和微生物检测三个方面。

感官检测主要是检验人员凭借感觉器官（视觉、听觉、触觉和嗅觉）来鉴别蛋的质量。

理化检测主要包括密度鉴定法和荧光鉴定法。密度鉴定法是将蛋置于一定密度的食盐水中看其浮沉横竖情况来鉴别蛋的鲜陈。荧光鉴定法是用紫外光照射，观察蛋壳光谱的变化来鉴别蛋的鲜陈，蛋新鲜与否，可在荧光强度的强弱上反映出来。

目前自动化技术已应用于鲜蛋品质的检测。比较成熟的技术有机器视觉技术和声学特性技术。机器视觉技术一般由CCD摄像机、装备有图像采集卡的计算机、光照系统以及专用图像处理软件等组成。其工作原理是利用CCD摄像机获取一定光源照射下禽蛋的形状、颜色、缺陷等视觉图像信息，通过图像采集卡转换成数字信号输入计算机，进而进行分析和处理来确定禽蛋的品质。声学特性技术检测是根据鸡蛋声学特征（如反射性、散射性、投射性、吸收性、衰减系数和传播速度）及其本身的声阻抗与固有频率等判断鸡蛋品质，并据此进行分级。

微生物检测主要是鉴别蛋内有无霉菌和细菌污染现象，特别是沙门氏菌污染状况。一般是在发现有严重问题或深入研究时才进行。

三、乳制品分类、加工工艺、设备及分析检测技术

（一）乳制品的分类

乳制品是以生鲜牛（羊）乳及其制品为主要原料，经加工制成的产品。包括：液体乳类（杀菌乳、灭菌乳、酸牛乳、配方乳）、乳粉类（全脂乳粉、脱脂乳粉、全脂加糖乳粉和调味乳粉、婴幼儿配方乳粉）、炼乳（全脂淡炼乳、全脂加糖炼乳、调味/调制炼乳、配方炼乳）、乳

脂肪类（稀奶油、奶油、无水奶油）、干酪类（天然干酪、再制干酪）及其他乳制品类（干酪素、乳糖、乳清粉）。

（二）乳制品的加工工艺及设备

根据乳制品类别不同，工艺及所需设备有所不同，下面主要介绍巴氏杀菌乳和乳粉的加工工艺。

巴氏杀菌乳加工工艺包括原料乳的过滤、净化、标准化、均质、杀菌、冷却、灌装等步骤。

过滤或净化的目的是除去乳中的尘埃和杂质，而标准化的目的是保证牛乳中含有规定最低限度的脂肪。

各国牛乳标准化的要求有所不同，一般来说，低脂乳含脂率为 0.5%，普通乳为 3%。我国规定液体乳的含脂率为 3.0%，凡不符合标准的乳都必须进行标准化。所用到的设备主要有过滤器、离心净化机、分离机、高速剪切溶化罐、水粉混合机等。

均质的目的是防止脂肪上浮分层、减少酪蛋白微粒沉淀、改善原料或产品的流变学特性和使添加成分均匀分布。均质可以是全部均质，也可以是部分均质，许多乳品厂从经济和操作方面考虑常使用部分均质，温度常采用 65℃，均质压力为 10~20MPa。所用到的设备主要是均质机。

牛乳高温短时巴氏杀菌的温度为 75℃、15~20s 或 80~85℃、10~15s。如果巴氏杀菌太强烈，那么该牛乳就有蒸煮味和焦糊味，稀奶油也会产生结块或聚合，所用到的设备主要是换热器（板式换热器、套管式换热器、多管式换热器）。

对巴氏杀菌乳和非无菌灌装产品而言，杀菌后绝大部分微生物已经消灭，但是在后续操作中还是有被污染的可能，为了抑制牛乳中细菌的繁殖，延长保质期，仍需及时进行冷却，通常冷却至 4℃ 左右；而超高温乳、灭菌乳冷却至 20℃ 以下即可。

灌装的目的主要为了便于零售，防止外界杂质混入成品中，防止微生物再污染，保存风味，防止吸收外界气味而产生异味以及防止维生素等成分受损失等。灌装容器主要有玻璃瓶、乙烯塑料瓶、塑料袋和涂塑复合纸袋。相关设备主要为无菌包装机、塑料袋液体包装机、铝膜封口玻璃瓶灌装机等。

乳粉的主要加工工艺包括配料、均质、杀菌、真空浓缩、喷雾干燥、冷却等步骤。

除全脂乳粉、脱脂乳粉少数几个品种外，乳粉生产都要按照产品要求进行配料。所需设备主要有配料缸、水粉混合器和加热器。

均质也称匀浆，是使悬浮液（或乳化液）体系中的分散物微粒化、均匀化的处理过程，这种处理同时起降低分散物尺度和提高分散物分布均匀性的作用。均质工艺在现代乳制品生产工厂是一个不可缺少的标准化工艺，其主要作用是将乳脂肪球的直径变小，乳在均质时压力一般为 14~21MPa，温度 60℃ 为宜。所用设备主要为均质机。

杀菌有低温长时间杀菌法、高温短时间杀菌法和超高温瞬时杀菌法，最常用的是高温短时间杀菌法，所用设备主要为板式热交换器。

牛乳杀菌后应立即泵入蒸发器进行减压（真空）浓缩，除去乳中大部分水分（65%），然后进入干燥塔中进行喷雾干燥，以利于产品质量和降低成本。因为浓缩乳中仍然还有较多的水分，必须经喷雾干燥后才能得到乳粉。

在不设置二次干燥的设备中，需冷却以防脂肪分离，然后过筛后即可包装。在设有二次干燥的设备中，乳粉经过二次干燥后进入冷却床被冷却到 40℃ 以下，再经过粉筛送入乳粉仓，待包装。相关设备包括多效降膜式蒸发器、喷雾干燥塔、热风系统、湿空气排风系统、振动流化床等。

（三）乳制品的分析检测技术

现行乳品中蛋白质含量的常用测定方法有凯氏定氮法、分光光度法等。2016 年 12 月 23 日，国家发布了 GB 5009.5—2016《食品安全国家标准　食品中蛋白质的测定》，用于牛乳中蛋白质含量的检测。针对三聚氰胺事件，全国食品安全应急标准化工作组、全国质量监管重点产品检测方法标准化技术委员会制定和提出了检测原料乳、乳制品以及含乳制品中三聚氰胺的国家推荐标准 GB/T 22388—2008《原料乳与乳制品中三聚氰胺检测方法》，主要有高效液相色谱法、液相色谱-质谱/质谱法和气相色谱-质谱联用法三种测定方法。检测时，应根据检测对象及其限量的规定，选用与其相适应的检测方法。常用的微生物检测方法有微生物培养法、免疫学法和分子生物学法。微生物检测常涉及微生物数量和种类的检测，微生物数量常是在一定条件下培养后，计算出 1mL（g）检样中所含菌落的总数来表示，现又发展了电阻抗快速检测法和直接外荧光滤过技术来测定检样中微生物数量的快速方法。大肠菌群的检验一般用最近似值检验方法和 LTSE 快速检验法，沙门氏菌的检验除用常规培养检验外，还可用聚合酶链式反应（PCR）快速检测法检测。大肠埃希菌 O157∶H7 可用胶体金免疫检验法检测。葡萄球菌可用乳胶凝集试验检测，该方法是一种简便易行、特异性和敏感性均较高的方法。常用的抗生素检测方法为微生物检测法、免疫分析法和理化检测法。此外，气相色谱、液相色谱、离子色谱、超临界流体色谱、红外光谱、紫外光谱、核磁共振波谱、毛细管电泳、酶联免疫检测（ELISA）、聚合物链式反应法（PCR）及超声波等技术也已应用于乳及乳制品营养成分、风味物质、添加剂、药物残留、微生物、毒素及酶活力的检测中。

第二节　肉制品

实验二十七　红烧肉罐头制作及分析

一、实验目的

通过本实验了解食品罐藏的基本原理、肉类罐头产品的基本制作工艺流程及关键操作点，学习和掌握红烧肉罐头的制作方法，熟悉制作红烧肉罐头所用的原料及配方，了解自动封罐机、蒸汽压力灭菌锅等食品加工设备的使用方法。

二、实验原理

酱卤肉制品是中国典型的传统肉制品，其主要工艺是原料肉经预煮后，再用香辛料和调味料加水煮制。红烧肉是典型的一类酱卤制品，是带皮猪肉块经预煮、调味、煮制而成。酱卤制品生产工艺因产品品种不同而不同，但主要加工方法有两个特点：一是调味，二是煮制。调味是根据地区消费习惯、品种的不同加入不同种类和数量的调味料，加工成具有特定风味的产品；煮制则是对产品实行热加工的过程，方式有用水加热、蒸汽加热以及油炸等，其作用是改善感官的性质，降低肉的硬度，达到熟制目的，使产品容易消化吸收。加热过程中，原料肉及其辅料都要发生一系列变化，如肌肉蛋白质受热凝固，肉的保水性因加热温度不同而发生不同程度的变化，包围脂肪滴的结缔组织由于受热收缩使脂肪细胞受到较大压力，细胞膜破裂，脂肪熔化流出，增加肉的香气等。

三、实验材料及仪器

1. 材料

猪肉、大葱、生姜、植物油、食盐、酱油、黄酒、白砂糖、味精、玻璃罐（带盖）。

2. 仪器

预煮锅、夹层锅、自动封罐机、蒸汽压力灭菌锅等。

四、工艺流程

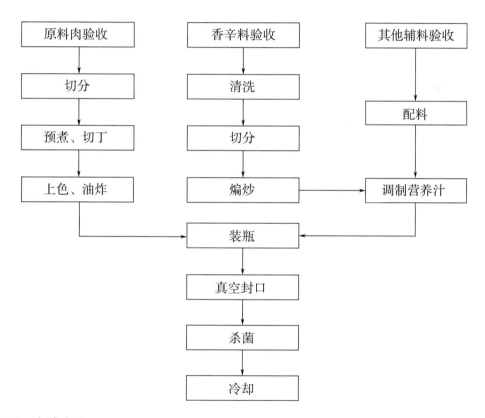

五、实验步骤

1. 原料肉处理

原料肉验收：原料肉为精修带皮五花肉（三元肉），脂肪厚度不超过2.0cm，要求肉皮目视无猪毛等异物附着。

切分：将精修带皮五花猪肉切成约10cm宽、3~5cm高的条状。

预煮、切丁：将条状猪肉置于沸水中预煮45~60min，煮至肉块中心无血水为止（料液比以水淹没猪肉为度），趁热拭干表面水分，切成1.5cm见方、3.0cm长的丁状；预煮液除去表面浮层后备用。

上色和油炸：以酱油∶黄酒为1∶2调制上色液，将猪肉丁置于上色液中均匀上色，沥干后置于 180~190℃食用油中炸 30~40s 至表面金黄色。

2. 香辛料、其他辅料处理

香辛料处理：新鲜葱、姜、蒜去皮洗净，斩切为碎末状，备用。

调制营养汁：按照产品配方准确称取色拉油，加热至 120~140℃后加入配方数量的葱、姜、蒜末，煸炒 30~60s，待煸出香味后出锅备用。称取适量预煮液置于锅中，加入适量葱、姜、蒜、酱油、精盐、白砂糖等搅拌均匀后煮沸，再加入黄酒和味精，过滤后备用。

注：营养汁中香料和调味料配比可自行选择和设计，参考配方如表5-1所示。

表 5-1　　　　　　　　　　　　红烧肉罐头营养汁参考配方

原料	质量/g	原料	质量/g
酱油	10	生姜（切碎）	1
黄酒	2.5	大葱（切碎）	1
精盐	1.0	大蒜（切碎）	1
白砂糖	3	味精	0.5
肉汤（预煮液）	100		

3. 装瓶

将 180g 左右肉丁放入玻璃瓶中，加入调制好的汤汁，料液比以汤汁淹没肉为度。每瓶净重 260~280g。

4. 排气及密封

将瓶盖轻盖于玻璃瓶上，放入真空封罐机的真空仓内进行真空封罐，真空度 0.4~0.6MPa。

5. 杀菌机冷却

15~17min 反压冷却/121℃（反压：0.11~0.13MPa）。

6. 成品分析

对成品感官品质、固形物含量、脂肪含量进行测定（具体操作方法参见六）。

六、分析检测、设备及产品标准

1. 红烧肉品质的感官评价

感官品评指标为 4 大类（色泽及形态、香味、质地及滋味、余味）（表5-2）。

表 5-2　　　　　　　　　　　　红烧肉评分标准表

类别	描述	扣分	总分
	呈现红棕色或枣红色，表面有光泽	—	
	呈现焦褐色或土黄色	1~5	
色泽及形态	块形不均	1~5	25
	肥瘦分离	1~5	
	色泽暗淡、无光泽	6~10	

续表

类别	描述	扣分	总分
香味	具有醇厚、柔和的酱香味和肉香味，咸香适宜，无不良气味或其他异香	—	25
	香味淡薄	1~5	
	香辛料或调味料气味突出，掩盖了红烧肉本身的香味	1~5	
	其他不良气味（如猪膻味、腥味、焦煳味、腐败味等）	6~15	
质地及滋味	组织柔嫩，口感细腻，软糯多汁	—	30
	过咸或过甜，口感不柔和	1~5	
	猪皮较硬，有蜡质感	1~5	
	肥肉质地过于软烂，入口易碎	1~5	
	瘦肉质地过硬，口感粗糙	1~5	
	其他不良滋味（酸味、焦苦味或腐败味等）	6~10	
余味	具有柔和的酱香味，咸甜适中	—	20
	过咸或过甜	1~5	
	其他不良滋味（酸味、焦苦味或腐败味等）	6~15	

感官评定步骤：

（1）色泽与形态　将红烧肉置于白瓷盘中观察其色泽与组织形态，其是否具有产品应有色泽及光泽度，肉块大小是否均匀，肥瘦是否适中，有无杂质及异物等。

（2）香味　将定量红烧肉放入小白瓷盘中，用鼻嗅其气味，反复数次鉴别其香气，是否具有本身肉香味，是否具有醇厚的酱香味、咸香味等，是否具有不良的气味（猪膻味、腥味、焦煳味、腐败味等）。

（3）质地、滋味及余味　取一定量样品于口中，鉴别组织柔嫩程度，是否软糯多汁，滋味是否鲜美，咸甜味是否适中，猪皮、肥肉及瘦肉的质地是否适口，有无其他不良滋味如酸味、焦苦味或腐败味等。咽下红烧肉后，鉴别口中余味，是否有过甜、过咸或其他不良滋味（酸味、焦苦味或腐败味等）。

2. 脂肪的测定

同实验二十五中"脂肪的测定"部分。

3. 固形物含量

参考 GB/T 10786—2022《罐头食品检验方法》中畜禽肉罐头固形物含量测定方法。

仪器与设备：直径 200mm、孔径 2.8mm×2.8mm 的不锈钢圆筛，直径 25mm 玻璃漏斗。

操作步骤：擦净罐头外壁，用天平称取罐头总质量。将罐头在 100℃ 水中加热 2~7min，使凝冻的汤汁熔化后，直接开罐，将内容物倾倒在预先称重的圆筛（直径 200mm）上，圆筛下方配接漏斗，架于容量合适的量筒上，不搅动产品，倾斜圆筛，沥干 3min 后将筛子和沥干物一并称量；将空罐洗净、擦干后称重。将量筒静置 5min，使油与汤汁分为两层，取油层的体积乘以密度 0.9，即得油层质量。

固形物含量的计算：

$$X = \frac{(m_3 - m_4) + m_5}{m_1 - m_2} \times 100 \tag{5-1}$$

式中　X——固形物的质量分数，%；

m_3——沥干物加圆筛质量，g；

m_4——圆筛质量，g；

m_5——油脂质量，g；

m_1——罐头总质量，g；

m_2——空罐质量，g。

4. 真空封罐机的使用

真空封罐机如图 5-1 所示，使用操作如下。

（1）检测空气源、真空源和电源连接正确，开启真空泵和空压机电源使其工作，打开管道上可能连接的阀门。

（2）检查进气压力表显示，确定空气压力表显示 0.4~0.6MPa。

（3）按瓶形调整瓶形定位件的位置和瓶高位置。若瓶形定位件调整不适当，可能会导致旋盖头旋转时瓶身发生打转，使盖子无法拧到位。因此要确保在门密封胶贴合真空室边框时，三个定瓶件都接触到瓶身；同时必须注意瓶口和旋盖盘要保持在同一轴线上，过大的偏差可能会使旋盖盘在旋盖时受力不均而无法旋盖到位；调整门上的定瓶件时必须先关闭机器电源开关，让门密封条保持贴合在真空室边框的状态，而不是被真空吸合压紧的状态。

（4）重新开启电源开关，把戴上盖的瓶子放入真空室并使真空室上两个夹瓶胶贴住瓶身。关闭真空室门并轻推使门胶贴合真空室，当感应开关被打开时，开始抽真空，门被压差吸合，此时瓶子在真空室内完成抽真空和拧紧盖子的工作。

（5）当拧盖动作完成时，门会自动弹开，取出封好的瓶子放入下一瓶即可。

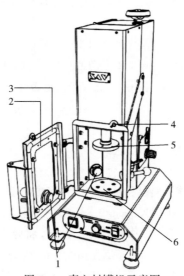

图 5-1　真空封罐机示意图

1—定瓶硅胶　2—门封压板　3—硅胶门封条　4—门感应器　5—旋盖盘　6—底板

七、思考题

1. 烹饪原料对红烧肉风味特征有什么影响？

2. 试述调味料对红烧肉风味形成的调节作用。

3. 真空封罐和杀菌时应该注意哪些问题？

实验二十八　冻鱼丸制作及分析

一、实验目的

了解典型传统鱼糜制品的加工原理、加工过程，并熟练掌握其加工方法；了解鱼丸的产品质量要求。

二、实验原理

鱼丸属于典型的鱼糜制品，鱼糜制品是将鱼肉擂溃成糜状加以调味成型的水产制品。其主要是利用鱼糜蛋白的凝胶特性加工制成的一类产品。在碎鱼肉中添加一定量的食盐并经过擂溃，其肌纤维遭到破坏，促使鱼肉蛋白充分溶出并形成空间网状结构，水分固于其中，使制品聚合成黏性很强的肌动球蛋白溶胶，调味成型并加热后形成具有弹性的凝胶体。产品在-18℃以下低温条件保藏，可以较好地保持其营养成分，同时抑制酶活力及微生物的繁殖，延长了保质期。

三、实验材料及仪器

1. 材料

新鲜鱼或鱼肉、淀粉、肥肉、凝胶增强剂、山梨醇、多磷酸盐（焦磷酸钠和三聚磷酸钠的等量混合物）、白砂糖、黄酒、食盐、味精、蛋清、葱姜汁等调味料。

2. 设备

采肉机、离心机或压榨机、精滤机、搅拌混合机或高速斩拌机、平板冻结机、擂溃机、成型机、真空包装机等。

四、工艺流程

1. 冷冻鱼糜

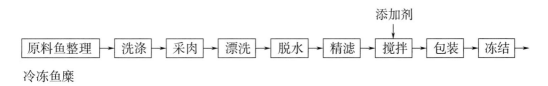

冷冻鱼糜

2. 冻鱼丸

冷冻鱼糜 → 半解冻 → 切碎 → 擂溃 → 调料 → 成型 → 水煮 → 冷却 → 包装 →

冷冻

五、实验步骤

1. 冷冻鱼糜制作

（1）原料预处理　原料鱼人工去头、去内脏，洗除腹膜内的残余内脏、血液、黑膜等，水温控制在 10℃以下，以防影响鱼糜的弹性质量。剖割方法有两种：一种是背割，即沿背部中部往下剖；另一种是切腹，即从腹部中线剖开。

（2）采肉　采肉时，鱼肉穿过采肉机滚筒的网孔眼进入滚筒内部，骨刺和鱼皮留在滚筒表面从而使鱼肉与骨刺、鱼皮得到分离。采肉机滚筒上网眼的孔径有 3~5mm 几种规格，生产中一般选用稍大孔径的滚筒，采肉率较高。可根据鱼糜质量选用合适的孔径。

（3）漂洗　将采下的鱼肉用清水进行洗涤，以除去鱼肉中的有色物质、血液、水溶性蛋白质、气味、无机盐等。漂洗方法有清水漂洗和稀碱盐水漂洗两种，可根据鱼类肌肉性质的不同而选择不同的漂洗方法。碱盐水漂洗适用于青皮红肉鱼类的沙丁鱼、鲐；白色鱼类为原料时主要采用清水漂洗法。漂洗用水一般为自来水，水温要求控制在 10℃以下。

（4）脱水　鱼肉漂洗后含有大量的水分，必须进行脱水。脱水方法有两种：一种是用螺旋压榨机除去水分，另一种是用离心机离心脱水，少量鱼肉可放在布袋里绞干脱水。鱼肉脱水后的水分含量保持在 78%~79%。温度越高，脱水速度越快，越容易脱水，但蛋白质易变性，从实际生产工艺考虑，温度在 10℃左右较理想。

（5）精滤　用精滤机将鱼糜中的细碎鱼皮、碎骨头等杂质除去。网孔直径为 0.5~0.8mm。精滤机在分离杂质过程中鱼肉和机械之间因摩擦发热，引起鱼肉蛋白质变性，因此，精滤机要配有冰槽，常在冰槽中加冰降低机身温度和鱼肉温度，使鱼肉温度保持在 10℃以下。

（6）搅拌　脱水后的鱼肉使用冷却式搅拌混合机或高速斩拌机，将鱼肉和冷冻变性防止剂（白砂糖 4%，山梨醇 4%，多磷酸盐 0.2%）混合均匀。对无盐鱼糜而言，用搅拌混合机混合时需要 15min 左右，用高速混合机需 8min 左右，而高速斩拌机只需 3min 左右。加盐鱼糜则使用斩拌机，混合 5~8min。

（7）冻结　使用平板冻结机对鱼糜进行冻结，冻结温度为-35℃，时间为 3~4h，以使鱼糜中心温度达到-20℃，然后转入-18℃的冷库贮藏。

2. 鱼丸制作

（1）擂溃　添加冰水或碎冰降低温度，也可选用带冰水冷却头套的擂溃机（又称双锅擂溃机）进行擂溃，控制擂溃投料量，擂溃时间不能太长，采用真空擂溃。首先分数次加入盐、糖等，擂溃 0.5h 左右，具体视投料品种、数量而定；再加入淀粉和其他调味料擂溃至所需黏稠度。

配料参考配方：以鱼糜质量为基准，添加食盐 2%、味精 0.8%、白砂糖 1%、淀粉 6%~10%、蛋清 5%、黄酒 2%、葱姜汁适量、凝胶增强剂 0.3%、肥肉 4%、胡椒粉 0.2%~0.4%、水10%~20%进行调味。

（2）成型　通过鱼丸成型机成型或手挤成型，将鱼丸挤入一盘清水中。

（3）水煮　把鱼丸从清水中捞起置于沸水中进行烧煮，使鱼丸受热膨胀，同时用勺子在锅中轻轻翻动，防止鱼丸相互粘连，当鱼丸浮于水面时，表明已煮熟，即可捞起。

（4）冷却、包装、冷冻　熟化后的鱼丸用水冷（10~15℃）或风冷的方法快速冷却。剔除不成型等不合格品，凉透后用塑料袋分装。包装后的鱼丸须在 15~30min 内冷冻至中心温度达到-18℃。

3. 成品评价

测定成品的失水率、蛋白质、淀粉、酸价、过氧化值、质构指标。

六、分析检测、设备及产品标准

1. 失水率检测

（1）解冻前称量　样品开袋前称量（含袋），打开包装袋，倒出样品后擦去袋上附着水分称袋重。

（2）解冻　将去除包装袋的样品，放入不渗透的尼龙袋内捆扎封口，置于解冻容器内，以长流水解冻样品至完全解冻为止。将解冻后样品倒入网箱（筐）中倾斜放置2min，称量。

（3）失水率计算　选择合适的电子天平，最大称量值不能超过被称样品质量的5倍。失水率按式（5-2）计算：

$$A = \frac{(m_1 - m_2) - m_3}{m_1 - m_2} \times 100 \tag{5-2}$$

式中　A——失水率，%；

　　　m_1——解冻前样品总质量（含袋），g；

　　　m_2——包装袋质量，g；

　　　m_3——解冻后样品质量，g。

2. 蛋白质检测

分析步骤参见实验六中"全氮检测"部分。

3. 淀粉检测

按 GB 5009.9—2016《食品安全国家标准　食品中淀粉的测定》中第三法测定淀粉含量。

（1）试样制备　取解冻并沥干的试样不少于200g，用绞肉机绞两次并混匀。绞好的试样应尽快分析，若不立即分析，应密封冷藏贮存，防止变质和成分发生变化。贮存的试样启用时应重新混匀。

（2）淀粉分离　称取试样25g（精确到0.01g，淀粉含量约1g）放入500mL烧杯中，加入热氢氧化钾-95%乙醇溶液300mL，用玻璃棒搅匀，盖上表面皿，在沸水浴上加热1h，不时搅拌。然后，将沉淀完全转移到漏斗上过滤，用80%热乙醇溶液洗涤沉淀数次。根据样品的特征，可适当增加洗涤液的用量和洗涤次数，以保证糖洗涤完全。

（3）水解　将滤纸钻孔，用1.0mol/L盐酸溶液100mL，将沉淀完全洗入250mL烧杯中，盖上表面皿，在沸水浴中水解2.5h，不时搅拌。溶液冷却到室温，用300g/L氢氧化钠溶液中和至pH约为6（不要超过6.5）。将溶液移入200mL容量瓶中，加入蛋白质沉淀剂溶液A（10.6%铁氰化钾溶液）3mL，混合后再加入蛋白质沉淀剂溶液B（乙酸锌220g，加冰乙酸30mL，用水稀释至1000mL）3mL，用水定容到刻度。摇匀，经不含淀粉的滤纸过滤。滤液中加入300g/L氢氧化钠溶液1~2滴，使之对溴百里酚蓝指示剂（1%溴百里酚蓝-95%乙醇溶液）呈碱性。

（4）测定　准确取一定量滤液（V_2）稀释到一定体积（V_3），然后取25.00mL（最好含葡萄糖40~50mg）移入碘量瓶中，加入25.00mL碱性铜试剂，装上冷凝管，在电炉上2min内煮沸。随后改用温火继续煮沸10min，迅速冷却至室温，取下冷凝管，加入100g/L碘化钾溶液30mL，小心加入盐酸溶液25.0mL，盖好盖待滴定。

用0.1mol/L硫代硫酸钠标准溶液滴定上述溶液中释放出来的碘。当溶液变成浅黄色时，加入淀粉指示剂1mL，继续滴定直到蓝色消失，记下消耗的硫代硫酸钠标准溶液体积（V_1）。同一试样进行两次测定并做空白试验。

消耗硫代硫酸钠毫摩尔数 X_1 按式（5-3）计算：

$$X_1 = 10 \times (V_空 - V_1) \times c \tag{5-3}$$

式中　X_1——消耗硫代硫酸钠毫摩尔数；

　　　10——单位换算系数；

　　　$V_空$——空白试验消耗硫代硫酸钠标准溶液的体积，mL；

　　　V_1——试样液消耗硫代硫酸钠标准溶液的体积，mL；

　　　c——硫代硫酸钠标准溶液的浓度，mol/L。

根据 X_1 从表5-3中查出相应的葡萄糖量（m_1）。

表5-3　　　　　　　硫代硫酸钠的毫摩尔数同葡萄糖量（m_1）的换算关系

X_1	相应的葡萄糖量	
[$X_1 = 10 \times (V_空 - V_1) \times c$]	m_1/mg	Δm_1/mg
1	2.4	2.4
2	4.8	2.4
3	7.2	2.5
4	9.7	2.5
5	12.2	2.5
6	14.7	2.5
7	17.2	2.6
8	19.8	2.6
9	22.4	2.6
10	25.0	2.6
11	27.6	2.7
12	30.3	2.7
13	33.0	2.7
14	35.7	2.8
15	38.5	2.8
16	41.3	2.9
17	44.2	2.9
18	47.1	2.9
19	50.0	3.0
20	53.0	3.0
21	56.0	3.1
22	59.1	3.1
23	62.2	3.1
24	65.3	3.1
25	68.4	

按式（5-4）计算淀粉含量：

$$X = \frac{m_1 \times 0.9}{1000} \times \frac{V_3}{25} \times \frac{200}{V_2} \times \frac{100}{m} = 0.72 \times \frac{V_3}{V_2} \times \frac{m_1}{m} \tag{5-4}$$

式中　X——淀粉含量，g/100g；

　　　m_1——葡萄糖含量，mg；

  0.9——葡萄糖折算成淀粉的换算系数；

  1000——单位换算系数；

  V_3——稀释后的体积，mL；

  25——碱性铜试剂的体积，mL；

  200——容量瓶的体积，mL；

  V_2——取原液的体积，mL；

  m——试样的质量，g。

  注：当平行测定符合精密度所规定的要求时，取平行测定的算术平均值作为结果，精确到0.1%。在重复性条件下获得的两次独立测定结果的绝对差值不得超过0.2%。

  4. 酸价测定

  按 GB 5009.229—2016《食品安全国家标准 食品中酸价的测定》中第二法（冷溶剂自动电位滴定法）。

  （1）样品的粉碎 先将样品切割或分割成小片或小块，再将其放入食品粉碎机中粉碎成粉末，并通过圆孔筛（若粉碎后样品粉末无法完全通过圆孔筛，可用研钵进一步研磨研细再过筛）。取筛下物进行油脂的提取。

  （2）油脂试样的提取、净化和合并 取粉碎的样品，加入样品体积 3~5 倍体积的石油醚，并用磁力搅拌器充分搅拌 30~60min，使样品充分分散于石油醚中，然后在常温下静置浸提 12h以上。再用滤纸过滤，收集并合并滤液于一个烧瓶内，置于水浴温度不高于 45℃ 的旋转蒸发仪内，0.08~0.1MPa 负压条件下，将其中的石油醚彻底旋转蒸干，取残留的液体油脂作为试样进行酸价测定。若残留的液态油脂浑浊、乳化、分层或有沉淀，应进行除杂和脱水干燥的处理。

  （3）试样称量 根据制备试样的颜色和估计的酸价，按照表 5-4 规定称量试样。

表 5-4   酸价测定试样称样表

估计的酸价 / （mg/g）	试样的最小称样量/g	使用滴定液的浓度/ （mol/L）	试样称重的精确度/g
0~1	20	0.1	0.05
1~4	10	0.1	0.02
4~15	2.5	0.1	0.01
15~75	0.5~3.0	0.1 或 0.5	0.001
>75	0.2~1.0	0.5	0.001

  试样称样量和滴定液浓度应使滴定液用量在 0.2~10mL（扣除空白后）。若检测后，发现样品的实际称样量与该样品酸价所对应的应有称样量不符，应按照表 5-4 要求，调整称样量后重新检测。

  （4）试样测定 取一个干净的 200mL 烧杯，按前述要求用天平称取制备的油脂试样，其质量单位为 g。准确加入乙醚-异丙醇混合液 50~100mL，再加入 1 颗干净的聚四氟乙烯磁力搅拌子，将此烧杯放在磁力搅拌器上，以适当的转速搅拌至少 20s，使油脂试样完全溶解并形成样品溶液，维持搅拌状态。然后，将已连接在自动电位滴定仪上的电极和滴定管插入样品溶液中，注意应将电极的玻璃泡和滴定管的防扩散头完全浸没在样品溶液的液面以下，但又不可与烧杯壁、烧杯底和旋转的搅拌子触碰，同时打开电极上部的密封塞。启动自动电位滴定仪，用标准滴定溶液（0.1mol/L 或 0.5mol/L 氢氧化钾或氢氧化钠标准滴定溶液）进行滴定，测定时自动电位滴定仪的参数条件如下。

滴定速度：启用动态滴定模式控制；

最小加液体积：0.01~0.06mL/滴（空白试验：0.01~0.03mL/滴）；

最大加液体积：0.1~0.5mL（空白试验：0.01~0.03mL）；

信号漂移：20~30mV。

启动实时自动监控功能，由微机实时自动绘制相应的 pH-滴定体积实时变化曲线及对应的一阶微分曲线，如图 5-2 所示。

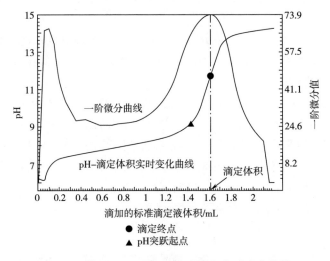

图 5-2　典型"S"型 pH-滴定体积实时变化曲线

终点判定方法：以游离脂肪酸发生中和反应时，其产生的"S"型 pH-滴定体积实时变化曲线上的"pH 突跃"导致的一阶微分曲线的峰顶点所指示的点为滴定终点（图 5-2）。过了滴定终点后自动电位滴定仪会自动停止滴定，滴定结束，并自动显示出滴定终点所对应的消耗标准滴定溶液的体积，即滴定体积 V；若在整个自动电位滴定测定过程中，发生多次不同 pH 范围"pH 突跃"的油脂试样（如米糠油等），则以"突跃"起点的 pH 最符合或接近于 7.5~9.5 范围的"pH 突跃"作为滴定终点判定的依据（图 5-3）；若产生"直接突跃"型 pH-滴定体积实时变化曲线，则直接以其对应的一阶微分曲线的顶点为滴定终点判定的依据（图 5-4）；若在一个"pH 突跃"上产生多个一阶微分峰，则以最高峰作为滴定终点判定的依据（图 5-5）。每个样品滴定结束后，电极和滴定管应用溶剂冲洗干净，再用适量的蒸馏水冲洗后方可进行下一个样品的测定；搅拌子先后用溶剂和蒸馏水清洗干净并用纸巾拭干后方可重复使用。

空白试验：另取一个干净的 200mL 烧杯，准确加入与试样测定时相同体积的乙醚-异丙醇混合液，然后按照试样测定时相关的自动电位滴定仪参数进行测定。获得空白测定的"直接突跃"型 pH-滴定体积实时变化曲线及对应的一阶微分曲线，以一阶微分曲线的顶点所指示的点为空白测定的滴定终点（图 5-4），获得空白测定的消耗标准滴定溶液的体积为 V_0。

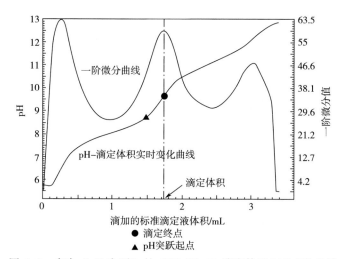

图 5-3　多次"pH 突跃"的"S"型 pH-滴定体积实时变化曲线

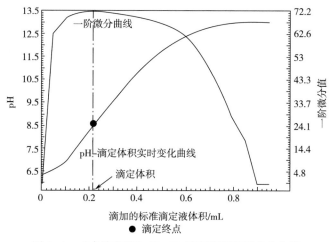

图 5-4　"直接突跃"型 pH-滴定体积实时变化曲线

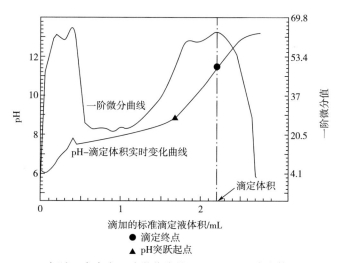

图 5-5　"pH 突跃"中多个一阶微分峰的"S"型 pH-滴定体积实时变化曲线

酸价（又称酸值）按照式（5-5）计算：

$$X_{AV} = \frac{(V - V_0) \times c \times 56.1}{m}$$ (5-5)

式中　X_{AV}——酸价，mg/g；

V——试样测定所消耗的标准滴定溶液的体积，mL；

V_0——相应的空白测定所消耗的标准滴定溶液的体积，mL；

c——标准滴定溶液的摩尔浓度，mol/L；

56.1——氢氧化钾的摩尔质量，g/mol；

m——油脂样品的称样量，g。

酸价≤1mg/g，计算结果保留2位小数；1mg/g<酸价≤100mg/g，计算结果保留1位小数；酸价>100mg/g，计算结果保留至整数位。

5. 过氧化值测定

样品的粉碎、油脂试样的提取、净化和合并同"酸价测定"。其他同实验二十六中"过氧化值测定"部分。

6. 质构测定

质构剖面分析模式：采用P/36R型探头进行测试，测定条件为：测前速率2mm/s；测试速率5mm/s；测后速率5mm/s；压缩程度50%；2次压缩之间停留时间5s；触发类型自动；触发力10g。通过分析力量-时间曲线获得硬度（hardness，HN）、内聚性（cohesiveness，CoN）、弹性（springiness，SN）、咀嚼性（chewiness，CN）和回复性（resilience，RN）共5个TPA参数。

剪切力模式：采用HDP/BSW探头，测前速率1.5mm/s；测试速率1.5mm/s；测后速率10mm/s；测试距离40mm、通过分析力量-时间曲线获得剪切力（shear force，SF）、剪切功（work of shear，WS）2个参数。

穿刺模式：采用P/5s的球形探头进行测试，测定条件为：测试速率1.1mm/s；剪切程度10mm；触发力10g。通过分析力量-时间曲线获得破断强度（breaking force，BF）、凹陷深度（distance to rupture，DR）、凝胶强度（gel strength，GS）3个参数。

7. 相关产品标准

SC/T 3701—2003《冻鱼糜制品》。本标准规定了冻鱼糜制品的要求、试验方法、检验规则、标签、包装、运输。本标准适用于以冷冻鱼糜、鱼肉、虾肉、墨鱼肉、贝肉为主要原料制成的，并在≤-18℃低温条件下贮藏和流通的鱼糜制品，包括冻鱼丸、鱼糕、虾丸、虾饼、墨鱼丸、墨鱼饼、贝肉丸、模拟扇贝柱和模拟蟹肉等。

七、思考题

1. 不同品种原料对鱼丸加工工艺有何不同的要求？

2. 擂溃在鱼丸加工中起什么作用？擂溃工艺有何注意事项？

3. 简述一般鱼糜制品的加工工艺。

第三节 蛋制品

实验二十九 鸡蛋干制作及分析

一、实验目的

学习鸡蛋干制作工艺和相关的分析测试方法。

二、实验原理

鸡蛋干加工的基础在于蛋白质热变性凝固，形成具有一定质构、弹性和韧性的凝胶体。蛋白质受热变性的机理是：在较高温度下，保持蛋白质空间结构的弱键断裂，破坏了肽链的特定排列，原来在分子内部的一些非极性基团暴露到了分子表面，因而降低了蛋白质的溶解度，促使蛋白质分子之间相互结合而凝结，形成不可逆凝胶而凝固。新鲜的蛋清溶液属于蛋白质溶胶，蛋清热凝固后，蛋白质分子的多肽链之间各基团以副键相互铰链，形成立体网络结构，水分充满网络结构之间的空隙。

鸡蛋干的风味一部分由蛋白质、脂肪、碳水化合物等原有物质产生。加工过程中，蛋白质受热，促使风味物质产生的基本反应在加热作用下进行，包括蛋白质、氨基酸和多肽的热解，碳水化合物与氨基酸或多肽的相互作用，核糖核苷酸的降解以及脂质的热解。这些热解产物之间产生一系列的作用可产生一定的风味物质，这些物质的综合作用形成了独特的风味。鸡蛋干风味的另一个来源是调味料。在调味料作用下，鸡蛋干可以加工成各种口味。加热卤煮过程中，卤水中的食盐、香辛料等各种调味料的风味成分由于内外浓度不同而不断向蛋白质凝胶中扩散，从而形成特色风味。调味料的风味扩散与扩散介质的扩散系数有关。变性后的蛋白质扩散系数小于未变性的蛋白质。香辛料与食盐共同作用可以相互促进扩散作用，香辛料的添加有利于食盐的内渗。食盐和卤汁不断向内扩散，完成鸡蛋干呈味、着色过程，形成卤香风味和卤汁色泽。

三、实验材料及仪器

1. 材料

新鲜鸡蛋、复合磷酸盐（配料：氯化钠30%，聚磷酸盐30%，焦磷酸盐30%，偏磷酸盐10%）、酱油、食盐、食用油、糖、八角、桂皮、茴香、山柰、花椒、姜粉、胡椒粉、鸡精。

2. 仪器设备

高温反压灭菌锅、恒温水浴锅、打蛋机、电热恒温干燥箱。

四、工艺流程

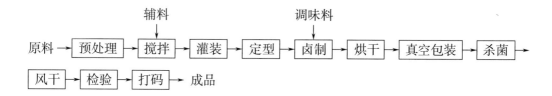

五、实验步骤

1. 原料预处理、搅拌

原料可以是全蛋液、蛋清、咸蛋清、冷冻蛋液等。本实验选用全蛋液进行加工。将复合磷酸盐 0.05~0.5 份溶于 5~10 份蒸馏水中，然后倒入已经搅拌均匀的 90~95 份全蛋液中，打蛋机中速搅拌 5min 使全蛋液混合均匀。

2. 灌装、定型

将已搅打均匀的蛋液依次通过 30 目和 200 目的过滤网过滤，除去系带和气泡。倒入不黏模具中，用蒸汽蒸煮 18min，立即冷却，并从模具中取出。蒸煮时间不能太长，否则颜色会变灰绿色，但要根据厚度决定，厚度为 2cm 以内。

3. 卤制

卤汁参考配方：水 800~1200 份；酱油 30~60 份；食盐 10~30 份；食用油 5~15 份；糖 20~30 份；八角 2~5 份；桂皮 1~3 份；茴香 1~3 份；山柰 1~3 份；花椒 1~3 份；姜粉 4~6 份；胡椒粉 0.5~2 份；鸡精 3~5 份。卤制过程中须将香辛料用纱布包起来，防止香辛料漏出影响鸡蛋干外观。将上述配方配制卤汁后加热至 75~95℃，再将上述经蒸煮的熟料从模具中取出放入卤汁中，75~95℃ 卤制 1~2h。

4. 烘干

将卤制后的鸡蛋干取出，50~70℃ 烘干 20~60min。

5. 真空包装

将烘干后的鸡蛋干取出，根据要求可切成形状各异、大小不同的小块，然后真空装袋。

6. 杀菌

在温度 100~121℃，10~60min 高温反压杀菌对包装后的产品进行杀菌处理。

7. 打码、成品

对杀菌后的产品进行分段冷却，擦去包装表面水分，进一步风干，贴标打码，即为成品。

8. 成品的评价与检测

对成品进行感官评价，测定其蛋白质含量、水分含量和质构指标。

六、分析检测及产品标准

1. 感官评价

选取 10 名品评员组成感官评价小组，所有品评员经过专业培训。样品随机编号，各品评员独立评分，每两个样品评价间隔一定时间，清水漱口。评分标准如表 5-5 所示。取所有项目的平均值作该样品的最终评分。

表 5-5　　　　　　　　　　鸡蛋干的感官评分标准

指标	分值	I级（7~10）	II级（4~6）	III级（≤3）
形态	10	外形完整，厚度适中，大小均匀，表面平滑饱满	外形较完整，厚度较适中，大小较均匀，表面略有不平	勉强成型甚至已断裂，过满或过厚，大小不一，表面塌陷
色泽	10	黄褐色，有光泽，色泽均匀	表面颜色偏浅或偏深，光泽度一般，色泽较均匀	颜色过浅或过深，表面无光泽，色泽不均匀

续表

指标	分值	I级（7~10）	II级（4~6）	III级（≤3）
香味	10	卤汁香味浓郁	卤汁香味平淡	无卤汁香味，有蛋腥味
硬度	10	硬度适中	偏硬或偏软	过硬或过软
弹性	10	弹性好	弹性一般	弹性差
组织	10	无凹陷，有层次，组织均匀	凹陷较少，层次较分明，少量杂质	凹陷较多，无层次，杂质较多
口感	10	口感细腻，有嚼劲，适口	口感一般，不够入味	口感僵硬粗糙，不入味

2. 蛋白质含量测定（考马斯亮蓝法）

（1）样品处理　称取粉碎匀浆后的试样 1g（精确至 0.001g），用 80mL 水洗入 100mL 容量瓶，超声提取 15min。用水定容至刻度，取部分溶液 4000r/min 离心 15min，上清液为试样待测液。

（2）标准溶液的配制　牛血清白蛋白（BSA）标准溶液：精确称取牛血清白蛋白 50mg，加水溶解并定容至 500mL，配制成 0.1mg/mL 的蛋白质标准溶液。

（3）标准曲线的绘制　分别吸取蛋白质标准溶液 0.00mL、0.03mL、0.06mL、0.12mL、0.24mL、0.48mL、0.96mL 于 10mL 的比色管中（以上各管蛋白质含量分别为 0mg、0.003mg、0.006mg、0.012mg、0.024mg、0.048mg、0.072mg、0.084mg、0.096mg），分别加入蒸馏水 1.0mL、0.97mL、0.94mL、0.88mL、0.76mL、0.52mL、0.28mL、0.16mL、0.04mL，再分别加入考马斯亮蓝 G-250 溶液，振荡混匀，静置 2min。用 1cm 比色皿以试剂空白为参比溶液或调零点，用分光光度计于波长 595nm 处测定吸光度（应在出现蓝色 2min~1h 内完成），以吸光度为纵坐标、标准蛋白质浓度（mg/mL）为横坐标绘制标准曲线。

（4）试样测定　吸取 0.5mL 试样待测液（根据样品中蛋白质含量，可适当调节待测液体积），置于 10mL 比色管中，加 0.5mL 蒸馏水，再加 5mL 考马斯亮蓝 G-250 溶液，振荡混匀，静置 2min。用 1cm 比色皿以试剂空白为参比液或调零点，用分光光度计于波长 595nm 处测定吸光度（应在出现蓝色 2min~1h 内完成），根据标准曲线计算出样品中蛋白质含量。

按式（5-6）计算试样中蛋白质的含量：

$$X = \frac{(c - c_0) \times V}{m \times 1000} \times 100 \tag{5-6}$$

式中　X——试验中蛋白质的含量，g/100g；

c——从标准曲线得到的蛋白质浓度，mg/mL；

c_0——空白试验中蛋白质浓度，mg/mL；

V——最终样液的定容体积，mL；

m——测试所用试样质量，g。

计算结果保留到小数点后两位。

3. 水分含量测定

采用直接干燥法测定。参见实验二中"水分测定"部分。

4. 质构测定

采用 TPA 模式进行质构分析。使用铝合金模具，将已卤制鸡蛋干切割为直径 1cm、高 1cm

的圆柱体，采用 P/36R 探头，平行 5 次测定相关质构指标：硬度、胶黏性、咀嚼性、内聚性、弹性、回复性。质构测定参数：测前速度 5mm/s；测后速度 5mm/s；测试速度 1mm/s；触发力大小 5g，压缩样到原高度的 50%。

5. 相关产品标准

SN/T 3926—2014《出口乳、蛋、豆类食品中蛋白质含量的测定　考马斯亮蓝法》。本标准规定了出口乳、蛋、豆类食品中蛋白质含量的考马斯亮蓝测定方法，适用于乳、蛋、豆类食品中蛋白质含量的测定。

七、思考题

复合磷酸盐在鸡蛋干加工中所起的作用以及原理是什么？

第四节　乳制品

实验三十　无菌包装牛乳制作及分析

一、实验目的

通过在实验室条件下对新鲜牛乳的加工，了解和熟悉其工艺过程，掌握加工原理和相关的分析检测方法。

二、实验原理

无菌包装牛乳的典型代表为巴氏杀菌乳。其原理是通过热处理杀灭牛乳中的致病微生物，最大限度地减少乳品的物理、化学及感官的变化。

三、实验材料及仪器

1. 材料

原料乳，脱脂乳粉，稀奶油，包装袋等。

2. 仪器

消毒纱布 1 块，250~500mL 量筒 2 个，500mL 烧杯 2 个，小型均质机 1 台，水浴锅 1 台，温度计、玻璃棒各 1 支，全自动无菌液体包装机 1 台，冰柜 1 台。

四、工艺流程

原料乳 → 验收 → 过滤、净化 → 标准化 → 均质 → 杀菌 → 冷却 → 无菌灌装 →

封口 → 冷藏 → 成品

五、实验步骤

1. 原料乳验收

采用酒精实验法检验鲜乳的新鲜度（于试管内用等量的中性乙醇与牛乳混合，振摇后不出现絮片的牛乳新鲜度达标），并测定原料乳密度、脂肪、蛋白质含量。

2. 过滤、净化

将检验合格乳，过滤除去尘埃、杂质。

3. 标准化

为使产品达到 GB 19645—2010《食品安全国家标准　巴氏杀菌乳》的理化指标（脂肪≥3.1g/100g；蛋白质≥2.9g/100g；非脂乳固体≥8.1g/100g；酸度12~18°T），必须对原料乳进行标准化，用稀奶油和脱脂乳粉来调节乳中脂肪、蛋白质、非脂乳固体的量。

4. 均质

先将牛乳预热至50~65℃，采用均质机通过140~210kg/cm² 压力均质，防止脂肪上浮，改善组织状态和消化吸收程度。

5. 杀菌、冷却

杀菌条件采用80~85℃，3~5min。由于杀菌后仍有部分微生物残存，且在以后工序中可能被再污染，为了抑制乳中微生物发育，延长保质期，杀菌后必须迅速冷却至4℃以下。

6. 灌装、冷藏

采用全自动无菌液体包装机将乳灌装于灭菌的一次性包装袋内，密封后冷藏。

7. 品质鉴定

对无菌包装牛乳感官指标、理化指标及微生物指标进行检测。

六、分析检测、设备及产品标准

（一）牛乳中脂肪含量的测定

1. 原理

用乙醚和石油醚抽提样品的碱水解液，通过蒸馏或蒸发去除溶剂，测定溶于溶剂中抽提物的质量。

2. 试剂

①淀粉酶：酶活力≥1.5U/mg；

②氨水：质量分数约25%（注：可使用比此浓度更高的氨水）；

③乙醇：体积分数至少为95%；

④乙醚：不含过氧化物，不含抗氧化剂，并满足试验的要求；

⑤石油醚：沸程30~60℃；

⑥混合溶剂：等体积混合乙醚和石油醚，使用前制备；

⑦碘溶液：约0.1mol/L；

⑧刚果红溶液：将1g刚果红溶于水中，稀释至100mL（注：可选择性地使用。刚果红溶液可使溶剂和水相界面清晰，也可使用其他能使水相染色而不影响测定结果的溶液）；

⑨盐酸：6mol/L，量取50mL盐酸（12mol/L）缓缓倒入40mL水中，定容至100mL，混匀。

3. 仪器

①分析天平：感量0.1mg；

②离心机：可用于放置抽脂瓶或管，转速500~600r/min，可在抽脂瓶外端产生80~90的重力场；

③电热恒温干燥箱；

④电热恒温水浴锅；

⑤抽脂瓶：抽脂瓶应带有软木塞或其他不影响溶剂使用的瓶塞（如硅胶或聚四氟乙烯）。软木塞先浸于乙醚中，然后放入60℃或以上的水中保持至少15min，冷却后使用。不用时需浸泡在水中，浸泡用水每天更换一次。

4. 操作步骤

①用于脂肪收集容器（脂肪收集瓶）的准备：在干燥的脂肪收集瓶中加入几粒沸石，放入电热恒温干燥箱中干燥1h。使脂肪收集瓶冷却至室温，称量，精确至0.1mg。

②空白试验：空白试验与样品检验同时进行，使用相同步骤和相同试剂，但用10mL水代替试样。

③测定：称取充分混匀试样10g（精确至0.0001g）放入抽脂瓶中，加入2.0mL氨水，充分混合后立即将抽脂瓶放入（65±5）℃的水浴中，加热15~20min，不时取出振荡。取出后，冷却至室温。静置30s后加入10mL乙醇，缓和但彻底地进行混合，避免液体太接近瓶颈。如果需要，可加入两滴刚果红溶液。加入25mL乙醚，塞上瓶塞，将抽脂瓶保持在水平位置，小球的延伸部分朝上夹到摇混器上，按约100次/min振荡1min，也可采用手动振摇方式。但均应注意避免形成持久乳化液。抽脂瓶冷却后小心地打开塞子，用少量的混合溶液冲洗塞子和瓶颈，使冲洗液流入抽脂瓶。加入25mL石油醚，塞上重新润湿的塞子，轻轻振荡30s。将加塞的抽脂瓶放入离心机中，在500~600r/min下离心5min。否则将抽脂瓶静置至少30min，直到上层液澄清，并明显与水相分离。

小心地打开瓶塞，用少量的混合溶液冲洗塞子和瓶颈内壁，使冲洗液流入抽脂瓶。将上层液尽可能地倒入已准备好的加入沸石的脂肪收集瓶中，避免倒出水层。向抽脂瓶中加入5mL乙醇，用乙醇冲洗瓶颈内壁，按上述进行混合。重复以上操作，再进行第二次抽提（只用15mL乙醚和15mL石油醚）。合并提取液，采用蒸馏的方法除去脂肪收集瓶中的溶剂，也可放在沸水浴上蒸发至干来除去溶剂。将脂肪收集瓶放入（102±2）℃的电热恒温干燥箱中加热1h，取出脂肪收集瓶，冷却至室温，称量，精确至0.1mg。重复操作，直到脂肪收集瓶两次连续称量差值不超过0.5mg为止，记录脂肪收集瓶和抽提物的最低质量。

计算：

$$x = \frac{(m_1 - m_2) - (m_3 - m_4)}{m} \times 100 \tag{5-7}$$

式中 x——样品中脂肪含量，g/100g；

m——样品的质量，g；

m_1——脂肪收集瓶和抽提物的质量，g；

m_2——脂肪收集瓶的质量，g；

m_3——空白试验中脂肪收集瓶和测得的抽提物的质量，g；

m_4——空白试验中脂肪收集瓶的质量，g。

以重复性条件下获得的两次独立测定结果的算术平均值表示，结果保留三位有效数字。

(二) 牛乳中蛋白质含量的测定

参见实验六"全氮检测"部分。

(三) 牛乳中乳糖的测定

1. 原理

牛乳或乳粉样液经沉淀剂澄清后，样液中的乳糖在苯酚、氢氧化钠、苦味酸和硫酸氢钠作用下，生成橘红色的络合物。在波长 520nm 处具有最大的吸收波长，颜色深浅与乳糖含量成正比，由标准乳糖含量可以计算出样液中乳糖含量。

2. 试剂

①沉淀剂：45g/L 氢氧化钡溶液、50g/L 硫酸锌溶液；

②发色剂：10g/L 苯酚溶液、50g/L 氢氧化钠溶液、10g/L 苦味酸溶液、10g/L 亚硫酸氢钠溶液，按次序以 1∶2∶2∶1（体积比）配成，保存于棕色瓶中，有效期 2d；

③乳糖标准溶液：称取含有结晶水的乳糖 1.052g 或经 100℃烘至恒重干燥的乳糖 1g，经水解后移入 1L 容量瓶中，并用水稀释至刻度，此溶液每毫升含有 1mg 的乳糖。

3. 仪器

分光光度计、离心机。

4. 操作方法

①样品处理：准确吸取 2.0mL（或 2.00g）牛乳，用水溶解后移入 100mL 容量瓶中，用水稀释至刻度，摇匀。吸取 2.5mL 稀释样液，移入离心管中，添加 50g/L 硫酸锌溶液 2mL 和 45g/L 氢氧化钡溶液 0.5mL，用小玻璃棒轻轻搅拌后，以 2000r/min 的速度离心 2min，上层澄清液为样品测定溶液。

②标准曲线绘制：准确吸取每毫升相当于 1mg 乳糖的标准溶液 0.0mL、0.2mL、0.4mL、0.6mL、0.8mL 和 1mL，分别移入 25mL 比色管中，加入 2.5mL 发色剂，用塑料塞或橡皮塞紧紧塞住，在沸水浴中准确加热 6min，取出，立即在冷水中冷却，用水稀释至刻度，于分光光度计波长 520nm 处测定吸光度，绘制标准曲线。

③样品分析：准确吸取 1.0mL 经离心澄清后的样品溶液，移入 25mL 比色管中，加入 2.5mL 发色剂，以下操作按标准曲线绘制的步骤进行，测得样液中的吸光度，从标准曲线查出乳糖的含量。

计算：

$$乳糖(mg/mL) = \frac{C}{W} \times 100 \tag{5-8}$$

式中　C——从标准曲线查得相当于标准乳糖量，mg；

　　　W——吸取比色样液相当于样品的量，mL。

说明：本法有效乳糖检验范围为 0.2~2.0mg，适用于牛乳、乳粉和酪蛋白乳糖中乳糖的测定。如果样液中有蔗糖、乙醇等存在，也不影响测定结果。

（四）牛乳中蔗糖的测定

1. 原理

样品脱脂后，用水或乙醇提取，提取液经澄清处理以除去蛋白质等杂质再用盐酸进行水解，使蔗糖转化为还原糖。然后按还原糖测定方法分别测定水解前样品液中还原糖含量，两者差值即为蔗糖水解产生的还原糖量，即转化糖的含量，乘以换算系数即为蔗糖含量。

2. 操作步骤

取一定量样品，按直接滴定法中的样品处理方法处理。吸取处理后的样液 2 份各 50mL，分别放入 100mL 容量瓶中，一份加入 5mL 6mol/L 盐酸溶液，68~70℃水浴中加热 15min，取出迅速冷却至室温，加 2 滴 0.1%甲基红乙醇溶液，用 200g/L 氢氧化钠中和至中性，加水至刻度，混匀。另一份直接用水稀释至 100mL。然后按直接滴定法测定还原糖含量。

计算：

$$蔬糖含量 = \frac{m_1 \times \left(\dfrac{100}{V_2} - \dfrac{100}{V_1}\right)}{m_2 \times \dfrac{50}{250} \times 1000} \times 100\% \times 0.95 \qquad (5-9)$$

式中　m_1——10mL 酒石酸钾钠铜溶液相当于转化糖的质量，mg；

　　　V_1——测定时消耗未经水解的样品稀释液体积，mL；

　　　V_2——测定时消耗经过水解的样品稀释体积，mL；

　　　m_2——样品质量，g。

3. 说明

①蔬糖的水解速度比其他双糖、低聚糖和多糖快得多。在本方法规定的水解条件下，蔬糖可以完全水解，而其他双糖、低聚糖和淀粉的水解作用很小，可忽略不计。②为获得准确的结果，必须严格控制水解条件，取样体积、酸的浓度及用量、水解温度和时间都严格控制，达到规定时间后应迅速冷却，以防止低聚糖和多糖水解，果糖分解。③用还原糖测定蔬糖时，为减少误差，测得的还原糖含量应以转化糖表示。因此，选用直接滴定法时，应采用 0.1% 标准转化糖溶液标定碱性酒石酸铜溶液。

（五）牛乳中脲酶的测定

1. 原理

脲酶在适当酸碱度和温度条件下，催化尿素转化成碳酸铵。碳酸铵在碱性条件下生成氢氧化铵，与纳氏试剂中的碘化钾汞复盐作用，生成棕色的碘化双汞铵。

2. 试剂

①尿素溶液（10g/L）：称取尿素 5g，溶解于 500mL 水中。保存于棕色试剂瓶中，然后放在冰箱中冷藏，有效期 1 个月；

②钨酸钠溶液（100g/L）：称取钨酸钠 50g，溶解于 500mL 水中；

③酒石酸钾钠溶液（20g/L）：称取酒石酸钾钠 10g，溶解于 500mL 水中；

④硫酸溶液（50mL/L）：吸取硫酸 25mL，溶解于 500mL 水中；

⑤磷酸氢二钠溶液：称取无水磷酸氢二钠 9.47 g，溶解于 1000mL 水中；

⑥磷酸二氢钾溶液：称取磷酸二氢钾 9.07 g，溶解于 1000mL 水中；

⑦中性缓冲溶液：取磷酸氢二钠溶液 611mL，磷酸二氢钾溶液 389mL，两种溶液混合均匀；

⑧碘化汞-碘化钾混合溶液：称取红色碘化汞 55g 和碘化钾 41.25g，溶解于 250mL 水中；

⑨纳氏试剂：称取氢氧化钠 144g 溶解于 500mL 水中，充分溶解并冷却后，再缓慢地移入 1000mL 的容量瓶中，加入碘化汞-碘化钾混合溶液 250mL，加水稀释至刻度，摇匀，转入试剂瓶内，静置后，取上清液。此试剂需棕色瓶保存，冰箱中冷藏，有效期 1 个月。

3. 仪器

电子天平（感量为 0.01g），漩涡振荡器，恒温水浴锅［（40±1）℃］。

4. 操作步骤

取试管甲、乙两支，各装入 0.10g 试样，再吸入 1mL 水，振摇 0.5min（约 100 次）。然后分别吸入 1mL 中性缓冲溶液。向甲管（样品管）吸入 1mL 尿素溶液，再向乙管（空白对照管）吸入 1mL 水。两管摇匀后，置于（40±1）℃水浴中保温 20min。从水浴中取出两管后，各吸入

4mL 水，摇匀，再吸入 1mL 钨酸钠溶液，摇匀，吸入 1mL 硫酸溶液，摇匀，过滤，收集滤液备用，取上述滤液 2mL，分别吸入到两支 25mL 具塞比色管中。再各吸入 15mL 水，1mL 酒石酸钾钠溶液和 2mL 纳氏试剂，最后用水定容至 25mL，摇匀。5min 内观察结果。

结果按表 5-6 进行判断。

表 5-6　　　　　　　　　　　牛乳中脲酶的检测结果判断

脲酶定性	表示符号	现实情况
强阳性	++++	砖红色混浊或澄清液
次强阳性	+++	橘红色澄清液
阳性	++	深金黄色或黄色澄清液
弱阳性	+	淡金黄色或微黄色澄清液
阴性	−	样品管与空白对照管同色或更淡

注：该方法为定性法，检出限为 0.7U。

（六）牛乳中非脂乳固体的测定

1. 试剂

石油醚（沸点 30~90℃）。

2. 仪器

2 号或 3 号砂芯漏斗，洗净，在 100℃ 电热恒温干燥箱中干燥后冷却，称重。

3. 操作方法

将已测过水分的样皿中加入 25mL 石油醚，用玻璃棒充分搅拌，将溶液和残渣都移入已恒重的砂芯漏斗中。用 15~20mL 石油醚洗涤皿数次，洗液也并入漏斗中，在吸滤瓶中抽干，用洗瓶（瓶内装石油醚）洗去漏斗内外壁的脂肪。取出漏斗，置于 98~100℃ 电热恒温干燥箱中烘干，30min 后取出，冷却，称重。如此反复干燥、冷却、称重，直至前后两次质量相差小于 2mg 为止。

计算：

$$非脂乳固体(\%) = \frac{W_1 - W_2}{W} \times 100 \tag{5-10}$$

式中　W——样品质量，g；

　　　W_1——漏斗及残渣干燥后的质量，g；

　　　W_2——漏斗质量，g。

（七）感官评价

巴氏杀菌乳感官特性要求如下。

（1）色泽　呈均匀一致的乳白色，或微黄色；

（2）滋味和气味　具有乳固有的滋味和气味，无异味；

（3）组织状态　均匀的液体，无沉淀，无凝块，无正常视力可见异物。

（八）自动包装机

利乐纸盒无菌包装设备（图 5-6）目前广泛用于乳品、奶油、果汁等饮料的无菌包装。物料经超高温杀菌后，在无菌条件下用已消毒的复合材料制成砖形，无须冷藏，可在常温下保存或流通。包装材料由纸、塑料和铝箔组成，以板材卷筒形式引入；所有与料液接触的部位及设备的无菌腔经无菌处理；包装的成型、充填、封口和分离均在一台机器上完成。

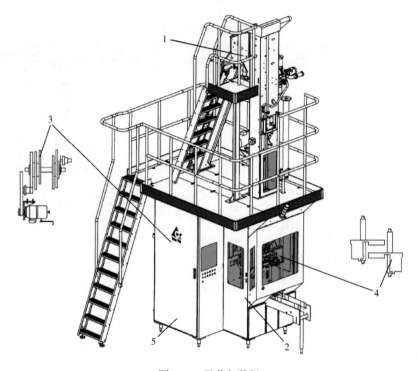

图 5-6　无菌包装机

1—上层平台　2—机体　3—传动系统　4—包装材料输送系统　5—电力系统

(九) 相关产品标准

GB 19645—2010《食品安全国家标准　巴氏杀菌乳》适用于全脂、脱脂和部分脱脂巴氏杀菌乳。

七、思考题

1. 试比较巴氏杀菌乳与灭菌乳的区别，其在加工工艺及质量标准上有何差异？

2. 巴氏杀菌乳杀菌处理时采用的温度、时间不同对产品的品质有何影响？

实验三十一　全脂乳粉制作及分析

一、实验目的

了解和熟悉乳粉的加工过程，掌握乳粉的加工原理和相关的分析检测方法。

二、实验原理

将新鲜原料乳经标准化后，直接加工成干燥的粉末状制品即为全脂乳粉，添加蔗糖后所制成的乳粉称为加糖全脂乳粉或甜乳粉。全脂乳粉具有便于贮藏、运输、饮用、可调节产乳的淡旺季对市场供应的影响等优点。

三、实验材料及仪器

1. 材料

原料乳、蔗糖。

2. 仪器

净乳机、超高温瞬时杀菌装置、连续式蒸发器、喷雾干燥装置。

四、工艺流程

原料乳 → 验收 → 预处理 → 预热、均质、杀菌 → 真空浓缩 → 喷雾干燥 → 出粉 →

晾粉、筛粉 → 包装 → 装箱 → 检验 → 成品

五、实验步骤

1. 原料乳的验收及处理

加工乳粉所需的原料，必须符合国家标准中规定的各项要求。鲜牛乳经过严格的感官、理化及微生物检验合格后，才能够进入加工程序。原料乳经过验收后应及时进行过滤、净化、冷却和贮存等预处理。

2. 原料乳标准化

使用净乳机，通过离心作用将乳中难以过滤去除的细小污物及芽孢分离，同时对乳中的脂肪含量进行标准化。也可用稀奶油分离机分离后再对脂肪进行标准化。为使成品中脂肪含量在26%，工艺操作中脂肪含量一般应控制在27%左右，对全脂加糖乳粉成品脂肪含量应控制在20%以上。

3. 加糖、预热、均质

当产品中蔗糖含量低于20%时，可以在预热时加糖或将灭菌糖浆加入浓缩好的待喷雾的浓缩乳中；若超过20%，则应将超过部分以蔗糖细粉的形式在乳粉包装时加入。乳粉生产时，预热和均质的要求与消毒乳的加工相同。

4. 杀菌

原料乳的杀菌方法，可以采用低温杀菌法、高温短时杀菌法或超高温瞬时杀菌法等。杀菌条件与设备和干燥方法有关。喷雾干燥制造全脂乳粉，一般采用高温短时杀菌法，其设备与浓缩设备相连。若使用列管式杀菌器，通常采用的杀菌条件为80~85℃/5~10min。板式杀菌设备，选用80~85℃/15s。若采用超高温瞬时杀菌装置则为130~135℃/2~4 s。国外生产多采用85~115℃/2~3min。

5. 真空浓缩

采用连续式蒸发器在稳定的操作条件下将原料乳浓缩至原体积的1/4，乳干物质达到45%左右。浓缩后的乳温一般为47~50℃，这时的浓缩乳浓度应为14~16°Bé，相对密度为1.089~1.100；若生产大颗粒甜乳粉，浓乳浓度可提高至18~19°Bé。

6. 喷雾干燥

浓缩后的乳打入保温罐内，立即进行干燥。最终使乳粉中的水分含量在2.5%~5%。

7. 筛粉

用机械振动筛筛粉，使乳粉粒度为40~60目。乳粉颗粒达150μm左右时冲调复原性最好，小于75μm时，冲调复原性较差。

8. 晾粉

使乳粉的温度降低，同时乳粉表观密度可提高 15%，有利于包装。

9. 产品感官评价及质量检测

对乳粉产品进行感官检验，测定理化和微生物等指标。

六、分析检测、设备及产品标准

1. 全脂乳粉中水分的测定

参见实验二中"水分测定"部分。本法测定的水分包括微量的芳香油、醇、有机酸等挥发性物质。

2. 全脂乳粉中灰分的测定

（1）原理　将样品炭化后置于 500~600℃ 马弗炉内至有机物完全灼烧挥发后，无机物以无机盐和金属氧化物的形式残留下来，这些残留物即为灰分。称量残留物的质量即可计算出样品中的总灰分。

（2）试剂　三氯化铁溶液（5g/L），称取 0.5g 三氯化铁（分析纯）溶于 100mL 蓝墨墨水。

（3）仪器　马弗炉（也称高温电炉，能产生 550℃ 以上的高温，并可控制温度），分析天平（感量 0.0001g），干燥器（内装有效的变色硅胶），坩埚钳，瓷坩埚。

（4）操作步骤

①坩埚处理：取洁净干燥的瓷坩埚，用蘸有三氯化铁蓝墨墨水溶液的毛笔在坩埚上编号，然后将编号坩埚放入 550℃ 马弗炉内灼烧 30~60min，冷却至 200℃ 以下，取出坩埚移至干燥器内冷却至室温，称量坩埚的质量，再重复灼烧，冷却、称量至恒重（前后两次质量差不超过 0.0002g）。

②样品称量：称取全脂乳粉样品取 1~2g。

③样品炭化前预处理：称取均匀的样品，提取脂肪后，再把残留物无损地移入已知质量的坩埚中炭化。

④样品炭化：将上述预处理后的试样，放在电炉上，错开坩埚盖，加热至完全炭化无烟为止。

⑤样品的灰化：把坩埚放在马弗炉内，错开坩埚盖，关闭炉门，在 (550±25)℃ 灼烧 3~4h 至无碳粒，即完全炭化。冷至 200℃ 以下取出坩埚，并移至干燥器内冷却至室温，称量。再灼烧 30min，冷却，称量，重复灼烧直至前后两次称量差不超过 0.5mg 为恒重。最后一次灼烧的质量如果增加，取前一次质量计算。

⑥计算：样品总灰分含量计算如式（5-11）。

$$X = \frac{m_3 - m_1}{m_2 - m_1} \times 100 \tag{5-11}$$

式中　X——样品中灰分含量，g/100g；

　　　m_1——空坩埚质量，g；

　　　m_2——样品和坩埚质量，g；

　　　m_3——坩埚和灰分的质量，g。

（5）注意事项

①样品炭化时要注意热源强度，防止产生大量泡沫溢出坩埚，造成实验误差。对于含糖分、淀粉、蛋白质较高的样品，为防止泡沫溢出，炭化前可加数滴纯净植物油。

②灼烧空坩埚与灼烧样品的条件应尽量一致，以消除系统误差。

③把坩埚放入马弗炉或从马弗炉中取出时，要在炉口停留片刻，使坩埚预热或冷却，防止因温度骤然变化而使坩埚劈裂。

④灼烧后的坩埚应冷却到200℃以下再移入干燥器中，否则因强热冷空气的瞬间对流作用，易造成残灰飞散；而且过热的坩埚放入干燥器，冷却后干燥器内形成较大真空，盖子不易打开。

⑤新坩埚使用前须在1∶1盐酸溶液中煮沸1h，用水冲净烘干，经高温灼烧至恒重后使用。用过的旧坩埚经初步清洗后，可用废盐酸浸泡20min，再用水冲洗干净。

⑥样品灼烧温度不能超过600℃，否则钾、钠、氯等易挥发造成误差。样品经灼烧后，若中间仍包裹碳粒，可滴加少许水，使结块松散，蒸出水分后再继续灼烧至灰化完全。

⑦对较难灰化的样品，可添加硝酸、过氧化氢、碳酸铵等助灰剂，这类物质在灼烧后完全消失，不增加残灰的质量，仅起到加速灰化的作用。例如，若灰分中夹杂碳粒，向冷却的样品滴加硝酸（1∶1）使之湿润，蒸干后再灼烧。

⑧反复灼烧至恒重是判断灰化是否完全最可靠的方法。因为有些样品即使灰化完全，残灰也不一定是白色或灰白色。例如，铁含量高的食品，残灰呈褐色；锰、铜含量高的食品，残灰呈蓝绿色。反之，未灰化完全的样品，表面呈白色的灰，但内部仍夹杂有碳粒。

3. 全脂乳粉中乳糖的测定

（1）仪器 250mL容量瓶、50mL酸式滴定管、可调电炉、5mL吸量管。

（2）试剂 106g/L亚铁氰化钾溶液、219g/L乙酸锌溶液、标定好的斐林试剂溶液（甲液及乙液）、1mg/mL乳糖标准溶液。

（3）操作步骤

①样品处理：准确称取0.7~0.8g乳粉样品，置于250mL容量瓶中，加50mL水，摇匀后慢慢加入5mL乙酸锌及5mL亚铁氰化钾溶液，加水至刻度，混匀，静置0.5h。用干燥滤纸过滤，弃去初滤液，收集滤液供测定用。

②样液预测：吸取已用乳糖标定好的碱性酒石酸铜甲液及乙液各5.00mL，置于250mL锥形瓶中，加水10mL，加玻璃珠3粒，使其在2min内加热至沸腾。趁沸腾以先快后慢的速度从滴定管中滴加样品液，须始终保持溶液的沸腾状态，待溶液蓝色变浅时，以0.5滴/s的速度滴定，直至溶液蓝色刚好褪去为终点。记录消耗样品溶液的体积。

③样液测定：吸取碱性酒石酸铜甲液及乙液各5.00mL，置于250mL锥形瓶中，加玻璃珠3粒，从滴定管中加入比预测体积少1mL的样品液，使其在2min内加热至沸腾。趁沸腾以0.5滴/s的速度滴定，直至溶液蓝色刚好褪去为终点。记录消耗样品溶液的体积。同法平行操作3次，得出平均消耗体积。

④数据记录及处理：将试验数据填入表5-7中。

表5-7　　　　　　　　　　　乳糖测定数据记录表

测定次数	样品质量/g	标定时消耗乳糖的体积/mL				10mL碱性酒石酸铜相当于乳糖的质量/mg	测定时消耗样品水解液的体积/mL			
		1	2	3	平均值		1	2	3	平均值
1										
2										

按式（5-12）计算乳粉中乳糖的质量分数：

$$w(乳糖) = \frac{m_2}{m \times \frac{V}{250} \times 1000} \times 100\% \qquad (5-12)$$

式中 w（乳糖）——乳粉中乳糖的质量分数；

　　　　m——样品质量，g；

　　　　V——测定时平均消耗样品溶液的体积，mL；

　　　　m_2——10mL 碱性酒石酸铜溶液相对于乳糖的质量，mg；

　　　　250——样品溶液的总体积，mL。

两次平行测定结果之差不得超过平均值的 10%。

4. 感官评价

乳粉感官要求和检验方法如表 5-8 所示。

表 5-8　　　　　　　　　　　　乳粉感官要求和检验方法

项目	要求		检验方法
	乳粉	调制乳粉	
色泽	呈均匀一致的乳黄色	具有应有的色泽	取适量试样置于 50mL 烧杯中，在自然光下观察色泽和组织状态。闻其气味，用温开水漱口，品尝滋味
滋味、气味	具有纯正的乳香味	具有应有的滋味、气味	
组织状态	干燥均匀的粉末		

5. 喷雾干燥

喷雾干燥的原理，是向干燥室内鼓入热空气，同时将浓乳液借着压力或高速离心力的作用，通过喷雾器（又称雾化器）喷成雾状的微细乳滴（直径 10 ~100μm），这时乳液形成了无数微细粒子，显著地增大了表面积，与热风接触，从而大大增加了水分蒸发速率。在瞬间将乳液中的水分蒸发除去，使乳液的微细雾滴变成乳粉，降落在干燥室底部。喷雾干燥是一个较为复杂的过程，包括浓缩乳微粒表面水分汽化以及微粒内部水分不断向表面扩散的过程。当浓缩乳的水分含量超过其平衡水分，微粒表面的蒸汽压超过干燥介质的蒸汽压时，干燥过程才能进行。

喷雾干燥过程一般分为三个阶段：

（1）预热阶段（前处理过程）　浓缩乳形成的微粒与干燥介质一接触，干燥就开始了，微粒表面水分立即汽化，若微粒表面温度高于干燥介质的湿球温度，则由于微粒表面水分的汽化而使其表面温度下降至湿球温度。若微粒表面温度低于湿球温度，干燥介质供给其热量，使其表面温度上升至湿球温度，则成为预热阶段，直到干燥介质传给微粒的热量与用于微粒表面水分汽化所需的热量达到平衡为止。此时，干燥速率便迅速地增大到某一个最大值，即进入下一阶段。

（2）恒速干燥区（干燥阶段，CRP）　当干燥速率达到最大值后，即进入恒速干燥阶段。在此阶段中，浓缩乳微粒的水分汽化发生在微粒表面。微粒表面上的水蒸气分压等于或接近水的饱和蒸气压。微粒水分汽化所需的热量取决于干燥介质，微粒表面的温度等于干燥介质的湿球温度，一般为 50~60℃。

　　恒速干燥时间相当短，可能仅持续几秒钟。在这么短时间内，干燥速率受水分子从液体表面被除去的快慢控制，可以认为表面水分含量不变。在喷雾干燥中，热传递的主要机制是干燥空气与液滴之间的对流，喷雾干燥机中的对流热量传递系数（K）能简单地估算为干燥空气的热导率（k_a）与粒子半径（r）的比率，通过圆球形液滴的适当几何学解方程，就能够推导出计算喷雾干燥中 CRP 期的干燥时间（t_{CRP}）的公式：

$$t_{CRP} = \frac{\Delta H_v \rho_L d_0^2}{12 k_a (1 + M_0)} \left(\frac{M_0 - M_c}{\theta_a - \theta_s} \right) \tag{5-13}$$

式中　ΔH_v——蒸发潜热，J/kg 水；

　　　ρ_L——进料液体的密度，kg/m³；

　　　d_0——初始液滴直径，m；

　　　M_0——以干基计进料中初始水分含量，kg/kg；

　　　M_c——CRP 结束时的临界水分含量，kg/kg；

　　　θ_a——初始空气温度，℃；

　　　θ_s——CRP 期的表面温度，℃。

　　对于喷雾干燥，在 CRP 过程中，表面温度可以达到干燥空气的湿球温度。在 CRP 期，由液滴中水分减少引起的蒸发冷却抵消热量从空气向液滴的传递，温度相对恒定的干燥空气的湿球温度，这就使得干燥在相对低的温度下速度快，以减少产品因热反应而引起的分解。

　　（3）降速干燥阶段（后处理过程，FRP）　由于微粒表面水分汽化，使微粒内部水分扩散速率变缓，不再使微粒表面保持潮湿时，恒速干燥阶段结束，进入降速干燥阶段。微粒水分的蒸发将发生在表面内的某一界面上。当水分蒸发速率大于内部扩散速率时，则水蒸气在微粒内部形成，若此时颗粒呈可塑性，就会形成中空的干燥乳粉颗粒。乳粉颗粒的温度将逐步超过干燥介质的湿球温度，并逐渐接近于干燥介质的温度，乳粉的水分含量也接近或等于该干燥介质状态下的平衡水分。此阶段的干燥时间较恒速干燥阶段长，一般为 15~30s。

　　降速干燥期在喷雾干燥中是时间较长的。这时水分从液滴中向表面转移的速率限制水分向干燥空气跑的量。在 FRP 期，蒸发冷却不足以维持表面温度在湿球温度，使产品表面温度逐渐增加，最终，液滴达到干燥空气的相同温度。当空气冷却时，干燥不再进行，典型的出口空气温度在 50~100℃。

　　在 FRP 期的干燥时间难以预测，因条件不断改变。但是通过简化干燥速率方程式，可大体估算干燥室中的干燥时间（t_{FRP}），其公式如下：

$$t_{FRP} = \frac{\Delta H_v \rho_L d_0^2}{3 k_a (1 + M_0)} \left(\frac{M_0 - M_c}{\Delta \theta} \right) \tag{5-14}$$

式中　$\Delta \theta$——在 FRP 期空气和液滴之间的平均温度差，℃；

　　　M_c——干燥结束时最终水分含量。

　　为了简化计算，平均温度差取初始温度差的一半，最终温度差接近于零（图 5-7）。初始温度差取决于环境空气温度减去湿球温度。

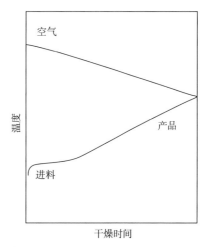

图 5-7　喷雾干燥机中干燥时空气和产品的温度趋势图

虽然液滴的温度在 FRP 期增加，但在这段时间中热分解的机会很少。例如，在低水分含量时，蛋白质变性的速率减小，所以产品能承受稍高一些的温度。然而，随着蛋白质变性和其他化学反应的发生，喷雾干燥液滴的表面会变硬，当变硬发生时，它会影响液滴的后续干燥，会影响粉末产品的最终特性，如果硬层阻止水分从液滴向内迁移，内部压力会增加，硬层的壳爆裂或破裂，使更多的液滴从内部流出来。

喷雾干燥的操作：先将过滤的空气由鼓风机吸进，通过空气加热器加热至 130~160℃后，进入喷雾干燥室。同时将过滤的浓缩乳液由高压泵送至喷雾器或由奶泵送到离心喷雾转盘，喷成 10~20μm 的乳滴，与热空气充分接触，进行强烈的热交换和质交换，迅速地排除水分，在瞬间完成蒸发，获得干燥，随之沉降于干燥室底部，通过出粉机不断卸出，及时冷却，最后进行筛粉和包装。

七、思考题

1. 目前生产乳粉的方法有哪些？各有哪些利弊？
2. 生产乳粉时，为什么要先浓缩处理？

实验三十二　冰淇淋制作及分析

一、实验目的

掌握制作冰淇淋的原理及方法；学会制作冰淇淋；能够根据冰淇淋各个成分的特性检测相应成分。

二、实验原理

冰淇淋（ice cream）是以稀奶油为主要原料，由乳和乳制品加入蛋或蛋制品、香味料、甜味料、增稠剂、乳化剂、色素等，通过混合配制、杀菌、均质、成熟、凝冻、成型、硬化等工序加工而成的制品。冰淇淋由约 50%的空气，32%的水分和 18%的干物质构成。冰淇淋的形成大体经过以下三个阶段：

（1）液态阶段　假定料液的温度为 5℃，经过 2~3min 的凝冻与搅拌过程后，料液的温度从 5℃降低到 2~3℃。由于料液温度尚高，仍未达到使空气混入的条件，这个阶段称为液态阶段。

（2）半固态阶段　继续将料液凝冻搅拌 2~3min，此时料液的温度降至-1~-20℃，料液的黏度也显著提高。由于料液的黏度提高了，外界的空气趁机大量混入，料液开始变得浓厚而体积膨胀，这个阶段称为半固态阶段。

（3）固态阶段　经过半固态阶段以后，继续凝冻搅拌料液 3~4min，此时，料液的温度已降低到-4~-60℃，在温度继续下降的同时，外界的空气继续混入，并不断地被料液层层包围，这时冰淇淋料液内的空气含量已接近饱和。此阶段为料液形成冰淇淋的最后阶段。

三、实验材料及仪器

1. 材料

全脂乳粉、奶油、白糖、羧甲基纤维素钠（CMC）、黄原胶、单脂肪酸甘油酯（MAC）、饮用水等。

2. 仪器

冰淇淋机、高压均质机、冰箱、电炉、不锈钢锅、水浴锅、温度计、天平、烧杯、量筒、杯子、干燥器、干燥箱、称量皿（皿盖内径 70~75mm，皿高 25~30mm）；平头玻璃棒（棒长不超过称量皿的直径）。

四、实验步骤

1. 配料

配方（按 1kg 计）：全脂乳粉 8%、奶油 5%、白砂糖 14%、单甘酯 0.25%、羧甲基纤维素钠 0.35%、水 72.4%。

按配方要求准备好各种原料。先将乳粉在 20℃下水合 40~60min。液体原料加热，将蔗糖、乳粉倒入混料缸，通过混合泵混合溶解。稳定剂用 10 倍左右白砂糖混匀，用 45℃左右的温水浸渍 20min，充分吸水后加热至 60~70℃溶解，然后加入开始杀菌的混合料中。各种原料完全溶解后，用 80~100 目筛孔的不锈钢金属网或带有孔眼的金属过滤器过滤：混合料的酸度应控制在 0.18%~0.20%，一般不得超过 0.25%，否则杀菌时有凝固的危险。当酸度过高时，可用小苏打中和。

2. 均质

采用温度 60~63℃，压力 1372~2058Pa 的均质条件。

3. 杀菌

采用低温长时间杀菌法（LTLT）在 60~70℃下保持 20min，杀菌时将各种原料进行充分搅拌混合。

4. 冷却、老化

将杀菌后的混合物在冷水中冷却至室温，放入冰柜（0~5℃）冷却老化 4~6h。

5. 凝冻

将老化好的混合料在冰淇淋冻结机内进行冻结处理，加入混合料前凝冻机的温度应在 -5℃左右，混合料加入后不致使温度升高过多。

6. 硬化

冰淇淋在凝冻后，必须迅速进行 10~12h 的低温（-40~-25℃）冷冻，以固定冰淇淋的组织形态，并使其保持适当的硬度，即冰淇淋的硬化。

注意：

（1）料液的加入量基本上要固定，不得任意多加或少加，只有当冰淇淋的膨胀率过高时多加，过低时少加。

（2）凝冻的速度越快越好，这样才能保证冰结晶体的体积越小。通常凝冻机的供冷系统氨蒸发温度以 -35~-25℃为佳，以迅速降低料液的温度，加快微小晶体形成的速度。

（3）搅拌速度越快越好，这样混入的空气量才能越大，因此，必须备有良好的搅拌器。搅拌器上的刮刀与筒内壁的距离不得越过 0.2~0.3mm。要求刀口锋利，应经常检查与定期检修。

（4）老化温度掌握在 4~5℃，最好是 2~3℃，因为过高的老化温度会增加凝冻时的供冷负荷。

（5）冰淇淋的放料温度一般为 -6~-4℃，最佳为 -5℃，最低为 -6℃。

五、原辅料、分析检测及产品标准

1. 冰淇淋加工的原辅料及性质

（1）水　应符合 GB 5749—2022《生活饮用水卫生标准》的规定。

（2）糖类　冰淇淋的甜味剂可以选用蔗糖、葡萄糖、转化糖、果葡糖浆和饴糖等，但大多使用蔗糖，一般添加量为 13%～16%，高级冰淇淋 13%～15%，中低级冰淇淋 14%～16%，果子露冰淇淋 17%～20%。若要使用葡萄糖、转化糖和果葡糖浆，其使用量一般为蔗糖的 1/4～1/3。糖分除赋予冰淇淋甜味外，还使冰点下降，增加混合料的黏度，使口感圆润及组织状态良好。白砂糖应符合 GB/T 317—2018《白砂糖》的规定。

（3）乳及乳制品　应符合相关国家标准或行业标准的规定。

①乳脂肪：乳脂肪是冰淇淋最重要的成分，与风味的浓厚、组织的干爽与圆滑、形体的强弱、保形性密切相关。脂肪含量高的冰淇淋，可以减少稳定剂的用量。脂肪在冰冻中，部分凝固抑制结晶，可使味觉细腻、均匀、柔和。同时乳脂肪起泡，包住微细的气泡，增加膨胀率，但有使搅打性劣化的倾向。

冰淇淋中脂肪主要来源于牛乳、稀奶油、奶油、全脂乳粉、全脂炼乳等。含脂肪为 8%～12% 时，冰淇淋的风味和组织状态最好，含脂率低于 8% 则味平淡，高于 14% 则有较强的脂肪臭。

②非脂乳固体：非脂乳固体是冰淇淋中除脂肪外固形物的总和，包括蛋白质、乳糖、维生素、矿物质等。非脂乳固体通常混合料中含有 8%～11%，主要来源于牛乳、脱脂乳、酪乳、全脂乳粉、脱脂乳粉、炼乳、浓缩乳等，可以消除脂肪的油腻感，赋予冰淇淋柔和圆润的风味，防止冰结晶长大，增加稠度，改进形体及保形性。一般含总固形物多时，组织状态上不易产生缺陷，但过多则会形成发黏、发砂的组织状态。

2. 冰淇淋中脂肪的测定

（1）精确称量混合均匀的试样 4～5g，精确到 0.0001g，直接倒入脂肪萃取烧瓶或试管中，使用自由流动的吸量管吸取水将溶液稀释至 10mL，再将萃取的试样富集至下面的烧瓶内，并振荡混合，加入 2mL 的氨水，充分混合，放入水浴锅中，在 60℃ 下加热 20min 并不时振荡试管，冷却。

（2）在烧瓶中加入 10mL 乙醇，用木塞堵住瓶口，摇晃烧瓶 15s。加入 25mL 乙醚进行第一次萃取，用木塞堵住瓶口，剧烈振荡烧瓶 1min，必要的时候松开木塞释放积累的压力。再加入 25mL 的石油醚，用木塞堵住瓶口，继续剧烈振荡烧瓶 1min。把烧瓶放入转速 600r/min 的离心机中 30s 以上，以分离出纯净的水相（亮粉色）和醚相。把烧瓶中的醚相溶液移入准备好的称量皿中。

（3）第二次萃取，在烧瓶中加入 5mL 乙醇，用木塞堵住瓶口，剧烈振荡烧瓶 15s。然后，加入 15mL 乙醚，重新塞上木塞，剧烈振荡烧瓶 1min。再加入 15mL 石油醚，塞上木塞，重复剧烈振荡烧瓶 1min。把烧瓶放入转速为 600r/min 的离心机中 30s 以上，以分离出纯净的水相（亮粉色）和醚相。如果分界面低于烧瓶的颈部，加入水使分界面位于颈部的一半以上。应沿烧瓶壁缓慢将水移入烧瓶中，尽可能不干扰分界面。将第二次萃取的乙醚溶液移入第一次萃取时使用的称量皿中。

（4）第三次萃取，除不在烧杯中加入乙醇，其他步骤同第二次萃取。将溶剂放在置于通风柜内的加热板上，加热板保持在 100℃ 以下（防止溅射）完全蒸发。在称量皿中干燥萃取的油脂，在加压热空气箱（100±1）℃ 中加热超过 30min，干燥称量皿中萃取的脂肪，直至恒重。将称量皿从炉中移出，并放入干燥器中待其冷却至室温。记录每一个称量瓶与油脂的总质量。

（5）每次试验应进行对比空白试验。对比空白试验，应用 10mL 的水取代牛乳试样，然后按如上步骤进行试验。记录收集的干燥残渣质量，并在计算中使用其数值。空白试验的残渣应小于0.0020g。如果一系列空白都是负值则使用负数进行计算。空白试验出现负值通常表明在测定一开始量瓶没有完全干燥或者天平校准时在称量空盘和加上油脂之后的称量之间有偏差。

脂肪含量按式（5-15）、式（5-16）计算。

如果空白残渣的平均质量为正数，则：

脂肪（%）=［（称量皿质量+脂肪质量）-称量皿质量-空白残渣的平均质量］/试样质量×100

$$(5-15)$$

如果空白残渣的平均质量为负数，则：

脂肪（%）=［（称量皿质量+脂肪质量）-称量皿质量+空白残渣的平均质量］/试样质量×100

$$(5-16)$$

3. 冰淇淋中糖含量的测定

（1）沉淀　称取2.5~5g制备的试样，精确至0.001g，置于250mL容量瓶中，加入150mL水稀释，混匀。慢慢加入5mL乙酸锌溶液及5mL亚铁氰化钾溶液，加水至刻度，混匀。静置30min，用干燥滤纸过滤。弃去初滤液，滤液备用。

（2）转化　吸取50mL滤液于100mL容量瓶中，加5mL盐酸在68~70℃恒温水浴中加热15min。立刻取出，冷却至室温。加2滴甲基红指示液，用氢氧化钠溶液中和至中性，加水至刻度，即为试样转化液。

（3）滴定和分析结果表述　采用斐林滴定法。具体操作和分析结果表述参见GB/T 31321—2014《冷冻饮品检验方法》中"总糖的测定方法"。

4. 冰淇淋膨胀率的测定

本实验采用体积计算法，即根据称量的同质量混合原料的体积与同质量冰淇淋的体积，按照式（5-17）进行计算：

$$B = \frac{V_1 - V_m}{V_m} \times 100\%$$
$$(5-17)$$

式中　B——膨胀率，%；

V_1——同质量下冰淇淋的体积；

V_m——同质量下混合原料的体积。

5. 冰淇淋的感官评价指标

冰淇淋的感官应符合表5-9的要求。

表5-9　　　　　　　　　　　　　冰淇淋的感官要求

项目	要求
色泽	具有该品种应有的颜色，色泽均匀
组织状态	质地均匀，无脂肪上浮，无颗粒或沉淀物
滋味和气味	具有乳的香味和滋味和/或相应花色品种的滋气味，无异味
杂质	无肉眼可见外来杂质

6. 相关产品标准

GB/T 31114—2014《冷冻饮品 冰淇淋》规定了冰淇淋的术语和定义、产品分类、原辅材料、技术要求、生产过程控制、检验方法、检验规则、标签、包装、运输、贮存、销售和召回的要求。

SB/T 10418—2017《软冰淇淋》规定了软冰淇淋的术语和定义、产品分类、技术要求、检验方法和其他要求，适用于现场制作售卖的软冰淇淋类产品。

六、思考题

1. 简述在冰淇淋制作中添加稳定剂的作用。
2. 简述瓜尔豆胶对冰淇淋产品性质的影响。
3. 简述乳化剂对低脂冰淇淋品质的影响。
4. 简述甜味剂在冰淇淋中的应用。

实验三十三　配制型含乳饮料制作及分析

一、实验目的

利用芒果和牛乳的营养价值和特色，将二者有机结合，制作出一种味道独特、营养丰富的芒果含乳饮料；熟悉配制型含乳饮料的制作工艺流程，掌握含乳饮料制作中的关键工序和加工要点；掌握含乳饮料中酪蛋白的提取及测定。

二、实验原理

配制型含乳饮料（formulated milk）是指以鲜乳或乳制品为原料，加入水、糖液、酸味剂等调制而成的制品。其中蛋白质含量不低于 1.0% 的称为乳饮料，蛋白质含量不低于 0.7% 的称为乳酸饮料。

调节溶液的 pH 使蛋白质分子的酸性解离与碱性解离相等，即所带正负电荷相等，净电荷为零，此时溶液的 pH 称为蛋白质的等电点。在等电点时，蛋白质溶解度最小，溶液的混浊度最大，配制不同 pH 的缓冲液，观察蛋白质在这些缓冲液中的溶解情况即可确定蛋白质的等电点。

酪蛋白在其等电点时由于静电荷为零，同种电荷间的排斥作用消失，溶解度很低，利用这一性质，将牛乳调到其等电点，酪蛋白就可从牛乳中分离出来。酪蛋白不溶于乙醇，这个性质也被用来从酪蛋白粗制剂中将脂类杂质除去。

三、实验材料及仪器

1. 材料

芒果浓缩汁 60°Bx、全脂乳粉（蛋白质含量大于 24%）、白砂糖（一级）。

2. 试剂

羧甲基纤维素钠（CMC-Na）、果胶、海藻酸丙二醇酯、黄原胶、海藻酸钠、分子蒸馏单甘酯、蔗糖脂肪酸酯。

3. 仪器

电子天平、手持糖度计、手提式压力蒸汽灭菌锅、离心沉淀器离心机、胶体磨均质机。

四、工艺流程及配方

1. 工艺流程

2. 配方

芒果浓缩汁 8% ~ 11%、乳粉 5% ~ 6.5%、白砂糖 5% ~ 8%、柠檬酸钠 0.04%。参考该范围设计配方。

稳定剂：果胶 0.1%、羧甲基纤维素钠 0.02%、海藻酸丙二醇酯 0.02%、分子蒸馏单甘酯 0.01%、蔗糖脂肪酸酯 0.05%。

五、实验步骤

1. 芒果浓缩汁的稀释

按设计配方称取芒果浓缩汁加水按 1：3 比例稀释，加柠檬酸钠稀释液于芒果稀释液中，搅拌均匀，冷却至室温备用。

2. 还原乳制备

称取全脂乳粉加水按 1：3 比例溶解于 50℃ 左右的水中，200 目过滤，冷却至室温备用。

3. 稳定剂的溶解

将称好的各种稳定剂与白砂糖进行干混，加热水加热至完全溶解，冷却至室温备用。

4. 调配

调配应在室温进行，把溶解好的稳定剂缓慢加入还原乳中混匀，再把芒果果汁稀释液缓慢加入还原乳中，并快速搅拌均匀。

5. 均质

将调配好的物料用高压均质机进行均质处理，在 20~25MPa、65~70℃ 的条件下均质 1 次备用。

6. 杀菌、冷却

将均质后的物料进行灌装，灌装温度在 80℃ 以上，封口后立即进行杀菌，杀菌条件为 90℃ 灭菌 20min，冷却至 35℃ 以下即得成品。

取成品和市售同类产品做感官评价和理化指标检测。

六、分析检测及产品标准

1. 配制型牛乳饮料的感官评价指标

从滋味、气味、组织形态及色泽三方面给含乳饮料进行评分，根据三者的重要性分配分数比例，总分为 100 分（表5-10）。

表 5-10　　　　　　　　　　　配制型牛乳饮料的感官评分标准

项目及分数比例	评分标准	分数
滋味 （40分）	酸甜比适宜，口感细腻饱满，无涩味	36~40
	酸甜比一般，口感细腻，少许涩味	31~35
	酸甜比欠协调，口感粗糙，涩味明显	26~30
气味 （30分）	芒果香味浓，芒果和牛乳香味相协调，无异味	27~30
	芒果香味稍淡，芒果和牛乳香味适宜，无异味	23~26
	芒果香味很淡，牛乳味比芒果味浓郁，稍有异味	19~22
组织形态及色泽 （30分）	质地均匀，无分层，稠度适中，色泽乳黄	27~30
	质地均匀，分层不明显，稠度稍大，色泽暗乳黄	23~26
	质地不均匀，分层明显，稠度偏大，色泽暗黄	19~22

2. 酪蛋白等电点的测定

（1）试剂

①0.5%酪蛋白溶液：称取酪蛋白（干酪素）0.25g 放入 50mL 容量瓶中，加入约 20mL 水，再准确加入 5mL 1mol/L NaOH，当酪蛋白溶解后，准确加入 5mL 1mol/L 乙酸，最后加水稀释定容至 50mL，充分摇匀；

②95% 乙醇和乙醚；

③pH 4.6 乙酸钠缓冲液：0.2mol/L；

④乙醇、乙醚混合液：乙醇∶乙醚=1∶1（体积比）；

⑤1mol/L 乙酸：吸取 99.5% 乙酸（相对密度 1.05）2.875mL，加水至 50mL；

⑥0.1mol/L 乙酸：吸取 1mol/L 的乙酸 5mL，加水至 50mL；

⑦0.01mol/L 乙酸：吸取 0.1mol/L 乙酸 5mL，加水至 50mL。

（2）仪器　温度计、pH 试纸、抽滤瓶、电炉、烧杯、量筒、表面皿、天平、试管架、试管（15mL×6）、刻度吸管（1mL×4，2mL×2，5mL×2）。

（3）操作步骤　取同样规格的试管 7 支，按表 5-11 精确地加入下列试剂。

表 5-11　　　　　　　　　　　酪蛋白等电点测定的试剂准备

试剂/mL	管号						
	1	2	3	4	5	6	7
1.0mol/L 乙酸	1.6	0.8	0	0	0	0	0
0.1mol/L 乙酸	0	0	4.0	1.0	0	0	0
0.01mol/L 乙酸	0	0	0	0	2.5	1.25	0.62
H_2O	2.4	3.2	0	3.0	1.5	2.75	3.38
溶液的 pH	3.5	3.5	4.1	4.7	5.3	5.6	5.9

充分摇匀，然后向以上各试管依次加入 0.5% 酪蛋白 1mL，边加边摇，摇匀后静置 5min，观察各管的混浊度。用 -、+、++、+++ 等符号表示各管的混浊度。根据混浊度判断酪蛋白的等电点。最混浊的一管的 pH 即为酪蛋白的等电点。

3. 牛乳饮料中酪蛋白的提取

（1）等电点沉淀　将 50mL 牛乳放到 250mL 烧杯中水浴加热至 40℃。加入 50mL 同样加热至 40℃ 的乙酸缓冲液中，一边加一边摇动，直到 pH 达等电点附近（pH 4.8），用酸度计调试。将上述悬浮液冷却至室温，然后放置 5min，将溶液转入离心管中离心，3000r/min，5min。

（2）去除脂类杂质　将上述沉淀用少量水洗数次，然后悬浮于 50mL 乙醇-乙醚混合液中，搅匀，3000r/min 离心 5min，弃清液，沉淀在表面皿上摊开以除去乙醚，干燥后得到的是酪蛋白纯品。准确称重后，计算出牛乳所制备出的酪蛋白质量（g/100mL），并与理论产量（3.59g/100mL）相比较，求出实际获得百分率。

4. 相关产品标准

GB/T 21732—2008《含乳饮料》中对含乳饮料的感官和理化指标要求如表 5-12 和表 5-13 所示。

表 5-12　　　　　　　　　　含乳饮料感官指标

项目	要求
滋味和气味	特有的乳香滋味和气味或具有与加入辅料相辅的滋味和气味
色泽	均匀乳白色和乳黄色或带有辅料的相应色泽
组织状态	均匀细腻的乳浊液，无分层现象，允许有少量沉淀，无正常视力可见外来物质

表 5-13　　　　　　　　　　含乳饮料的理化指标

项目	指标
蛋白质/（g/100g）　≥	1.0

GB/T 21732—2008《含乳饮料》对配制型含乳饮料的理化和卫生指标要求如表 5-14 和表 5-15 所示。

表 5-14　　　　　　　　　　配制型含乳饮料理化指标

项目	指标
蛋白质/（g/100g）　≥	1.0

表 5-15　　　　　　　　　　配制型含乳饮料微生物指标

项目	指标
菌落总数/（CFU/mL）　≤	10000
大肠菌群/（MPN/100mL）　≤	40

续表

项目		指标
霉菌/（CFU/mL）	≤	10
酵母/（CFU/mL）	≤	10
致病菌（沙门氏菌、志贺氏菌、金黄色葡萄球菌）		不得检出

七、思考题

1. 试述高压均质的原理及其在本实验中的作用。

2. 工业生产配制型含乳饮料可采用的杀菌方式和条件的原理和依据是什么？

实验三十四　酸乳制作及分析

一、实验目的

学习乳酸发酵和制作酸乳的方法；掌握乳酸菌活力测定的一般方法；了解乳酸菌在乳发酵过程中所起的作用。

二、实验原理

酸乳是发酵乳，是乳和乳制品在特征菌保加利亚乳杆菌、嗜热链球菌的作用下分解乳糖产酸，使其中的酪蛋白凝固形成酸性凝乳状制品，同时形成酸乳独特的香味。酸乳根据其组织状态可分为两大类：①凝固型：牛乳等原料经消毒灭菌并冷却后，接种生产发酵剂，即装入塑料杯或其他容器中，移入发酵室内保温发酵而成，其外观为乳白或微黄色的凝胶状态。②搅拌型：牛乳等原料经消毒灭菌后，在较大容器内添加生产发酵剂，发酵后，再经搅拌使成糊状，并可同时加入果汁、香料、甜味剂或酸味剂，搅匀后再装入可上市的容器内。本实验为凝固型酸乳的制作。

酸乳风味的形成与乳酸菌发酵过程代谢的多种物质有关。乳酸菌的细胞形态为杆状或球状，一般没有运动性，革兰氏染色阳性，微需氧、厌氧或兼性厌氧，具有独特的营养需求和代谢方式，都能发酵糖类产酸，一般在固体培养基上与氧接触也能生长。

三、实验材料及仪器

1. 菌种

保加利亚乳杆菌，嗜热链球菌。

2. 原料

新鲜全脂或脱脂牛乳，一级白砂糖，0.85%的生理盐水，市售 MC 培养基，市售 MRS 琼脂培养基。

3. 仪器设备

超净工作台，恒温培养箱，鼓风干燥箱，高压蒸汽灭菌锅，冰箱，不锈钢锅，无菌吸塑杯，无菌纸，天平，培养皿，移液管，锥形瓶，试管，烧杯，量筒，温度计，酒精灯，接种针，载玻片等。

四、工艺流程

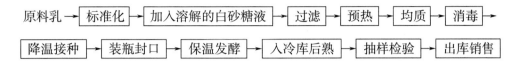

五、实验步骤

1. 发酵剂准备

（1）牛乳灭菌　将新鲜牛乳分装试管和锥形瓶，每管装 10mL，锥形瓶每瓶装 300mL，均塞上塞子，于 121℃灭菌 15min（规模化生产中的发酵剂培养则需采用较大体积不锈钢桶或其他容器，可采用巴氏杀菌或超高温瞬时灭菌）。灭菌后的牛乳立即冷却待用。

（2）菌种活化　将保藏的液体菌种接入无菌牛乳试管中活化，至管内牛乳凝固时，转接种于锥形瓶中（母发酵剂），接种量 1% 左右。

（3）菌种扩大培养　锥形瓶中牛乳凝固后，便可进一步扩大，接种入较大容器（如不锈钢桶）的灭菌乳中，接种量为 2%~3%。可按乳酸链球菌∶保加利亚乳杆菌为 1∶1 混合接种。

乳酸链球菌用 40℃培养 6~8h 至牛乳凝固即可。保加利亚乳杆菌用 42℃培养约 12h，至牛乳凝固即可。混合的生产发酵剂，42~43℃，约 8h，至牛乳凝固为止。

2. 原料乳灭菌

原料乳（要求新鲜，不含抗生素，产乳牛未患乳房炎；可根据产品要求在原料乳中加糖或不加糖，一般加糖量为 5%~9%），在不锈钢容器中 85℃保温 15~20min 杀菌（在工业生产中可采用超高温瞬时灭菌）。

3. 接种

将杀菌后的牛乳迅速降温到 38~40℃，接入原料乳 4%~5% 的发酵剂。

4. 装瓶，封口，发酵

接种后，立即装入灭菌吸塑杯或其他无菌容器中，加盖或用灭菌纸扎封杯（瓶）口，在 40~43℃培养箱或发酵室中发酵 3~4h，至牛乳凝固为止。

5. 酸乳冷却与后熟

将发酵好已凝固的半成品，取出稍冷却，置于 2~5℃的冰箱或冷库中冷藏。

6. 成品评价及检测

测定成品的乳酸菌数、总酸度、黏度、乳酸菌活力、乳酸含量和质构等指标。

六、分析检测及产品标准

（一）乳酸菌计数

1. 样品制备与稀释

样品的全部制备过程均应遵循无菌操作程序。以无菌操作称取 25g 样品，放入装有 225mL 生理盐水的无菌锥形瓶（瓶内预置适当数量的无菌玻璃珠）中，充分振摇，制成 1∶10 的样品匀液。用 1mL 无菌吸管或微量移液器吸取 1∶10 样品匀液 1mL，沿管壁缓慢注于装有 9mL 生理盐水的无菌试管中（注意吸管尖端不要触及稀释液），振摇试管或换用 1 支无菌吸管反复吹打使其混合均匀，制成 1∶100 的样品匀液。另取 1mL 无菌吸管或微量移液器吸头，按上述操作顺序，做 10 倍递增样品匀液，每递增稀释一次，即换用 1 次 1mL 灭菌吸管或吸头。

2. 嗜热链球菌计数

根据待检样品嗜热链球菌活菌数的估计,选择 2~3 个连续的适宜稀释度,每个稀释度吸取 1mL 样品匀液于灭菌平皿内,每个稀释度做两个平皿。稀释液移入平皿后,将冷却至 48℃的 MC 培养基倾注入平皿约 15mL,转动平皿使混合均匀。(36±1)℃需氧培养(72±2)h,培养后,按常规方法选择 30~300 个菌落平皿进行计算。嗜热链球菌在 MC 琼脂平板上的菌落特征为:菌落中等偏小,边缘整齐光滑的红色菌落,直径(2±1)mm,菌落背面为粉红色。从样品稀释到平板倾注要求在 15min 内完成。

3. 乳杆菌计数

根据待检样品活菌总数的估计,选择 2~3 个连续的适宜稀释度,每个稀释度吸取 1mL 样品匀液于灭菌平皿内,每个稀释度做两个平皿。稀释液移入平皿后,将冷却至 48℃的 MRS 琼脂培养基倾注入平皿约 15mL,转动平皿使混合均匀。(36±1)℃厌氧培养(72±2)h,从样品稀释到平板倾注要求在 15min 内完成。

4. 乳酸菌总数

嗜热链球菌计数和乳杆菌计数结果之和即为乳酸菌总数。

(二)总酸度检测

牛乳的总酸度为外表酸度(固有酸度)和真实酸度(发酵酸度)之和,而酸乳的总酸度即为外表酸度,其大小可以通过标准碱滴定来测定。

1. 制备参比溶液

向装有等体积相应溶液的锥形瓶中加入 2.0mL 参比溶液,轻轻转动,使之混合,得到标准参比颜色。如果要测定多个相似的产品,则此参比溶液可用于整个测定过程,但时间不得超过 2h。

2. 试样的滴定

称取 10g(精确到 0.001g)已混匀的试样,置于 150mL 锥形瓶中,加 20mL 新煮沸冷却至室温的水,混匀,加入 2.0mL 酚酞指示液,混匀后用氢氧化钠标准溶液滴定,边滴加边转动烧瓶,直到颜色与参比溶液的颜色相似,且 5s 内不消退,整个滴定过程应在 45s 内完成。滴定过程中,向锥形瓶中吹氮气,防止溶液吸收空气中的二氧化碳。记录消耗的氢氧化钠标准滴定溶液体积,代入式(5-18)中进行计算。

3. 空白滴定

用等体积的水(不含二氧化碳的蒸馏水)做空白实验,读取耗用氢氧化钠标准溶液的体积。空白所消耗的氢氧化钠的体积应不小于零,否则应重新制备和使用符合要求的蒸馏水或中性乙醇-乙醚混合液。

试样中的酸度数值按式(5-18)计算:

$$X = \frac{c_1 \times (V_1 - V_0) \times 100}{m_1 \times 0.1} \tag{5-18}$$

式中 X——试样的酸度,°T,以 100g 样品所消耗的 0.1mol/L 氢氧化钠体积计,mL/100g;

c_1——氢氧化钠标准溶液的摩尔浓度,mol/L;

V_1——滴定时所消耗氢氧化钠标准溶液的体积,mL;

V_0——空白实验所消耗氢氧化钠标准溶液的体积,mL;

100——100g 试样;

m_1——试样的质量，g；

0.1——酸度理论定义氢氧化钠的摩尔浓度，mol/L。

以重复性条件下获得的两次独立测定结果的算术平均值表示，结果保留三位有效数字。

（三）黏度检测

称取适量样品，将被测液体置于直径不小于 70mm 的直筒式烧杯中，准确控制被测液体的温度。

采用数字黏度计测定。根据估计的被测样液的最大黏度值选用 2 号转子，将选配好的转子旋入连接螺杆，旋转升降旋钮，使仪器缓慢下降，转子逐渐浸入被测液体中，直至液体表面与转子的液面线相平为止，调整仪器的水平。接通电源，打开电机电源开关。设置转子代号、转速等参数，分别在 6r/min，12r/min，30r/min，60r/min，30r/min，12r/min 和 6r/min 的速度下测定 3min，每 15s 取值一次，得到酸乳的平均表观黏度及其有关回归参数。

（四）乳酸的高效液相色谱法分析

1. 样品的预处理

取 1mL 样品于离心管中，加入 3mL HCl（浓度 0.1mol/L）摇匀，用离心机设置 8000r/min 进行第一次离心，离心 15min。一次离心后将分层后样液最上层的脂肪层去掉，将中间乳清层移至另一离心管，进行二次离心，仪器、转速及离心时间同第一次。二次离心后，同样弃上层脂肪层，将中间乳清层移出，待测。

2. 色谱条件

C18 色谱柱（5μm，250mm×4.6mm）；流动相：甲醇：pH 2.0 磷酸-磷酸盐缓冲液为 3∶97（体积比）；流速 0.5mL/min；紫外检测波长 210nm；柱温 35℃；进样量 10μL。

（五）质构检测

1. 胶感的质构分析

采用 P/0.5 柱形探头压缩杯中样品，达到一定高度后再回到初始位置，其间样品会发生破裂，一系列力的变化反映出凝固型酸乳的不同特性，其中破断强度是以刺破凝胶的最大力表示，可以反映出凝固型酸乳的胶感。测试参数设置：P/0.5 柱形探头，测试速率 0.5mm/s，测试后速率 10.0mm/s，测试距离 28mm。

2. 硬度的质构分析

采用 TPA 质构分析方法。测试参数设置：A/BE 圆盘探头，盘径 35mm，测试前速率 2.0mm/s，测试速率 1.0mm/s，测试后速率 1.0mm/s，触变力 1.5g，压缩程度 15%，等待时间 5s。

3. 弹性的质构分析

采用 P/0.5s 球形探头压缩样品达到一定程度，确保样品不发生破裂并保持一定时间，样品抵抗球形探头的力值不断减小，球形探头受到力值的衰减可以反映出凝固型酸乳的弹性。测试参数设置：P/0.5s 球形探头，测试前速率 2mm/s，测试速率 0.5mm/s，测试后速率 10.0mm/s，触变力 1.5g，压缩时间 45sec，压缩距离 4mm。

4. 胶黏性（吞咽力度）的质构分析

采用 TPA 质构分析方法。测试参数设置：A/BE 圆盘探头，盘径 35mm，测试前速率 2.0mm/s，测试速率 1.0mm/s，测试后速率 1.0mm/s，触变力 1.5g，压缩程度 15%，等待时间 5s。

5. 稠度的质构分析

酸乳压缩试验可用于对酸乳的稠度进行量化评价。采用 A/BE 反挤压圆盘探头活塞压缩容器中样品达到一定高度后再回到初始位置。测试参数设置：A/BE 圆盘探头，盘径 35mm，测试前速率 1.0mm/s，测试速率 1.0mm/s，测试后速率 10.0mm/s，测试距离 30mm，触变力 1.5g。

6. 拉丝感的质构分析

采用 A/BE 反挤压圆盘活塞探头压缩容器中样品达到一定力值后保持一定时间，样品与活塞底部充分接触后，圆盘活塞再以一定速度向上回复 15mm，过程中酸乳被拉起形成丝状，当圆盘活塞受到的力值减小到一定程度趋于稳定时，向上回复的距离可以反映出酸乳拉丝性。测试参数设置：A/BE 圆盘探头，盘径 45mm，测试速率 0.5mm/s，测试后速率 10.0mm/s，触变力 1.5g，压缩时间 10s，作用力 10g，回复距离 15mm。

（六）相关产品标准

GB 4789.35—2016《食品微生物学检验　乳酸菌检验》。本标准规定了含乳酸菌食品中乳酸菌（lacticacid bacteria）的检验方法。本标准适用于含活性乳酸菌的食品中乳酸菌的检验。

GB 5009.239—2016《食品安全国家标准　食品酸度的测定》。本标准规定了生乳及乳制品、淀粉及其衍生物酸度和粮食及制品酸度的测定方法。本标准第一法（酚酞指示剂法）适用于生乳及乳制品、淀粉及其衍生物、粮食及制品酸度的测定；第二法（pH 计法）适用乳粉酸度的测定；第三法（电位滴定仪法）适用于乳及其他乳制品中酸度的测定。

七、思考题

1. 酸乳发酵的原理是什么？

2. 酸乳制作过程中对乳原料有什么要求？说明理由。

3. 酸乳发酵一般采用混合发酵菌种，为什么？

第六章

饮料

第一节 饮料概述

一、饮料定义、分类及加工工艺

(一) 饮料的定义

从广义上来讲，饮料是经过加工制作、供人们饮用的食品，可以补充人体所需的水分和营养成分。一般来讲，成年人每天有 50% 的水分需要靠饮水和饮料补充，随着人们生活水平的提高，各种饮料的销量逐年增多，促使饮料成为重要的食品类型。

饮料种类繁多，概括起来可以分为两大类：含酒精饮料（包括各种酒类）和不含酒精饮料（并非完全不含酒精，但是酒精含量很低，往往是作为一些醇溶性的香精溶剂而加入，或是发酵饮料在发酵过程中所产生的微量酒精，含量一般不超过 0.5%）。

按组织形态不同，又可以将饮料分为液态饮料（绝大多数饮料属于此类）、固态饮料（粉末状、颗粒状或块状，水分含量在 5% 以内，冲饮为主的饮品，如速溶咖啡、果珍等）以及共态饮料（冰淇淋等）三种。

在以往，一般将不含酒精的饮料称为软饮料，但是国际上对软饮料并无明确规定，各国的规定也都有所不同。比如：美国定义软饮料为"是指人工配制的，酒精（用作香精等配料的溶剂）含量不超过 0.5% 的饮料"，但不包括果蔬汁等以植物原料为基础的饮料；英国定义软饮料为"任何供人类饮用而出售的需要稀释或不需要稀释的液体产品"，但不包括各类水饮料、乳及乳制品、茶、咖啡、可可或巧克力等；欧盟其他国家的规定与英国类似；而日本并无"软饮料"的概念，称为清凉饮料，但不包括乳酸菌饮料。

为了促进我国饮料市场的快速发展，我国 GB/T 10789—2015《饮料通则》里也对饮料的定义和下属分类的定义进行了调整，具体定义为："饮料是指经过定量包装的，供直接饮用或按一定比例用水冲调或冲泡饮用的，乙醇含量（质量分数）不超过 0.5% 的制品，也可为饮料浓浆或固态形态。"此外，《饮料通则》里还专门定义了"饮料浓浆"是"以食品原辅料和（或）食品添加剂为基础，经加工制成的，按一定比例用水稀释或稀释后加入二氧化碳方可饮用的制品。"

目前，除了我国将软饮料更名为"饮料"和"饮料浓浆"，日本将软饮料称之为"清凉饮料"外，美国、欧盟等国家和地区，仍称为"软饮料"。

（二）饮料的分类

GB/T 10789—2015《饮料通则》将饮料分为包装饮用水类、果蔬汁类及其饮料、蛋白饮料、碳酸饮料（汽水）、特殊用途饮料、风味饮料、茶（类）饮料、咖啡（类）饮料、植物饮料、固体饮料以及其他类饮料 11 大类产品。

1. 包装饮用水类

包装饮用水类是指以直接来源于地表、地下或公共供水系统的水为水源，经加工制成的密封于容器中可直接饮用的水。具体又包括三类：饮用天然矿泉水、饮用纯净水、其他类饮用水（饮用天然泉水、饮用天然水、其他饮用水）。

2. 果蔬汁类及其饮料

果蔬汁类及其饮料是指以水果和（或）蔬菜（包括可食的根、茎、叶、花、果实）等为原料，经加工或发酵制成的液体饮料。具体包括果蔬汁（浆）、浓缩果蔬汁（浆）、果蔬汁（浆）类饮料三类。

3. 蛋白饮料

蛋白饮料是指以乳、乳制品或其他动物来源的可食用蛋白，或含有一定蛋白质的植物果实、种子、种仁等为原料，添加或不添加其他食品原辅料和（或）食品添加剂，经加工或发酵制成的饮料。包括含乳饮料、植物蛋白饮料、复合蛋白饮料、其他蛋白饮料四类。

4. 碳酸饮料

碳酸饮料是指以食品原辅料和（或）食品添加剂为基础，经加工制成的，在一定条件下充入二氧化碳气体的饮料，如果汁型碳酸饮料、果味型碳酸饮料、可乐型碳酸饮料、其他型碳酸饮料等，不包括由发酵法自身产生二氧化碳的饮料。

5. 特殊用途饮料

特殊用途饮料是指加入具有特定成分的适应所有或某些人群需要的液体饮料。具体包括运动饮料、营养素饮料、能量饮料、电解质饮料以及其他特殊用途饮料 5 类。

6. 风味饮料

风味饮料是指以糖（包括食糖和淀粉糖）和（或）甜味剂、酸味剂、食用香精（料）等的一种或多种作为调整风味的主要手段，经加工或发酵制成的液体饮料。如茶味饮料、果味饮料、乳味饮料、咖啡味饮料、风味水饮料、其他风味饮料等。

7. 茶类饮料

茶类饮料是指以茶叶、茶叶的水提取液或其浓缩液、茶粉（包括速溶茶粉、研磨茶粉）或直接以茶的鲜叶为原料，添加或不添加食品原辅料和（或）食品添加剂，经加工制成的液体饮料，如原茶汁（茶汤）/纯茶饮料、茶浓缩液、茶饮料、果汁茶饮料、奶茶饮料、复（混）合茶饮料、其他茶饮料。

8. 咖啡类饮料

咖啡类饮料是指以咖啡豆和（或）咖啡制品（研磨咖啡粉、咖啡的提取液或其浓缩液、速溶咖啡粉等）为原料，添加或不添加糖（食糖、淀粉糖）、乳和（或）乳制品、植脂末等食品原辅料和（或）食品添加剂，经加工制成的液体饮料。如浓咖啡饮料、咖啡饮料、低咖啡因咖啡饮料、低咖啡因浓咖啡饮料等。

9. 植物饮料

植物饮料是指以植物或植物提取物为原料，添加或不添加其他食品原辅料和（或）食品添加剂，经加工或发酵制成的液体饮料。如可可饮料、谷物类饮料、草本（本草）饮料、食用菌饮料、藻类饮料、其他植物类饮料，不包括果蔬汁类及其饮料、茶（类）饮料和咖啡（类）饮料。

10. 固体饮料

固体饮料是用食品原辅料、食品添加剂等加工制成的粉末状、颗粒状或块状等，供冲调或冲泡饮用的固态制品，如风味固体饮料、果蔬固体饮料、蛋白固体饮料、茶固体饮料、咖啡固体饮料、植物固体饮料、特殊用途固体饮料、其他固体饮料等。

11. 其他类饮料

上述 1~10 之外的饮料，其中经国家相关部门批准，可声称具有特定保健功能的制品为功能饮料。

（三）饮料加工工艺

1. 饮料用水的预处理

水是饮料生产中最重要的原料之一，水质的好坏直接影响饮料的品质。饮料加工选用的水源可以为地表水、地下水以及城市自来水，除部分包装饮用水外，绝大多数都用的是城市自来水。

由于饮料加工对水的硬度、碱度、水中的杂质以及水的洁净度都有较高的要求，因此在加工前一般要进行水质的处理。饮料用水的处理包括了混凝沉淀、过滤、硬水的软化以及水的消毒等工艺；需要用到混凝、砂滤、超滤、膜过滤、离子交换、石灰软化、反渗透、电渗析、臭氧和紫外杀菌等技术和设备。水处理系统通常是饮料厂投资较大的一套设备系统。

2. 饮料加工常用的辅料

在饮料加工时，除了经常会用到的一些甜味料如白砂糖、蜂蜜、麦芽糖等，还会用到一些比较常用的添加剂，主要包括：

（1）甜味剂　主要有木糖醇、麦芽糖醇、山梨糖醇等糖醇类，甜菊糖苷、罗汉果甜苷等糖苷类，以及糖精钠、天门冬酰苯丙氨酸甲酯（阿斯巴甜）、三氯蔗糖等。

（2）酸味剂　主要有柠檬酸、柠檬酸钠、富马酸、苹果酸、乳酸、磷酸等。

（3）着色剂　主要有 β-胡萝卜素、姜黄素、焦糖色素、柑橘黄、栀子黄、红曲红、柠檬黄、叶绿素等。

（4）防腐剂　如苯甲酸及苯甲酸盐、山梨酸及山梨酸盐、乳酸链球菌素等。

（5）抗氧化剂　茶多酚、抗坏血酸及其钠盐、维生素 E、D-异抗坏血酸及其钠盐等。

（6）增稠剂　如阿拉伯胶、黄原胶、明胶、β-环糊精、羧甲基纤维素、羧甲基纤维素钠、卡拉胶、葡聚糖、琼脂、果胶等。

（7）乳化剂　主要有单、双甘油脂肪酸酯、大豆磷脂、蔗糖脂肪酸酯等。

以及果胶酶、纤维素酶、淀粉酶等酶制剂，二氧化碳，香精以及其他加工助剂。

3. 饮料加工常用的包装容器和特点

液体饮料加工常用的包装容器有以下几大类。

（1）纸铝塑复合膜　主要是无菌利乐包，具有一定的密封性、防潮性及防水性，成本低，质量轻，易于携带与运输，但不能加热杀菌。

（2）塑料复合膜　包装袋，常见的有含有乙烯/乙烯醇共聚物（EVOH）、聚偏二氯乙烯（PVDC）等高阻隔材料的复合膜材料，具有良好的阻隔性、成本低、运输与携带方便等特点。

（3）塑料容器　塑料瓶，常见的塑料瓶材质有高密度聚乙烯（HDPE）、聚丙烯（PP）、聚对苯二甲酸乙二酯（PET）等，具有良好的机械强度和气密性，在上述材质结构中，PET瓶的阻隔性较好。

（4）金属容器　具有优良的阻隔性能、遮光性，可使包装饮料具有较长的保质期，但运输不当，容易挤压变形，化学稳定性较差。

①铝合金：多为两片罐，多用于包装碳酸饮料。

②马口铁：多为三片罐，常用于不含二氧化碳的饮料的包装。

（5）玻璃容器　玻璃瓶，阻隔性好、不透气、耐热、耐压、耐清洗，可高温杀菌与低温存储，但不易运输，自重大，易破损，印刷性差。常用于包装果茶、酸枣汁等饮料。

二、固体饮料的分类、特点及加工

固体饮料具有体积小、运输贮存及携带方便、营养丰富等特点，它的历史虽然不长，但在品种、产量、包装等方面都发展很快。在美国、日本、西欧等国家，固体饮料年产量增长率均在10%以上。

在我国食品工业中，固体饮料工业起步较晚，但近几十年来，固体饮料行业发展十分迅速，产量和品种也有了很大的发展。随着人们消费观念的转变以及市场需求的变化，目前固体饮料正向着组分营养化、品种多样化、功能保健化、成分绿色化、包装优雅化、携带方便化的趋势发展。

（一）固体饮料分类

1. 按原料组分分

（1）果香型　以糖、果汁（或加果汁）、营养强化剂、食用香精或着色剂等为原料加工制成，用水冲溶后，具有与品名色、香、味相符合的产品。按果汁含量的不同，果香型固体饮料又可分为果汁型和果味型两种。

（2）蛋白型　以糖制品、乳制品、蛋粉、植物蛋白或营养强化剂为原料加工制成的制品，蛋白质含量≥4%，如乳粉、豆乳粉、蛋奶粉、花生晶等。

（3）其他型　主要有以下三种。①以糖为主，添加咖啡、可可、乳制品、香精等加工制成的制品。②以茶叶、菊花等植物为主要原料，经抽提、浓缩、加糖（或无糖）制成的制品。③以食用包埋剂吸收咖啡（或其他植物提取物）及其他食品添加剂等为原料，加工制成的制品。

2. 按产品形态分

（1）粉末型　将各种原料混合后，用喷雾干燥法将其干燥成粉末状或将各种原料磨成细粉，再按配方混合的制品，如橘子粉、杏仁霜、速溶豆浆粉、咖啡粉、固体汽水等。

（2）颗粒型　由混合料调制而成的不等形颗粒状的一种饮料。一般通过配料、烘干、粉碎、筛分制得的固体饮料，如山楂晶、酸梅晶、菊花晶、杏仁麦乳精等。

（3）块状型　将粉碎的细粉原料按配方充分混合后，用模具压成立方块形状的固体饮料，如柠檬茶、橘子茶、桂圆茶、奶茶等。

3. 按产品特性分

（1）营养型　蜂乳晶、麦乳精等。

（2）清凉型　酸梅粉、薄荷晶等。

（3）嗜好型　速溶咖啡、速溶茶等。

4. 按溶于水时是否起泡分

（1）起泡型固体饮料　原料中加入了柠檬酸和碳酸氢钠等，溶于水后生成大量的二氧化碳，二氧化碳气体逸出形成气泡，如强化汽水晶、起泡可乐饮料粉、果汁泡腾片等。

（2）非起泡型固体饮料　原料中未加柠檬酸和碳酸氢钠等，溶于水后不会形成气泡，绝大多数固体饮料属于这一类。

5. 按成品类别分

（1）果香型　果珍、果汁片等。

（2）蛋白型　豆乳粉、蛋奶粉等。

（3）功能性　美容茶、减肥茶等。

（4）其他型　咖啡晶、可可奶、菊花茶等。

（二）固体饮料特点

固体饮料具有体积小、便于运输和携带、食用方便、易于保存、不易变质、风味独特、品种多样等特点；但同时，固体饮料也存在着易吸潮霉变的问题，特别是蛋白型固体饮料加工时稍有不慎，容易滋生细菌，对生产加工的卫生要求严格。此外，固体饮料所含的营养成分容易受热破坏，所以饮用时最好用50℃以下的温水冲调。

（三）固体饮料加工工艺

固体饮料常采用两种加工工艺：分料法、成型干燥法。

分料法也称合料法，是将多种粉末原料粉碎成一定细度，并按照配方进行混合，操作比较简单。

成型干燥法是将多种原料按配方混合、成型后干燥、过筛或粉碎过筛而成，在干燥过程中要注意香气成分的保持。

固体饮料加工需要造粒，目的是提高固体饮料的速溶性、增加流动性、减少吸湿性等。目前常用的造粒方法包括转动造粒、搅拌造粒、流动层造粒、气流造粒、挤压造粒、破碎造粒和喷雾造粒。

固体饮料的干燥可分为高温短时间干燥和低温长时间干燥，主要采用的干燥方法有喷雾干燥法、真空干燥法、真空冻结干燥法和泡沫干燥法等。

三、饮料加工的常用设备

饮料生产中常用的设备包括水处理装置、冲瓶机、洗瓶机、自动灌装设备、封口设备、杀菌系统、就地（CIP）清洗系统、过滤设备、包装设备以及固体饮料的制粒、干燥设备等。不同类别的饮料，对设备类型的需求也有所不同。相比较其他食品而言，饮料生产线自动化程度相对较高。在实际生产中，一般由许多设备组成生产线加工各种饮料，即使是小规模的企业，也比较容易将各种单机组装连接成小型的饮料加工生产线。

四、饮料分析检测技术概述

饮料检测通用指标主要包括：感官指标检测（色泽、滋味、气味、状态）；理化指标检测（可溶性固形物、总酸、还原糖、水分、食品添加剂类的L-抗坏血酸、总D-异柠檬酸、色素、防腐剂等，以及钾、磷、锌、铜、铁、铅、砷、镉、汞、氰化物、赭曲霉毒素等）；微生物指标（菌落总数、大肠菌群、霉菌、酵母、沙门氏菌、金黄色葡萄球菌等）。

此外，还有一些特殊的检测项目，如茶类饮料的茶多酚含量，果蔬汁饮料的果蔬汁含量，蛋白质类饮料的蛋白质含量，碳酸饮料的二氧化碳含量，浓缩果蔬汁的乙醇含量，以及功能性饮料常会检测黄酮类、多糖、有机酸等功效成分等。

所使用的方法主要有感官检验、物理检验、化学分析、仪器分析、酶分析法等。

其中感官指标主要是采用感官检验方法，在实际应用中也常会采用质构仪等对饮料黏度等物性指标进行分析；近年来电子鼻分析技术也常被用来对饮料气味进行分析，电子鼻系统主要由气敏传感器阵列和数据处理软件组成，采用氮气作为载气可减少环境因素的影响，检测识别准确率高，可实现饮料相关指标的快速、及时、准确分析。

理化指标的检测分析方法主要包括酸碱滴定法、分光光度法、凯氏定氮法等，以及阿贝折光仪、酸度计、分光光度计等常见仪器分析。此外，在饮料加工和研究过程中，离子色谱法、荧光光谱分析、红外光谱、气相色谱、液相色谱、离子色谱、GC-MS气质联用色谱等现代仪器分析方法也常被用来对饮料中食品添加剂、农药残留、重金属残留、饮料的组成成分、功效成分、风味物质等进行分析。

第二节　液体饮料

实验三十五　苹果汁饮料制作和分析

一、实验目的

掌握制作苹果汁饮料的原理及方法；学会制作苹果汁饮料；掌握酶解原理和适用范围；能够根据苹果汁饮料各个成分的特性检测相应成分。

二、实验原理

果蔬汁饮料在口感、营养上和新鲜果蔬大体相同，其富含多种无机盐、膳食纤维和生物活性物质等。我国果蔬种植分布广泛，资源丰富，为果蔬饮料的开发提供了充足的原材料。

果汁饮料的生产是采用压榨、浸提、离心等物理方法，破碎果实制取果汁，再加入糖、食用酸味剂等混合调整后，经过脱气、均质、杀菌及灌装等加工工艺，脱去氧、钝化酶、杀灭微生物等，制成符合相关产品标准的饮料。

三、实验材料及仪器

1. 材料

苹果1000g（选择风味浓厚、香气浓郁、糖分较高、酸度适中、果汁丰富、易取汁的品种，如国光、红玉、黄元帅）、蔗糖、柠檬酸、抗坏血酸、果胶酶、淀粉酶。

2. 仪器

水浴锅、刀、盆、小型打浆机、过滤机（或离心机）、电子天平、滤布、玻璃瓶、玻璃棒、阿贝折光仪、漏勺、酸度计、烧杯、碱式滴定管、铁架台、破碎机、冷却器。

四、实验步骤

（一）苹果清汁的制作

1. 工艺流程

2. 参考配方

鲜榨苹果汁80%、柠檬酸0.2%、蔗糖8%（以1000mL果汁为准）。

3. 操作

（1）原料预处理　剔除原料中的病虫果和腐败果，用清水洗去苹果表面的农药、灰尘、杂物，用0.5%~1%的稀盐酸或0.1%~0.2%的洗涤剂浸洗，再用清水洗净。

（2）切块　称量苹果质量，将苹果去皮、去核，然后切分成2cm左右的小块。

（3）榨汁　按果肉与水的比例2∶1，加入小型打浆机打浆后充分混匀。在榨汁时放入苹果质量0.1%的抗坏血酸溶液（0.05%维生素C）护色，收集汁液，弃去果渣。

（4）第一次巴氏杀菌　采用95℃，60s杀菌。

（5）粗滤　榨出的果汁立即用粗滤布过滤，分离出果肉浆。

（6）酶处理　在50℃的水浴锅中，用0.15%淀粉酶和0.15%的果胶酶酶解至果胶、淀粉呈现阴性，酶解时间大约2h。

（7）过滤　酶处理后的果汁，利用离心机离心分离除去沉淀和悬浮物。

（8）调配　向果汁中按参考配方比例加入蔗糖、柠檬酸、饮用水，并搅拌均匀。

（9）脱气　采用真空脱气法对调配好的果汁进行脱气，以除去果汁在榨汁以及均质时带入的氧、氮和二氧化碳等气体。

（10）第二次杀菌　苹果清汁易发生细菌污染和发酵变质，需要进行高温短时杀菌。将果汁迅速加热到93~95℃，保持3min杀菌。

（11）灌装　果汁杀菌后趁热在90℃左右用玻璃瓶灌装密封，并倒置3min，之后迅速冷却至室温。将产品贮存于4~5℃的干燥通风环境中。

（二）苹果浊汁的制作

1. 工艺流程

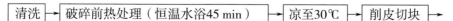

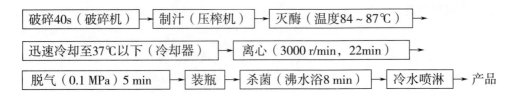

2. 参考配方

苹果浊汁 80%、柠檬酸 0.2%、蔗糖 8%（以 1000mL 果汁为准）。

3. 操作

（1）苹果破碎前热处理 将清洗后的苹果从 4℃冰柜中取出并在室温恒温 10h。将苹果放入自制的恒温水浴器，在 45℃加热 45min（水：苹果质量比为 2∶1）。热处理时用温度计测处理温度。

（2）冷却 将热处理过的苹果于室温放置到温度降为 30℃左右（其中处理 15min 的无须放置）。

（3）破碎 将 0.2g/L 的维生素 C 和 0.44g/L 的 NaCl 溶解于水中（水与苹果质量比为 7∶100），此组合放褐变剂溶液加入破碎机，将苹果切成均匀块状加入，打浆 40s。

（4）制汁 将浆用绢布包裹后放入压榨机制汁。鲜榨汁装入 270mL 玻璃瓶，封口，在沸水浴中加热 8min。

（5）灭酶 在 84~87℃下高温灭酶。并迅速冷却至 37℃以下。

（6）离心 用离心机在 3000r/min 条件下离心约 22min。

（7）脱气 采用真空脱气法对调配好的果汁进行脱气，以除去果汁在榨汁以及均质时带入的氧、氮和二氧化碳等气体。

（8）灌装 果汁脱气后用玻璃瓶灌装密封。

（9）杀菌 将灌装好的苹果浊汁沸水浴 8min，之后用冷水进行喷淋。

（三）产品分析检测

对产品和市售苹果汁进行感官指标、理化指标和功能指标的检测和对比评价。包括固形物、酸度、pH 和多酚等。

五、分析检测及产品标准

1. 固形物测定（GB/T 12143—2008《饮料通用分析方法》，以阿贝折光计为例，其他折光计按说明书操作）

（1）测定前按说明书校正折光计。

（2）分开折光计两面棱镜，用脱脂棉蘸乙醚或乙醇擦净。

（3）用末端熔圆之玻璃棒蘸取试液 2~3 滴，滴于折光计棱镜面中央（注意勿使玻璃棒触及镜面）。

（4）迅速闭合棱镜，静置 1min，使试液均匀无气泡，并充满视野。

（5）对准光源，通过目镜观察接物镜。调节指示规，使视野分成明暗两部分，再旋转微调螺旋，使明暗界限清晰，并使其分界线恰在接物镜的十字交叉点上。读取目镜视野中的百分数或折射率，并记录棱镜温度。

（6）如目镜读数标尺刻度为百分数，即为可溶性固形物含量（%）；如目镜读数标尺为折射率，可按 GB/T 12143—2008《饮料通用分析方法》附录 A 换算为可溶性固形物含量（%）。将上述百分含量按 GB/T 12143—2008《饮料通用分析方法》附录 B 换算为 20℃时可溶性固形物含量（%）。

2. 酸度测定（GB 12456—2021《食品安全国家标准　食品中总酸的测定》）

酸度计法：取 5g 果汁于烧杯中，将酸度计插入烧杯中，如需要加入适量蒸馏水。用 0.1mol/L 氢氧化钠标准溶液滴定到 pH 8.2，记录消耗的氢氧化钠体积。

$$X = \frac{V \times C \times K}{m} \times 100 \tag{6-1}$$

式中　X——果汁中总酸含量，%；

V——样品滴定消耗用氢氧化钠溶液体积，mL；

C——氢氧化钠标准溶液浓度，mol/L；

m——样品质量，g；

K——换算果汁中酸的系数（以柠檬酸计 $K = 0.064$）。

3. 糖度测定

参见实验十六中"总糖测定"部分。

4. 浊度测定

将果汁经台式离心机离心（3500r/min）15min 后，测上清液在 660nm 的吸光度（A_{660}），用去离子水调零。A_{660} 越大表示样品的浊度越高。

5. 黏度测定

控温 30℃，用奥氏黏度计测果汁的流动时间 t，同时测相同条件下去离子水的流动时间 t_0，根据式（6-2）计算样品黏度：

$$\eta = \eta_0 \rho t / \rho_0 t_0 \tag{6-2}$$

式中　η_0——0.8007；

ρ_0——水的密度，g/cm³；

ρ——样品的密度，g/cm³。

6. 总多酚测定

（1）Folin-Ciocalteu（FC）比色法测定多酚光谱扫描

精确移取标准品溶液 2.0mL、苹果渣多酚提取液 2.0mL 分别置于 25mL 棕色容量瓶中，依次加入 FC 试剂 1.0mL，1mol/L Na₂CO₃ 5.0mL，定容，同时以未加入标准品和样品的反应液作为空白对照，于 30℃水浴中静置 1h，在 500～900nm 下进行波谱扫描，根据扫描结果和文献报道最终确定 FC 法测定多酚的最适波长。

（2）总多酚含量的测定

标准曲线的制备：精确配制 25mg/kg 的单宁酸溶液，取 10 只 25mL 棕色容量瓶，分别移取 0mL、1mL、2mL、3mL、4mL、5mL、6mL、7mL、8mL、9mL 单宁酸，定容，FC 法测吸光度值。以单宁酸含量为横坐标，760nm 下的吸光度为纵坐标，建立标准曲线，并进行回归分析。

准确移取提取液 2.0mL 于 25mL 棕色容量瓶中，依次加入 FC 试剂 1.0mL，1mol/L Na₂CO₃ 溶液 5.0mL，定容，于 30℃水浴中静置 1h，取出后于 760nm 下测定吸光度值。以蒸馏水代替样品为空白对照。实验重复三次，结果以平均值表示。

7. 果胶的测定

参见实验十六中"果胶含量测定"部分。

8. 相关产品标准

GB/T 31121—2014《果蔬汁类及其饮料》，适用于以水果和（或）蔬菜（包括可食的根、茎、叶、花、果实）等为原料，经加工或发酵制成的液体饮料。包括原料要求、感官要求（表6-1）、理化要求［果汁（浆）含量（质量分数）≥5%且<10%］、农药最大残留限量、微生物指标要求、致病菌限量、食品添加剂和食品营养强化剂等规定。

表 6-1   苹果汁饮料感官要求

项目	要求	检验方法
色泽	具有该产品应有的色泽	取一定量混合均匀的被测样品置50mL无色透明烧杯中，在自然光下观察色泽，鉴别气味，品尝滋味，检查其有无异物
滋味、气味	具有该产品应有的滋味和气味，或具有与添加成分相符的滋味和气味；无异味	
状态	无正常视力可见外来异物	

六、思考题

1. 在加工过程中影响苹果汁酶促褐变的关键控制点是哪些？分析维生素 C 浓度对酶促褐变的影响。

2. 结合实验现象考虑苹果汁两次杀菌的目的有何区别。

3. 阐述苹果多酚对苹果汁质量的影响。

4. 简述苹果在破碎前进行热处理的原因。

5. 试分析若热处理时间延长会对苹果汁浑浊度产生怎样的影响。

实验三十六　茶饮料制作及分析

一、实验目的

掌握茶饮料的浸提、护色工艺；掌握茶汤饮料及果汁茶饮料一般加工工艺；熟悉茶饮料配方用料；熟悉茶饮料感官指标、茶多酚含量的测定方法；了解茶饮料的常规生产设备和工艺技术。

二、实验原理

茶饮料是以绿茶、红茶、乌龙茶等为原料，通过浸提、调配、灌装（可采用热灌装或无菌灌装）制备成的饮料。

浸提主要采用热水浸提工艺进行。浸提时，为了避免浸提液中儿茶素等成分被氧化而发生褐变，可添加适当的 L-抗坏血酸，保证茶饮料品种的稳定，同时兼顾了茶饮料的适口性，L-抗坏血酸还可以抑制氧化作用的产生。

浸提后应滤去茶渣，迅速冷却，以免提取液温度高而逸散香气成分，然后再精滤。在调配时，精滤的茶浸提液稀释至适当的浓度，按制品的类型要求加入糖、香精等配料（纯茶饮料不用添加)。

调配后过滤,除去可能存在的沉淀物,经过板式交换器加热至85~95℃进行热灌装,应采用优质涂料铁罐或玻璃瓶、PET瓶进行灌装,避免铁及其他金属直接与茶饮料接触,造成饮料中的多酚类物质与铁等金属元素间的反应导致成品色泽变黑,充入氮气置换容器中的残存气体后密封或抽真空后密封。

茶饮料的pH在4.5以上时,要采用高压杀菌,单一茶类等产品采用121℃,3~13min或115℃,15min杀菌处理,均可有效杀灭茶饮料中的肉毒杆菌芽孢,达到预期杀菌效果。

三、实验材料及仪器

1. 材料

绿茶、纯净水(或去离子水)、柚子汁、白砂糖、果葡糖浆、麦芽糖醇、柠檬酸、柠檬酸钠、维生素C、偏磷酸钠、绿茶香精、水果香精。

2. 仪器及用具

耐热PET饮料瓶或带盖玻璃饮料瓶、200目工业滤布或滤袋、不锈钢勺、分析天平、电热恒温水浴锅、高压均质机、高速离心机、分光光度计、恒温水浴锅、阿贝折光仪、酸度计,以及量筒、烧杯、容量瓶等实验室常用玻璃器皿。

四、工艺流程

1. 绿茶水提物的制备

绿茶茶叶 → 浸提 → 过滤 → 护色 → 冷却 → 精滤 → 绿茶水提物

2. 柚子绿茶饮料的调配

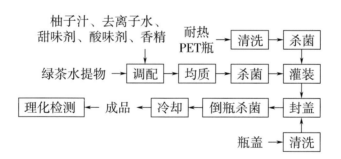

五、实验步骤

1. 制备绿茶水提物

(1)茶叶的选择　选择当年生产的一、二级炒青绿茶,要求不含其他杂质,干茶色泽正常,泡后符合茶叶等级标准,汤色嫩绿明亮、茶香清雅鲜爽、苦涩味弱。

(2)浸提　称取一定量的绿茶茶叶放入烧杯,按照1:100的茶水比加入纯净水,常温下静置浸提5min后,放入恒温水浴锅中,设置浸提温度75~80℃,浸提10~15min。

(3)粗滤　浸提完成后用200目滤袋或纱布,直接过滤,除去茶渣、杂质等,使茶汤清澈明亮。

(4)调配护色　在滤液中加入0.03%的L-抗坏血酸进行调配护色。

(5)冷却　调配后的茶汤可冷水浴,快速冷却至室温。

（6）离心过滤　护色过后的茶汤滤液，利用高速离心机进行离心过滤，进一步得到澄清透明的绿茶水提物。

（7）储存　收集滤液上清液在烧杯中，盖上保鲜膜进行储存。

2. 制备柚子绿茶饮料

（1）饮料瓶清洗　选择耐热 PET 饮料瓶或玻璃饮料瓶，自来水清洗干净后，对瓶身和瓶盖用热水漂烫灭菌。

（2）饮料调配　在烧杯或其他容器中加入绿茶水提物 30g/100mL、柚子汁 10g/100mL，以纯净水补足；并加入白砂糖 20%、麦芽糖醇 10%、果葡糖浆 10%、柠檬酸 0.1%、柠檬酸钠 0.1%、维生素 C 0.03%、偏磷酸钠 0.01%、绿茶香精及柚子香精适量，充分搅拌 2~3min。

（3）均质　在 30MPa 下压力进行均质处理 10min，以提高饮料的稳定性。

（4）杀菌、灌装　利用超高温瞬时杀菌，设置杀菌温度 121℃，杀菌时间 10s；杀菌完成后冷却到 90℃左右，装入饮料瓶，旋紧瓶盖，确保密封后，将饮料瓶倒置放置 10~15min（说明：如果实验室无法进行超高温瞬时杀菌，可采用巴氏杀菌，但是饮料的口感、色泽等品质会受到一定的影响）。

（5）冷却贮存　将冷却后的柚子绿茶饮料在阴凉处进行贮存。

3. 饮料品评及指标分析

对所制作的柚子绿茶饮料和市售的其他品牌类似产品进行感官品评对比，并对其理化指标及功效成分进行测定分析。记录结果，并对结果进行分析和探讨。

六、生产设备、分析检测及产品标准

（一）小型茶饮料生产线及设备的使用

实验室小型茶饮料生产线设备组合包括：不锈钢动态提取罐（带搅拌）（图 6-1）、不锈钢调配罐（带搅拌）、不锈钢暂存罐、板框过滤机（图 6-2）、饮料澄清过滤机、高压均质机、超高温瞬时杀菌机（图 6-3）、半自动灌装机，可达到茶饮料小型中试生产的目的，同样也适合其他饮料类产品。

操作要点：

（1）茶叶的选择　选择当年加工的一、二级绿茶茶叶，要求茶叶不含其他杂质，干茶色泽正常，泡后符合茶叶等级标准，汤色嫩绿明亮、茶香清雅鲜爽、苦涩味弱。

（2）茶汁萃取　采用吊篮式萃取系统进行茶汁萃取，称取一定量的绿茶茶叶放入浸提篮里，按照 1∶100 的茶水比，加入一定量的经水处理系统处理后的 RO（reverses osmosis，反渗透）水，在不锈钢萃取桶中，设置浸提温度为 75~80℃，加盖搅拌浸提 10~15min。萃取完成后通过萃取系统的过滤桶，完成茶渣分离。

（3）预溶解　所有白砂糖、麦芽糖醇、抗坏血酸等调配原料需要在不锈钢搅拌桶中进行预溶解，加入一定量经水处理系统处理后的反渗透水，边搅拌边溶解，注意搅拌温度及时间，使小料充分溶解。

（4）调配系统　所有物料输送到搅拌式不锈钢调配罐，按顺序进行配料，配料后搅拌 10min 后加入绿茶香精，搅拌 5~7min。风味确认后，放行进入过滤系统。

（5）过滤　调配液放行后通过板框过滤机进行过滤，过滤安装孔径为 1μm 的过滤袋，去除调配液中的杂质、果胶及茶渣。

图 6-1 动态提取罐

图 6-2 板框过滤机

图 6-3 超高温瞬时杀菌机

（6）均质 选用高压均质机，在 30MPa 下压力进行均质处理 10min，以提高茶汤稳定性。

（7）超高温瞬时杀菌 采用超高温瞬时杀菌机对茶汁杀菌，设置杀菌温度为（110±1.5）℃，杀菌时间 30s。

（8）灌装 选用热灌装法，将清洗干净的耐热 PET 瓶或玻璃饮料瓶，经紫外杀菌后，利用半自动饮料灌装机进行趁热灌装，保持灌装温度不低于 80℃。

（9）封盖 灌装完成后，采用旋盖机进行旋盖，并经过倒瓶杀菌机进行倒瓶杀菌。

（10）喷淋冷却 采用隧道式喷淋冷却系统进行冷却，冷却温度需低于 30℃。

（11）吹干、瓶身喷码 冷却后用风干机吹干瓶身，采用自动喷码机对瓶身进行喷码。

（12）套标、装箱、外箱喷码 采用热收缩膜套标机设备将标签固定在瓶身上；风干机吹干后，采用重量检测机进行质量检测；检测后利用装箱机进行装箱，并用外箱喷码仪在纸箱上喷印生产日期。装箱喷码后入库保存。

（13）成品检验 分别对绿茶饮料的感官指标、茶多酚、pH 和可溶性固形物进行分析测定。

（二）恒压过滤实验

1. 原理

过滤是以某种多孔物质为介质来处理悬浮液以达到固液分离的一种操作过程，即在外力的作用下，悬浮液中的液体通过固体颗粒层（滤渣层）及多孔介质的孔道而固体颗粒被截留下来形成滤渣层，从而实现固液分离。因此，过滤操作本质上是流体通过固体颗粒层的流动，而这个固体颗粒层（滤渣层）的厚度随着过滤的进行而不断增加，所以在恒压过滤操作中，过滤速度不断降低。

过滤速度 u 定义为单位时间、单位过滤面积内通过过滤介质的滤液量。除过滤推动力（压差）Δp、滤饼厚度 L 外，影响过滤速度的主要因素还有滤饼和悬浮液的性质、悬浮液温度和过滤介质的阻力等。

过滤时，滤液流过滤渣和过滤介质的流动过程基本处在层流流动范围内，因此可以利用流体通过固定床压降的简化模型，寻求滤液量与时间的关系。过滤速度计算式如下：

$$u = \frac{\mathrm{d}V}{A\mathrm{d}\theta} = \frac{\mathrm{d}q}{\mathrm{d}\theta} = \frac{A\Delta p^{1-s}}{\mu rv(V + V_e)} = \frac{KA}{2(V + V_e)} \tag{6-3}$$

式中　u——过滤速度，m/s；

　　　V——通过过滤介质的滤液量，m^3；

　　　θ——过滤时间，s；

　　　A——过滤面积，m^2；

　　　q——通过单位面积过滤介质的滤液量，m^3/m^2；

　　　Δp——过滤压差（表压），Pa；

　　　s——滤渣压缩性能指数；

　　　μ——滤液的黏度，Pa·s；

　　　r——滤渣比阻，$1/m^2$；

　　　v——单位滤液体积的滤渣体积，m^3/m^3；

　　　V_e——过滤介质的当量滤液体积，m^3；

　　　K——过滤常数，$K = \dfrac{2\Delta p^{1-s}}{\mu rv}$，在恒温和恒压下过滤时，$\mu$、$r$、$v$ 和 Δp 都恒定，所以 K 值也是定值。

将式（6-3）分离变量积分，整理得：

$$(q + q_e)^2 = K(\theta + \theta_e) \tag{6-4}$$

式中　θ_e——虚拟过滤时间，相当于滤出量 V_e 所需时间，s。

当 $\theta = 0$ 时，

$$q_e^2 = K\theta_e \tag{6-5}$$

再将式（6-4）微分，得：

$$2(q + q_e)\mathrm{d}q = K\mathrm{d}\theta \tag{6-6}$$

将式（6-6）写成差分形式：

$$\frac{\Delta\theta}{\Delta q} = \frac{2}{K}\bar{q} + \frac{2}{K}q_e \tag{6-7}$$

式中　q_e——虚拟过滤时间通过单位面积过滤介质的滤液量，m^3/m^2；

　　　Δq——每次测定的单位过滤面积滤液体积（在实验中一般等量分配），m^3/m^2；

$\Delta\theta$——每次测定的滤液体积 Δq 所对应的时间，s;

$\bar{q}$——相邻两个 q 值的平均值，m^3/m^2。

根据式（6-4）进行非线性回归，或者以 $\Delta\theta/\Delta q$ 为纵坐标、q 为横坐标作图，根据式（6-7）结合式（6-5），求出 K、q_e 和 θ_e 的值。

改变过滤压差 Δp，可测得不同的 K 值，由 K 的定义式两边取对数得：

$$\lg K = (1-s)\lg(\Delta p) + B \tag{6-8}$$

在实验压差范围内，若 B 为常数，则 $\lg K - \lg(\Delta p)$ 在直角坐标系中为一条斜率为（$1-s$）的直线。由此可计算得到滤饼压缩性能指数 s。

2. 操作步骤

（1）准备

①配料：按前述实验说明在配料罐内配制含一定量的原料水悬浮液。

②搅拌：开启空压机，将压缩空气通入配料罐（空压机的出口小球阀保持微开，进入配料罐的两个阀门保持适当开度），使淀粉悬浮液搅拌均匀又不至于喷浆，搅拌时，应将配料罐的顶盖合上。

③设定压力：打开进压力罐的阀门，分别设定为 0.1MPa，0.2MPa 和 0.5MPa。设定定值调压阀时，压力罐泄压阀可微开。

④装板框：正确装好滤板、滤框及滤布。滤布使用前用水浸湿，滤布要绷紧并盖住过滤区，不能起皱。滤布紧贴滤板，密封垫紧贴滤布（注意：用螺旋压紧时，千万不要把手指压伤，先慢慢转动手轮使板框合上，然后压紧）。

⑤灌清水：向清水罐通入自来水，液面达视镜 2/3 高度左右。灌清水时，应将安全阀处的泄压阀打开。

⑥灌料：在压力罐泄压阀打开的情况下，打开配料罐和压力罐间的进料阀门，使料浆自动由配料罐流入压力罐至其视镜 1/2~2/3 处，关闭进料阀门。

⑦在清液出口下方的电子天平上放置容器收集滤液，并打开电子天平。

（2）过滤

①鼓泡：通压缩空气至压力罐，使容器内料浆不断搅拌。压力料槽的排气阀应不断排气，但又不能喷浆。

②过滤：将中间双面板下通孔切换阀开到通孔通路状态。打开进板框前料液进口阀门，打开出板框后清液出口球阀，调节压力使压力表指示过滤压力。

③每次实验应将滤液从汇集管刚流出时作为开始时刻，每隔 $\Delta\theta$（10s）记录所得滤液的质量 m。每个压力下，测量 8~10 个读数即可停止实验。若想得到干而厚的滤饼，则应每个压力下做到没有清液流出为止。

④同一压力下的实验完成后，先打开泄压阀使压力罐泄压。卸下滤框、滤板、滤布进行清洗，清洗时滤布不要折。每次滤液及滤饼均收集在小桶内，滤饼弄碎后重新倒入料浆桶内搅拌配料，进入下一个压力实验。（注意：若清水罐水不足，可补充水源，补水时仍应打开该罐的泄压阀。）

（3）清洗

①关闭板框过滤的进出阀门。将中间双面板下通孔切换阀开到通孔关闭状态（阀门手柄与滤板平行为过滤状态，垂直为清洗状态）。

②打开清洗液进入板框的进出阀门（板框前两个进口阀，板框后一个出口阀）。此时，压力表指示清洗压力，清液出口流出清洗液。清洗液速度比同压力下过滤速度小很多。

③清洗液流动约1min，可通过观察浑浊变化决定清洗是否结束（一般物料也可不进行清洗过程）。关闭清洗液进出板框的阀门，关闭定值调压阀后关闭进气阀门，结束清洗过程。

（4）结束

①先关闭空压机出口球阀，关闭空压机电源。

②打开安全阀处泄压阀，使压力罐和清水罐泄压。

③卸下滤框、滤板、滤布进行清洗，清洗时滤布不要折。

④将压力罐内物料反压到配料罐内以备下次使用，或将该物料直接排空后用清水冲洗。

（5）数据处理　以 θ 为自变量、q 为因变量，经非线性回归或以 $\Delta\theta/\Delta q$ 为纵坐标、q 为横坐标作图，求出 K、q_e 和 θ_e 的值，得出过滤基本方程。再根据求得的不同压力下的 K 值经回归分析求出 s。其中以非线性回归较为方便、快捷和准确。

（三）茶饮料感官品评

1. 准备工作

采用玻璃或白瓷的小品茗杯，清洗后编号摆放；准备好制作的柚子绿茶饮料和其他市售茶饮料，分别混合均匀后倒入品茗杯中，放在白瓷盘或其他白色底板上，对其进行品评排序。

2. 品评

（1）将品茗杯置于明亮处，迎光观察其色泽和澄清度，并在室温下嗅其气味，品尝其滋味。选择8~10名具有食品专业背景的人员组成感官评定小组，分别按照表6-2的感官评分标准进行感官评分。

表6-2　　　　　　　　　　　柚子绿茶饮料感官评分标准

项目	评分标准		
色泽 （20分）	呈浅黄绿色，色泽纯正透亮（16~20分）	色泽较好，淡黄绿色，较清亮（11~15分）	色泽较差，颜色较深或太浅（1~10分）
香气 （20分）	具有绿茶的清香以及柚子特有的香味，香味宜人清爽，无异味（16~20分）	具有一定的绿茶清香和柚子特有香味，无异味（11~15分）	稍有或没有绿茶和柚子的特有香味，有异味（1~10分）
滋味与口感 （40分）	入口柔和，酸甜适度，口感清爽，微带涩味（31~40分）	滋味略淡，酸甜稍微过度，口感较为清爽，苦涩味较为明显（21~30分）	滋味寡淡，酸甜失衡，有明显苦涩味（1~20分）
外观状态 （20分）	澄清透明，无杂质，无悬浮物和沉淀物（16~20分）	澄清，较透明，仅有极少肉眼可见细小颗粒（11~15分）	明显浑浊或有沉淀（1~10分）

（2）用清水漱口，然后按以上步骤品评下一个茶样。

（3）计算感官评分值，并对各项感官指标进行描述和记录。

（四）茶多酚含量测定

1. 原理

茶多酚含量是茶类饮料的必检项目，可利用茶叶中的多酚类物质能与亚铁离子形成紫蓝色络合物的原理，用分光光度计法测定其含量。

2. 试剂

（1）酒石酸亚铁溶液　称取 0.10g 硫酸亚铁和 0.50g 酒石酸钾钠，用水溶解并定容至 100mL。

（2）pH 7.5 磷酸缓冲液　23.87g/L 磷酸氢二钠，称取 23.87g 磷酸氢二钠，加水溶解后定容至 1L；9.08g/L 磷酸二氢钾，称取经 110℃烘干 2h 的磷酸二氢钾 9.08g，加水溶解后定容至 1L；取上述磷酸氢二钠溶液 85mL 和磷酸二氢钾溶液 15mL 混合均匀。

3. 测定步骤

（1）样品预处理　称取 25mL 充分摇匀的样液于 50mL 容量瓶中，加入 15mL 95% 乙醇，充分摇匀，放置 15min 后，用水定容至刻度。用慢速定量滤纸过滤，滤液备用。

（2）精确移取上述制备的滤液 5mL 于 25mL 容量瓶中，加 4mL 水、5mL 酒石酸亚铁溶液充分摇匀，用 pH 7.5 缓冲溶液定容至刻度，用 10mm 比色皿在波长 540nm 处，以试剂空白作参比，测定其吸光度（A_1）。同时，移取等量的滤液于 25mL 容量瓶中，加 4mL 水，用 pH 7.5 的缓冲溶液定容至刻度，测定其吸光度（A_2）。按式（6-9）进行计算：

$$X = \frac{(A_1 - A_2) \times 1.957 \times 2 \times K}{V} \times 1000 \qquad (6-9)$$

式中　X——样品中茶多酚的含量，mg/L；

A_1——试液显色后的吸光度；

A_2——试液底色的吸光度；

1.957——用 10mm 比色皿，当吸光度等于 0.05 时，1mL 茶汤中茶多酚的含量相当于 1.957mg；

K——稀释倍数；

V——测定时吸取样液的体积，mL。

（五）游离氨基酸含量测定

1. 原理

α-氨基酸在 pH 8.0 的条件下与茚三酮共热，形成紫色络合物，用分光光度法在特定的波长下测定其含量。

2. 试剂配制

（1）pH 8.0 磷酸缓冲液　1/15mol/L 磷酸氢二钠：称取 23.9g 十二水磷酸氢二钠（$Na_2HPO_4 \cdot 12H_2O$），加水溶解后转入 1L 容量瓶中，定容至刻度，摇匀。1/15mol/L 磷酸二氢钾：称取经 110℃烘干 2h 的磷酸二氢钾（KH_2PO_4）9.08g 加水溶解后转入 1L 容量瓶中，定容至刻度，摇匀。取 1/15mol/L 磷酸氢二钠溶液 95mL 和 1/15mol/L 磷酸二氢钾溶液 5mL，充分混匀，该混合溶液 pH 为 8.0。

（2）2% 茚三酮溶液　取茚三酮（纯度不低于 99%）2g，加 50mL 水和 80mL 氯化亚锡搅拌均匀，分次加少量水溶解，放在暗处，净置一昼夜，过滤后加水定容至 100mL。

3. 分析测定

（1）茶氨酸标准曲线的绘制　准确称取 250mg 茶氨酸对照品溶于适量蒸馏水中，转移到 25mL 容量瓶中，定容至刻度，得到 10mg/mL 的标准储备液。准确吸取 0mL、1.0mL、1.5mL、2.0mL、2.5mL、3.0mL 储备液分别加水定容至 50mL 得到标准溶液；分别准确吸取 1mL 标准溶液于 25mL 比色管中，加入 pH 8.0 的磷酸缓冲液 0.5mL 和 2% 的茚三酮溶液 0.5mL，在沸水浴中加热 15min，冷却后加水定容至刻度，放置 10min，后用 1cm 比色皿在波长 570nm 处，以空白组作参照测其吸光度。

（2）茶汤中茶氨酸含量的测定　准确吸取茶汤 1mL 于 25mL 比色管中，加入 pH 8.0 的磷酸缓冲液 0.5mL 和 2% 茚三酮溶液 0.5mL，在沸水浴中加热 15min，冷却后加水定容至刻度，放置 10min 用 1cm 比色皿在波长 570nm 处，以空白组作参照测其吸光度。

（六）相关产品标准

与茶饮料有关的标准有：GB/T 21733—2008《茶饮料》、GB 7101—2015《食品安全国家标准　饮料》、NY/T 1713—2018《绿色食品　茶饮料》、QB/T 4068—2010《食品工业用茶浓缩液》等，以及一些指标的分析方法标准。

本实验为果汁茶饮料，涉及的标准主要为 GB/T 21733—2008《茶饮料》，其主要内容包括：

（1）茶饮料的术语和定义。

（2）产品分类　按产品风味分为：茶饮料（茶汤）、调味茶饮料、复（混）合茶饮料、茶浓缩液；其中茶饮料（茶汤）可分为：红茶饮料、绿茶饮料、乌龙茶饮料、花茶饮料、其他茶饮料；调味茶饮料分为：果汁茶饮料、果味茶饮料、奶茶饮料、奶味茶饮料、碳酸茶饮料、其他调味茶饮料。

（3）技术要求　包括原辅材料要求、感官要求、理化要求和卫生指标。

（4）感官要求　具有该产品应有的色泽、香气和滋味，允许有茶成分导致的混浊或沉淀，无正常视力可见的外来杂质。

（5）理化要求　包括茶多酚、咖啡因、二氧化碳体积、果汁含量等指标要求。

（6）卫生要求　包括菌落总数、大肠菌群、霉菌、酵母、沙门氏菌、金黄色葡萄球菌的要求。

此外，该标准中还给出了相关理化成分分析所应参照的分析标准、检验规则、标志包装运输和贮存要求等。标准的附录说明了茶饮料中茶多酚的检测方法，这也是本实验里检测茶多酚含量所参照的标准。

七、思考题

1. 茶汤中主要功能成分及其功效有哪些？
2. 引起茶饮料浑浊、变色的原因分别是什么？
3. 除了热灌装，生产中还常用无菌灌装，各自的优缺点是什么？

实验三十七　鲜紫薯饮料制作及分析

一、实验目的

掌握紫薯饮料护色、酶解液化工艺；掌握紫薯饮料加工工艺流程和关键技术；熟悉紫薯饮料稳定性研究技术；熟悉紫薯饮料理化指标的测定方法。

二、实验原理

以紫薯为原料加工成饮料，具有良好的口感和独特的功能。由于紫薯的特点，在加工过程中有三大难点：①容易黏稠；②淀粉与水容易分层；③易褐变。

因此，在加工工艺选择时，采用漂烫护色的方式来防止褐变，通过酶解液化，可促进淀粉的水解，防止黏稠和分层，并通过加入复配稳定剂，形成稳定性的胶体结构，进一步稳定其状态。最终制作出色泽美观、风味独特、口感顺滑的紫薯饮料。

三、实验材料及仪器

1. 材料

鲜紫薯、牛乳、白砂糖、α-淀粉酶、糖化酶、柠檬酸、维生素 C、海藻酸钠、羧甲基纤维素钠、卡拉胶。

2. 仪器及用具

耐热 PET 饮料瓶或带盖玻璃饮料瓶、200 目工业滤布或滤袋、不锈钢勺、分析天平、电热恒温水浴锅、高压均质机、高速离心机、分光光度计、阿贝折光仪、酸度计；以及量筒、烧杯、容量瓶等实验室常用玻璃器皿。

四、工艺流程

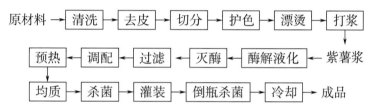

五、实验步骤

1. 紫薯选择

选择新鲜、成熟度适中、无虫害、无霉变变质、无机械损伤的紫薯为原料。

2. 清洗、去皮、切分

清洗去除表面的尘土泥沙；用刀子削去皮，切成小块（4cm×1cm×1cm）。

3. 护色

在不锈钢盆中加入浓度为 0.5% 的复合护色液（维生素 C：柠檬酸＝3：2），将紫薯块于 20℃下浸泡护色 10min。

4. 漂烫、打浆

将护色好的紫薯块放入沸水中漂烫 10min 后，按照 1：5 的比例加入纯净水，在打浆机中打成糊状。

5. 酶解液化

调节紫薯浆 pH 为 6.0，加入 0.2% 的 α-淀粉酶、0.2% 的糖化酶，在 65℃ 条件下酶解 70min，使其充分液化。

6. 灭酶

在恒温水浴锅中，于 90℃ 条件下加热灭酶 10min，中止酶解反应。

7. 过滤

先用纱布或 200 目滤袋进行粗滤，除去料渣；再用高速离心机于 5000r/min 条件下离心 15min。

8. 调配

按照下列配方进行调配：紫薯酶解液 30%、乳粉 5%、白砂糖 8%、柠檬酸 0.1%、羧甲基纤维素钠 0.01%、海藻酸钠 0.05%、卡拉胶 0.05%，以纯净水补足，并充分搅拌 2~3min。

9. 均质

将调配好的紫薯乳饮料预加热到60℃，倒入均质机；在20~25MPa下均质5min，以增强产品的稳定性。

10. 灌装、封盖

将清洗干净的耐热PET瓶或玻璃饮料瓶，瓶身和瓶盖分别用沸水漂烫杀菌后，进行灌装，旋紧瓶盖。

11. 杀菌

将封装好的紫薯饮料，放入水浴锅中进行杀菌，设置温度为90℃，杀菌8~10min。

12. 冷却、贮存

将冷却后的紫薯饮料在阴凉处进行贮存。

13. 感官评价及分析

对制作的紫薯饮料进行感官评价，并测定其还原糖含量，采用pH示差法测定饮料中的花色苷含量。

六、生产设备、分析检测及产品标准

1. 小型紫薯饮料生产设备的使用

实验室小型紫薯饮料生产设备组合包括：清洗去皮机、不锈钢调配罐（带搅拌）、不锈钢暂存罐、夹层锅、螺旋打浆机（图6-4）、酶解液化装置、板框过滤机、饮料澄清过滤机、高压均质机、巴氏杀菌机和半自动灌装机。

图6-4　螺旋打浆机

2. 恒压过滤实验

参见实验三十六中"恒压过滤实验"部分。

3. 紫薯饮料感官品评

（1）准备工作　采用玻璃品评杯，清洗后编号摆放；准备好制作的紫薯饮料，混合均匀后倒入品评杯中，放在白瓷盘或其他白色底板上，对其进行品评排序。

（2）品评

①将品评杯置于明亮处，迎光观察其色泽和澄清度，并在室温下嗅其气味，品尝其滋味。选择8~10名具有食品专业背景的人员组成感官评定小组，分别按照表6-3的感官评分标准进行感官评分。

②计算感官评分值，并对各项感官指标进行描述和记录。

表6-3　　　　　　　　　　　　紫薯饮料感官评分标准

项目	评分标准		
色泽 （20分）	呈紫红色，色泽纯正（16~20分）	浅紫红色，无杂色（11~15分）	紫红色极淡，有其他异色（1~10分）
香气 （20分）	具有紫薯特征香气和淡淡奶香味，香味协调，无杂味（16~20分）	具有一定的紫薯特征香味，奶味不突出，或某一种味道比较突出，无杂味（11~15分）	没有紫薯香味和奶香味，或特征香味特别淡，混有异杂味（1~10分）
滋味与口感 （40分）	紫薯味与奶味配合协调，浓淡合适，酸甜可口，无奶腥味（31~40分）	紫薯味与奶味配合比较好，酸甜较好，奶腥味不明显（21~30分）	紫薯味与奶味配合不协调，口感过浓或过淡，酸味或甜味过于突出，有明显奶腥味（1~20分）
外观状态 （20分）	均一稳定，无分层或沉淀，无外来杂质（16~20分）	比较均一，有轻微分层或沉淀，无外来杂质（11~15分）	状态不均，有明显分层或沉淀，含有一定的外来杂质（1~10分）

4. 直接滴定法测还原糖含量

参见实验四中"还原糖测定"部分。

5. 紫薯饮料中花色苷的测定——pH示差法

（1）原理　花青素是具有2-苯基苯并吡喃阳离子结构的衍生物，是广泛存在于植物中的水溶性天然色素。花青素在自然状态下常与各种单糖形成糖苷，称为花色苷。溶液pH不同，花色苷的存在形式也不同。对于一个给定的pH，在花色苷的4种结构之间存在着平衡：蓝色的醌式（脱水）碱，红色的花烊正离子，无色的甲醇假碱和查尔酮。花色苷在pH很低时，其溶液呈现最强的红色。随着pH的增大，花色苷的颜色将褪至无色，最后在高pH时变成紫色或蓝色。pH示差法测定花色苷含量的依据是花色苷发色团的结构转换是pH的函数，起干扰作用的褐色降解物的特性不随pH变化。因此在花青素最大吸收波长下确定两个对花青苷吸光度差别最大但是对花色苷稳定的pH。

（2）缓冲液配制

①pH 1.0缓冲液：使用电子分析天平准确称量1.86g氯化钾，加蒸馏水约980mL，用盐酸和酸度计调至pH 1.0，再用蒸馏水定容至1000mL。

②pH 4.5缓冲液：使用电子分析天平准确称量32.81g无水乙酸钠，加蒸馏水约980mL，用盐酸和酸度计调至pH 4.5，再用蒸馏水定容至1000mL。

（3）分析测定　取样液 5.0mL，分别用上述 pH 1.0 和 pH 4.5 的缓冲溶液定容至 10mL，避光放置，待平衡 120min 后，用光路直径为 1cm 的比色皿，在 530nm 和 700nm 处分别测吸光度，以蒸馏水做空白对照。按下式计算紫薯饮料中花色苷含量：

$$A = \left[(A_{510} - A_{700})_{pH\,1.0} - (A_{510} - A_{700})_{pH\,4.5} \right] \tag{6-10}$$

$$花色苷浓度\ C(mg/L) = A \times MW \times DF \times 1000/(\varepsilon \times 1) \tag{6-11}$$

式中　　$(A_{510} - A_{700})_{pH1.0}$——加 pH 1.0 缓冲液的样液在 510nm 和 700nm 波长下的吸光度之差；

　　　　$(A_{510} - A_{700})_{pH4.5}$——加 pH 4.5 缓冲液的样液在 510nm 和 700nm 波长下的吸光度之差；

　　　　　　　　MW——矢车菊-3-葡萄糖苷的摩尔质量，449.2mg/mol；

　　　　　　　　DF——样液稀释的倍数；

　　　　　　　　ε——矢车菊-3-葡萄糖苷的摩尔消光系数，26900mol^{-1}；

　　　　　　　　1——比色皿的光路直径，cm。

6. 可溶性固形物的测定

参见实验三十五中"固形物测定"部分。

7. 相关产品标准

与紫薯饮料有关的标准有：GB/T 31121—2014《果蔬汁类及其饮料》、GB 7101—2015《食品安全国家标准　饮料》等，以及一些指标的分析方法标准，目前尚无专门属于紫薯饮料的标准。

本实验涉及的标准主要是 GB/T 31121—2014《果蔬汁类及其饮料》，其主要内容包括：

（1）术语和定义　涉及一个术语"水浸提"。

（2）产品分类　分为果蔬汁（浆）、浓缩果蔬汁（浆）、果蔬汁（浆）类饮料三大类，其中每一类又可具体进行细分，如原榨果汁（非复原果汁）、果汁（复原果汁）、蔬菜汁等。

（3）技术要求　包括原材料新鲜度要求、保藏要求等。

（4）感官要求　具有该产品应有的色泽、滋味和气味，无外来杂质。

（5）理化要求　包括可溶性固形物、果蔬汁（浆）质量分数、果蔬浆含量等指标要求。

（6）食品安全要求　规定食品添加剂和食品营养强化剂要符合 GB 2760—2014《食品安全国家标准　食品添加剂使用标准》和 GB 14880—2012《食品安全国家标准　食品营养强化剂使用标准》的要求；其他如砷、铅、微生物指标等符合相应的国家标准。

此外，该标准中还给出了果蔬汁（浆）含量的测定方法、出厂检验和型式检验要求及包装、储运要求等。标准的附录里给出了不同果蔬汁饮料产品最低可溶性固形物的要求，可进行参照。

七、思考题

1. 紫薯打浆后为什么要进行酶法液化？

2. 引起紫薯饮料褐变的原因是什么？还有哪些护色途径？

3. 紫薯花青素的提取方法及功效特点是什么？

4. 果蔬汁饮料在加工时常见的质量问题有哪些？

实验三十八　复合草本饮料加工及分析

一、实验目的

掌握草本饮料的复配思路和健康特点；掌握草本饮料的一般加工工艺；熟悉草本饮料配方

用料；熟悉草本饮料，了解其常规生产设备和工艺技术。

二、实验原理

草本饮料被视为新型的功能性饮料，其健康功效来源于产品所选用的"核心原料"，健康草本饮料发展的关键在于能否获得赋予产品健康功效的"核心功效原料"。如黄酮、多糖、多酚等具有抗氧化、降血糖等功效。

在草本饮料加工过程中，通常采用高温长时煎煮、真空浓缩和真空干燥等加工工艺，该方法在生产过程中，由于长时间受高温影响，植物的自然香气成分被挥发，植物中的热敏性功效物质被氧化和降解，因此生产出的植物饮品的品质不佳。现代工艺生产中可采用膜分离技术和低温膜浓缩技术生产草本植物浓缩汁及饮品，解决了传统工艺受高温影响的问题，草本植物原有的香气物质和功效成分得到很好的保留，草本植物饮品的品质得到提高和改善。

本实验考虑到实验进展，主要以富含黄酮类化合物的药食同源原料为主，并采用了传统草本饮料加工工艺。

三、实验材料及仪器

1. 材料

薄荷、罗汉果、山楂、桑叶、菊花、胖大海、金银花、甘草、纯净水（或去离子水）、果葡糖浆、木糖醇、维生素 C、柠檬酸、耐高温 PET 饮料罐。

2. 仪器

不锈钢勺、分析天平、电热恒温水浴锅、高压均质机、高速离心机、分光光度计、阿贝折光仪、酸度计；以及量筒、烧杯、容量瓶等实验室常用玻璃器皿。

四、工艺流程

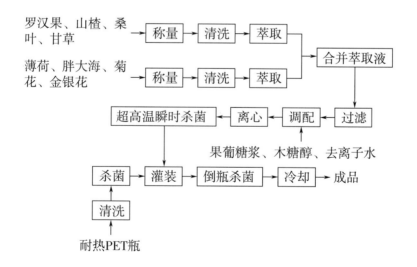

五、实验步骤

1. 原材料预处理

选择品质上乘，无虫蛀、腐败等质量问题的原料清洗、除杂，去除泥沙和杂草。

2. 配比、称量、浸提

按照罗汉果∶山楂∶桑叶∶薄荷∶胖大海∶菊花∶金银花∶甘草 = 10∶5∶1∶3∶1∶3∶

2∶1的配比，分别称好相应的原料，放入烧杯中。浸提时，罗汉果、山楂、桑叶、甘草一组，按照1∶40的比例加入去离子水或纯净水，在恒温水浴锅中，85℃条件下提取60min。薄荷、胖大海、菊花、金银花一组，按照1∶40的比例加入去离子水或纯净水，在恒温水浴锅中，在80℃条件下提取30min；将得到浸提液进行合并。

3. 过滤

合并后的浸提液通过三层纱布或200目无纺滤布进行过滤处理，除去药渣。

4. 调配

在烧杯中加入60%去离子水或纯净水、40%草本浸提液、5%木糖醇、10%果葡糖浆、0.03%柠檬酸钠、0.1%维生素，进行调配。

5. 离心过滤

调配好的饮料可采用离心机进行离心分离，进一步得到澄清、透明的饮料；离心速率5000r/min，离心10~15min。

6. 杀菌

利用超高温瞬时杀菌，设置杀菌温度135℃，杀菌时间15s，杀菌完成后冷却到90℃左右进行灌装。

7. 灌装

将清洗干净的耐热PET瓶或玻璃饮料瓶，放入浸泡池用水浸泡30min后，移入清洗池刷洗，用去离子水漂洗，最后将瓶身和瓶盖漂烫灭菌后，进行灌装。

8. 冷却、贮存

将冷却后的复合草本饮料在阴凉处进行贮存。

9. 感官评价及分析

对所制作的复合饮料与市售凉茶类饮料对比，进行感官评价，并对其总黄酮含量及抗氧化活性进行测定分析。

六、生产设备、分析检测及产品标准

（一）小型复合草本饮料的生产设备

复合草本饮料是凉茶饮料，属于茶类饮料中的一种，所使用的设备和前述茶饮料设备基本相同。为方便药渣过滤，也可采取图6-14所示吊篮式恒温浸提设备。

（二）复合草本饮料感官品评

1. 准备工作

采用玻璃品评杯，清洗后编号摆放；准备好制作的复合草本饮料及市售凉茶饮料，混合均匀后倒入品评杯中，放在白瓷盘或其他白色底板上，对其进行品评排序。

2. 品评

（1）将品评杯置于明亮处，迎光观察其色泽和澄清度，并在室温下嗅其气味，品尝其滋味。选择8~10名具有食品专业背景的人员组成感官评定小组，分别按照表6-4的感官评分标准进行感官评分。

（2）品评完一个样品后，清水漱口，再继续品评下一个样品。

（3）计算感官评分值，并对各项感官指标进行描述和记录。

表 6-4   复合草本饮料感官评分标准

项目	评分标准		
色泽 （20分）	呈浅红褐色，色泽清亮纯正 （16~20分）	红褐色略深，不够清亮 （11~15分）	呈暗褐色，略显浑浊 （1~10分）
气味 （20分）	香味协调，罗汉果、山楂、菊花特征香味比较明显，微带中药味，无杂味（16~20分）	香味比较协调，罗汉果、山楂的特征香味不够突出，中药味略突出（11~15分）	香味不协调，中药气息过浓（1~10分）
口感滋味 （40分）	酸甜适度，口感柔和，纯正清爽，无中药苦涩味（31~40分）	酸甜稍微过度，清爽感不足，口感略单薄，带有一定的中药苦涩味（21~30分）	口感酸涩，甜度过高，无清爽感，口感过于单薄，中药苦涩味较重（1~20分）
外观状态 （20分）	清澈透明，无肉眼可见杂质颗粒（16~20分）	清澈，较为透明，有极少肉眼可见杂质，多为中草药成分（11~15分）	有明显浑浊或沉淀，含有较多的杂质（1~10分）

（三）黄酮含量测定

1. 原理

在弱碱性条件下，溶于乙醇或甲醇的黄酮类化合物与三价铝离子结合生成红色络合物，可在510nm波长附近产生最大吸收。在一定浓度范围内，其浓度与吸光度符合朗伯比尔定律。

2. 试剂

（1）芦丁（$C_{27}H_{30}O_{16}$）标准品；

（2）乙醇溶液 体积分数为50%；

（3）氢氧化钠溶液（4g/L） 称取4.0g氢氧化钠，用水溶解后定容至1L；

（4）亚硝酸钠溶液（50g/L） 称取5.0g亚硝酸钠，用水溶解后定容至100mL；

（5）硝酸铝溶液（100g/L） 称取10.0g硝酸铝，用水溶解后定容至100mL；

（6）氢氧化钠溶液（200g/L） 称取20.0g氢氧化钠，用水溶解后定容至100mL；

（7）柠檬酸溶液（200g/L） 称取200g柠檬酸于烧杯中，用水溶解，转入1L容量瓶中，稀释至刻度；

（8）甲醇；

（9）聚酰胺粉80目。

3. 测定步骤

（1）标准曲线绘制 称芦丁标准品20.0mg，加50%乙醇溶解，转入100mL容量瓶中，用50%乙醇稀释至刻度，摇匀，即得对照品溶液（每1mL中含无水芦丁0.2mg）。精确吸取该试液0mL、1.00mL、2.00mL、3.00mL、4.00mL和5.00mL分别置于1、2、3、4、5和6共6只25mL容量瓶中，加入50%乙醇至5mL，加亚硝酸钠溶液0.7mL，使其混匀，立即加硝酸铝溶液0.7mL，摇匀后放置5min，加1.0mol/L的氢氧化钠溶液5mL，以50%乙醇定容至刻度，以零管为空白，摇匀后用1cm的比色皿，在510nm处测定吸光度，以浓度与吸光度进行直线回归。

（2）样品溶液的测定 浸提液经过稀释后，精确吸取1.0mL，置于1cm的比色皿中，按标准曲线制备方法测定吸光度，并计算含量。根据标准曲线，得出试样的芦丁含量，按式

(6-12）求出样品中的黄酮含量。

$$X = \frac{m_1 \times v_2 \times 100}{m \times v_1 \times 10^6} \tag{6-12}$$

式中　X——样品总黄酮含量，g/100g；

　　　m_1——依据标准曲线计算出比色管中被测溶液的总黄酮含量，μg；

　　　m——试样的质量，g；

　　　v_1——待测样分取的体积，mL；

　　　v_2——待测液的总体积，mL。

结果精确至小数点后两位。

（四）草本饮料体外抗氧化活性测定

1. 清除 DPPH 自由基能力测定

（1）准确量取 2.0mL 样品溶液至 10mL 干燥洁净的具塞比色管中，向其中加入 0.04mg/mL 的 1,1-二苯基-2-苦肼基乙醇溶液 2.0mL，混合均匀，室温放置 30min 后，用无水乙醇作参比，测定其在 517nm 处的吸光度 A_1。

（2）准确量取 0.04mg/mL 的 1,1-二苯基-2-苦肼基乙醇溶液 2.0mL 和无水乙醇 2.0mL 至 10mL 干燥洁净的具塞比色管中，混合均匀，用无水乙醇作参比，测定其在 517nm 处的吸光度 A_0。

（3）准确量取样品溶液 2.0mL，向其中加入无水乙醇 2.0mL，至 10mL 干燥洁净的具塞比色管中，混合均匀，室温放置 30min 后，用无水乙醇作参比，测定其在 517nm 处的吸光度 A_2。

全部吸光度测定三次后取平均值，样品对 DPPH 自由基的清除率按式（6-13）计算：

$$\text{DPPH 自由基清除率} = 1 - \frac{A_1 - A_2}{A_0} \times 100\% \tag{6-13}$$

2. 清除羟基自由基（·OH）能力测定（结晶紫分光光度法）

（1）向干燥洁净的 20mL 刻度试管中加入 0.4mmol/L 结晶紫溶液 0.3mL，5.0mmol/L H_2O_2 溶液 0.6mL 和 1.0mmol/L 硫酸亚铁溶液 1.2mL，然后用 pH 4.0 的磷酸氢二钠-柠檬酸缓冲溶液定容至 10.0mL，室温下放置 30min 后，在 580nm 波长下测其吸光度 A_b。

（2）向干燥洁净的试管中加入 0.4mmol/L 结晶紫溶液 0.3mL，1.0mmol/L 硫酸亚铁溶液 1.2mL，然后用 pH 4.0 的磷酸氢二钠-柠檬酸缓冲溶液定容至 10.0mL，室温下放置 30min 后，在 580nm 波长下测其吸光度 A_0。

（3）向干燥洁净的试管中加入 0.4mmol/L 结晶紫溶液 0.3mL，样品溶液 0.5mL，5.0mmol/L H_2O_2 溶液 0.6mL 和 1.0mmol/L 硫酸亚铁溶液 1.2mL，然后用 pH 4.0 的磷酸氢二钠-柠檬酸缓冲溶液定容至 10.0mL，室温下放置 30min 后，在 580nm 波长下测其吸光度 A_s。

全部吸光度测定三次后取平均值，样品对羟基自由基的清除率用式（6-14）计算：

$$\cdot\text{OH 清除率} = \left[(A_s - A_b)/(A_0 - A_b) \right] \times 100\% \tag{6-14}$$

3. 总还原能力测定（铁氰化钾还原法）

（1）铁氰化钾标准曲线绘制　取 9 支 10mL 具塞比色管，分别加入 2.5mL pH 6.6 的磷酸缓冲溶液，再分别加入 400μg/mL 的没食子酸标准溶液 0mL、0.1mL、0.2mL、0.3mL、0.4mL、0.5mL、0.6mL、0.7mL、0.9mL，分别用双馏水补齐到 1.0mL；再向其中加入 1% 的铁氰化钾溶液 1.0mL，充分混匀；于 50℃ 的恒温水浴锅中，水浴加热 20min；取出后，用冰块急速冷却；

向其中加 10% 的三氯乙酸溶液 2.5mL，摇匀；于 3500r/min 的条件下离心分离 10min；取上层清液 2.5mL 于洁净试管中，再加入双蒸水 2.5mL，0.1% $FeCl_3$ 溶液 0.5mL，混合均匀；室温下静置 10min 后，以标准溶液空白作参比，在波长 700nm 下测其吸光度。吸光度越大，则样品的还原力越强，抗氧化性越高。

（2）样品总还原能力的测定　将样品液离心，取 0.5mL 上清液，蒸馏水定容至 100mL 容量瓶中，取 0.5mL 样液，从"用双蒸水补齐到 1mL"开始，按标准曲线绘制的测定方法依次加入试剂，以样品液空白作参比，在 700nm 处测定吸光度 A_1，比较其抗氧化活性。

（3）抗坏血酸对照液测定　用 0.04% 浓度的抗坏血酸溶液作为对照，按照上述样品的测定方法，测其吸光度 A_2。全部吸光度测定三次后取平均值。

样品吸光度 A_1 与抗坏血酸吸光度 A_2 的比值，即为样液还原铁离子的能力，结果按式（6-15）计算：

$$样品总还原能力 = \frac{A_1}{A_2} \times 100\%$$ （6-15）

式中　A_1——样品还原铁离子的能力；

　　　A_2——0.04% 浓度的抗坏血酸溶液还原铁离子的能力。

（五）相关产品标准

与草本饮料有关的标准有：GB/T 31326—2014《植物类饮料》、GB/T 10789—2015《饮料通则》、GB 7101—2015《食品安全国家标准　饮料》、GB/T 12143—2008《饮料通用分析方法》等。

本实验涉及的标准主要是 GB/T 31326—2014《植物类饮料》，其主要内容包括：

（1）术语和定义　主要引用了 GB/T 10789—2015《饮料通则》里关于植物饮料、植物提取物的术语。

（2）产品分类　分为可可饮料、谷物类饮料、草本饮料/本草饮料、食用菌饮料、藻类饮料以及其他植物饮料。

（3）感官要求　具有标签标示植物原料制备成饮料产品后应有的色泽、滋味和气味、状态等。

（4）理化要求　主要是固形物和膳食纤维的指标要求。

（5）食品安全要求　规定砷、铅、微生物指标等符合相应的国家标准。

（6）检验规则　该标准中还给出了抽样、出厂检验和型式检验要求。

（7）标志、包装、运输和贮存要求。

七、思考题

1. 草本饮料中常用的植物原料有哪些？

2. 天然草本饮料市场发展趋势是什么？

3. 目前草本饮料的开发和加工存在哪些亟待解决的问题？

实验三十九　黑枸杞保健饮品加工及分析

一、实验目的

掌握黑枸杞保健饮料加工工艺流程；掌握黑枸杞保健饮料稳定性研究技术；熟悉黑枸杞保

健饮料的功能指标测定方法；熟悉黑枸杞保健饮料常用加工设备。

二、实验原理

黑枸杞中含有大量的原花青素，这也是它功效成分的主要来源。由于花青素极不稳定，在食品加工过程中容易出现褪色、变色、沉淀等现象。因此，在加工过程中需要采取有效的加工工艺来保留尽可能多的原花青素。可采用漂烫护色，加入维生素 C 和柠檬酸，并且尽可能地缩短热加工时间，如采用超高温瞬时杀菌、高压均质、真空脱气等操作，以尽可能多地保留原料中多糖和花青素，降低加工损失。

三、实验材料及仪器

1. 材料

红枣、黑枸杞、蔗糖、蜂蜜、柠檬酸、维生素 C、黄原胶、羧甲基纤维素钠、海藻酸钠。

2. 仪器及用具

玻璃饮料瓶、中药粉碎机、电热恒温干燥箱、榨汁机、压滤器、高速离心机、高压均质机、压力蒸汽杀菌机、不锈钢勺、打浆机。

四、工艺流程

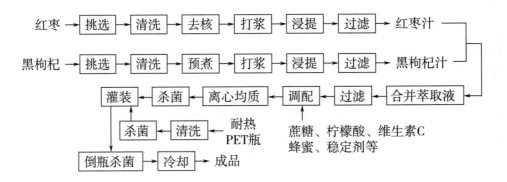

五、实验步骤

1. 红枣预处理

选取无病虫害、无霉变的红枣，去核、破碎后，加入 3 倍的水，用打浆机打成红枣浆。

2. 红枣浸提

红枣浆放入玻璃烧杯中，在 70℃ 条件下，恒温水浴浸提 40min，纱布过滤后得到红枣汁。

3. 黑枸杞预处理

选择无霉变、无损伤的黑枸杞，加入 5 倍的水，打成黑枸杞浆。

4. 黑枸杞汁浸提

在黑枸杞浆中加入浓度为 0.1% 的复合护色液（维生素 C：柠檬酸 = 1：1），在 70℃ 条件下，恒温水浴浸提 40min，纱布过滤后得到黑枸杞汁。

5. 合并过滤

合并后的浸提液利用 200 目纺布进行过滤处理，得到澄清无杂质的浸提液。

6. 调配

在烧杯中加入 60% 红枣汁、40% 黑枸杞汁、5% 白砂糖、2% 蜂蜜、0.2% 柠檬酸、0.4% 维生素 C、0.04% 黄原胶、0.14% 海藻酸钠，以及 0.04% 羧甲基纤维素钠，充分搅拌。

7. 离心

调配好的饮料采用离心机进行离心分离，进一步得到澄清、透明的饮料；离心速率 5000r/min，离心 10~15min。

8. 均质

在 20~25MPa 下均质，并采用真空脱气机脱气。

9. 杀菌

超高温瞬时杀菌，设置杀菌温度为 135℃，杀菌时间 30s，杀菌完成后冷却到 90℃左右进行灌装。

10. 灌装

将清洗干净的耐热 PET 瓶或玻璃饮料瓶，放入浸泡池用水浸泡 30min 后，移入清洗池刷洗，用去离子水漂洗，最后将瓶身和瓶盖漂烫灭菌后，进行灌装。

11. 冷却、贮存

将冷却后的黑枸杞红枣饮料在阴凉处进行贮存。

12. 感官评价及分析

对所制作的黑枸杞红枣饮料进行感官评价，并对其活性多糖含量及抗氧化活性进行分析。

六、生产设备、分析检测及产品标准

1. 小型枸杞红枣饮料加工设备的使用

生产设备组合包括：果蔬清洗机、胶体磨（图6-5）、真空脱气机、不锈钢浸提罐、不锈钢调配罐（带搅拌）、不锈钢暂存罐、打浆机、板框过滤机、饮料澄清过滤机、高压均质机、超高温瞬时杀菌机、半自动灌装机等。

图 6-5 胶体磨

2. 恒压过滤实验

参见实验三十六中"恒压过滤实验"部分。

3. 黑枸杞红枣饮料的感官品评

（1）准备工作　采用玻璃品评杯，清洗后编号摆放；准备好制作的黑枸杞红枣饮料，混合均匀后倒入品评杯中，放在白瓷盘或其他白色底板上，对其进行品评排序。

（2）品评　将品评杯置于明亮处，迎光观察其色泽和澄清度，并在室温下嗅其气味，品尝其滋味。选择 8~10 名具有食品专业背景的人员组成感官评定小组，分别按照表 6-5 的感官评分标准进行感官评分。计算感官评分值，并对各项感官指标进行描述和记录。

表 6-5　　　　　　　　　黑枸杞红枣饮料感官评分标准

项目	评分标准		
色泽 （25分）	微带红褐色，色泽鲜亮有光泽（17~25分）	呈淡褐色略深，不够清亮（11~16分）	呈暗褐色，浑浊无光（1~10分）
气味 （25分）	有比较明显红枣特征香味，微带枸杞果的甜香，无药味、异味（17~25分）	红枣特征香味不够突出，或有淡淡的中药味（11~16分）	没有特征香味或红枣枸杞的中药味道过浓，有其他异杂味（1~10分）
口感滋味 （30分）	酸甜适宜，口感饱满圆润，略带黑枸杞的微涩，涩味不明显（21~30分）	酸甜尚可，口感略单薄，涩味比较明显（11~20分）	酸甜不适，口感过于单薄或凝滞，涩味较重，并有微苦感（1~10分）
外观状态 （20分）	浑浊度合适，状态均匀，无分层和沉淀，偶见红枣和枸杞成分漂浮（16~20分）	饮料略显浑浊，有极少沉淀在瓶底，总体状态比较均匀（11~15分）	明显浑浊、有沉淀，状态不均匀（1~10分）

4. 黑枸杞饮料功能指标——活性多糖含量测定

（1）原理　多糖类成分在硫酸作用下，先水解成单糖，并迅速脱水生成糠醛衍生物，然后和苯酚缩合成橙色化合物，用分光光度法于适当波长处测其多糖含量。

（2）试剂

①浓硫酸：分析纯，95.5%；

②80%苯酚：80g 苯酚（分析纯重蒸馏试剂）加 20g 水使之溶解，可置冰箱中避光长期储存；

③6%苯酚：临用前以 80%苯酚配制；

④标准葡聚糖（Dextran，瑞典 Pharmacia）或分析纯葡萄糖；

⑤15%三氯乙酸（15%TCA）：15g TCA 加 85g 水使之溶解，可置冰箱中长期储存；

⑥5%三氯乙酸（5%TCA）：25g TCA 加 475g 水使之溶解，可置冰箱中长期储存；

⑦6mol/L 氢氧化钠：120g 分析纯氢氧化钠溶于 500mL 水；

⑧6mol/L 盐酸。

（3）操作步骤

①标准曲线绘制：准确称取 105℃ 干燥恒重的 D-无水葡萄糖 0.1g（精确到 0.0001g），加水

溶解并定容至1000mL，准确吸取此标准溶液0.1mL、0.2mL、0.4mL、0.6mL、0.8mL和1.0mL，分别置入25mL具塞试管中，各加水至2.0mL，再各加苯酚溶液1.0mL，迅速滴加浓硫酸5.0mL，摇匀后放置5min，置沸水浴中加热15min，取出冷却至室温；另以去离子水加苯酚和浓硫酸，同上操作，作空白对照。于490nm处测定吸光度，绘制标准曲线。

②样品溶液的测定：准确吸取适量样品溶液，按标准曲线绘制方法测定吸光度，根据标准曲线查出吸取的待测液中葡萄糖的质量。

按式（6-16）计算样品中的活性多糖含量：

$$w = \frac{m_1 \times V_1}{m_2 \times V_2} \times 0.9 \times 10^4 \tag{6-16}$$

式中　　w——试样中多糖含量，%；

m_1——从标准曲线上查得样品测定液中多糖含量，μg；

V_1——样品定容体积，mL；

m_2——样品质量，g；

V_2——比色测定时所移取样品测定液体积，mL；

0.9——葡萄糖换算成葡聚糖的校正系数；

10^4——换算系数。

5. 高效液相色谱法测定黑枸杞饮料原花青素含量

（1）标准溶液的制备　精密称取飞燕草色素、矢车菊色素、矮牵牛花色素、天竺葵色素、芍药色素、锦葵色素6种标准物质各5.0mg，分别用10%HCl甲醇溶解并定容至5mL，充分摇匀，配制成1000mg/L的标准储备液，-20℃冷冻保存。在使用中将单一标准储备液进行混合后，用10%盐酸甲醇溶液作为溶剂，并逐级稀释成0.5mg/L，1.0mg/L，5.0mg/L，10mg/L，25.0mg/L和50.0mg/L。

（2）样品前处理　测定时取5g左右样品于50mL比色管中，定容至刻度线。混匀1min后超声提取其中花青素；超声提取后，于水浴中水解1h，取出冷却后，再次定容。静置，取上清液用0.45μm水相滤膜过滤，上机检测。

（3）色谱条件　C18色谱柱，250mm×4.6mm×5μm；流动相A为含1%甲酸水溶液，流动相B为含1%甲酸乙腈溶液；检测波长：530nm；柱温：35℃；进样量：20μL；梯度洗脱条件如表6-6所示。

表6-6　　　　　　　　　　　流动相梯度洗脱条件

时间/min	流速/（mL/min）	流动相 A/%	流动相 B/%
0	0.8	92	8
2.0	0.8	88	12
5.0	0.8	82	18
10.0	0.8	80	20
12.0	0.8	75	25
15.0	0.8	70	30

续表

时间/min	流速/（mL/min）	流动相 A/%	流动相 B/%
18.0	0.8	55	45
20.0	0.8	20	80
22.0	0.8	92	8
30.0	0.8	92	8

6. 相关产品标准

与黑枸杞红枣饮料有关的标准有：GB/T 31121—2014《果蔬汁类及其饮料》、GB 7101—2015《食品安全国家标准 饮料》等，以及一些指标的分析方法标准，目前尚无专门属于黑枸杞类饮料的标准。本实验涉及的标准主要是 GB/T 31121—2014《果蔬汁类及其饮料》，主要内容见实验三十七中相关说明。

七、思考题

1. 如何防止黑枸杞加工过程中花青素的损失？
2. 枸杞花青素的组成和测定方法有哪些？
3. 枸杞活性多糖提取方法有哪些不同？
4. 黑枸杞还可以加工成哪些种类的食品？

第三节 固体饮料

实验四十 速溶沙棘饮料制作和分析

一、实验目的

了解沙棘果的加工特点；掌握固体饮料制备的一般工艺流程；熟悉固体饮料加工常用添加剂的类别和特点。

二、实验原理

沙棘果实中维生素 C 和维生素 E 含量很高，有"维生素 C 之王"和"维生素宝库"之称。此外，沙棘果实中还富含苹果酸、柠檬酸、酒石酸和水杨酸等天然有机酸，氨基酸、黄酮、多酚和不饱和脂肪酸等生物活性物质，以及钙、铁、锌、钾、硒等人体必需的矿物质元素。

沙棘速溶饮料是借鉴速溶茶饮料的生产工艺，以沙棘鲜果为主要原料，添加麦芽糊精等食品添加剂，经榨汁、过滤、浓缩、干燥、制粒、包装等工序制成的固体饮料；冲饮时能迅速溶解于热水或冷水中，且能较好地保持沙棘原料的色、香、味。

固体饮料的干燥工序可采用冷冻干燥或喷雾干燥。冷冻干燥的优点是热敏性成分保存率高，但处理时间长、批次处理量少、成本高；喷雾干燥能使物料在短时间内干燥，较好地保留产品的色、香、味，并形成均匀稳定的微胶囊颗粒，提高速溶效果。固体饮料的速溶性与其原辅料配方、颗粒度、溶解温度和溶解时间等因素有关。

三、实验材料及仪器

1. 材料

沙棘、白砂糖、木糖醇、天门冬酰苯丙氨酸甲酯（阿斯巴甜）、柠檬酸、麦芽糊精、羧甲基纤维素纳。

2. 仪器

打浆机、压榨机、恒温水浴箱、储存罐、喷雾干燥器、真空浓缩装置、手持式糖度计、电子天平、高压均质机、胶体磨。

四、工艺流程

五、实验步骤

1. 沙棘选果、清洗

选择完整饱满、无病虫害、无霉变变质的新鲜沙棘（或沙棘冷冻果解冻后使用），去梗后水洗干净备用。

2. 压榨打浆

将清洗干净的沙棘果放入螺旋压榨机或果汁压榨机中进行榨汁，滤去果渣和籽。

3. 过滤澄清

直接用三层滤布滤去果渣，待其自然澄清。

4. 真空浓缩

采用低温真空浓缩，浓缩条件为：45℃，0.08MPa，以浓缩后果汁可溶性固形物达30%为止（手持式糖度计测定）。

5. 调配

在浓缩液中加入10%白砂糖（预先打成糖粉，过80目筛）、5%木糖醇、0.02%天门冬酰苯丙氨酸甲酯、0.1%柠檬酸、0.12%麦芽糊精、0.6%羧甲基纤维素纳，充分溶解混合。

6. 均质

将调配好的沙棘饮料，在均质压力为30MPa条件下，均质5~10min。

7. 喷雾干燥

在料液固形物浓度25%，进风温度174℃，出料温度为70℃，进料流量为8mL/min条件下进行喷雾干燥，得到沙棘固体饮料。

8. 包装

喷雾干燥后的粉过筛后，用镀塑铝箔袋迅速包装。

9. 感官品评

将制备好的沙棘固体饮料进行感官品评，包括外观、色泽、复水口感等。

六、生产设备、分析检测及产品标准

1. 沙棘固体饮料的生产设备

沙棘固体饮料生产过程包括调制、均质、脱气、喷雾干燥、包装等，所需的设备如下：

（1）化糖锅　用来溶化各种糖料如白砂糖、葡萄糖等。化糖锅主要是夹层锅，夹层中通蒸汽加热。内壁为不锈钢，有搅拌桨叶，便于搅匀各种糖料，加速溶化。

（2）配料锅　可以调配蛋粉、可可粉、奶油等。配料锅的结构和材质与化糖锅基本相同，有出料管通往混合锅。

（3）混合锅　混料一般多采用单桨槽型混合机。该机主要部件是盛料槽，槽内有电动搅拌桨，使得各种原料能在槽内充分混合，并在混合完毕后自动倒出。

（4）乳化均质设备　乳化均质可使混合料均匀一致，并有使其分散介质微粒化的作用。一般选用均质机和胶体磨。

（5）真空脱气设备　利用真空抽吸作用，消除浆料在乳化过程中所带进的空气，并调整浆料烘烤前的水分。

（6）干燥设备　可采用真空冷冻干燥机或喷雾干燥机。

（7）其他设备　规模较小的工厂，多从原料产地购进浓缩果汁以生产果汁固体饮料，因此也就无须设置果汁加工设备。至于规模较大的工厂自行加工果汁时，就必须设置加工果汁的设备，例如漂洗、破碎、压榨、过滤、浓缩等单机。

2. 感官指标分析

选择评鉴人员 10 人组成评鉴小组，取 2g 沙棘固体饮料，加入 50mL 水中，溶解搅拌后，置于明亮处，迎光观察其色泽和澄清度，并在室温下嗅其气味，品尝其滋味，对沙棘固体饮料进行综合评分，评分标准如表 6-7 所示。

表 6-7　　　　　　　　　沙棘固体饮料感官评分标准

项目	评分标准		
色泽 （20分）	冲调前呈米黄色或浅黄色，冲调后呈明黄色，色泽清亮纯正（16~20分）	冲调前颜色或略深，冲调后呈淡黄色或深黄色，不够清亮（11~15分）	冲调前呈浅褐色，冲调后呈黄褐色，略显浑浊（1~10分）
香气和滋味 （40分）	具有沙棘特有香气和滋味，酸甜适度，口感柔和（31~40分）	沙棘特征香味不够突出，酸甜稍微过度，清爽感不足，口感不够柔滑（21~30分）	没有沙棘特征香味，口感酸涩，甜度过高，无清爽感（1~20分）
冲调性 （20分）	溶解快，能完全溶解（16~20分）	溶解较快，基本上都能溶解，有少量漂浮物（11~15分）	溶解较快，基本上都能溶解，有少量漂浮物（1~10分）
状态（20分）	呈疏松的粉末，无颗粒、结块，冲调后呈澄清液，有均匀的浑浊和微量果屑（16~20分）	粉末较为疏松均匀，有少量颗粒、无结块；冲调后比较澄清液，浑浊较多（11~15分）	粉末不够疏松，不均匀，颗粒较多，有部分结块；冲调后有明显浑浊或沉淀（1~10分）

3. 沙棘固体饮料溶解时间测定

称取 25g（精确到 0.1g）混合均匀的被测样品于 500mL 烧杯中，加入 200mL 冷开水（10℃）搅拌，计算从加入冷开水到完全溶解的时间（s）。

4. 相关产品标准

相关标准有 GB/T 29602—2013《固体饮料》和 NY/T 1323—2017《绿色食品　固体饮料》。

GB/T 29602—2013《固体饮料》的主要内容包括：

（1）术语和定义　介绍了固体饮料、植脂末的定义。

（2）产品分类　分为风味固体饮料、果蔬固体饮料（细分为 6 种）、蛋白固体饮料（细分为 3 种）、茶固体饮料（细分为 3 种）、咖啡固体饮料（细分为 4 种）、植物固体饮料（细分为 4 种）、特殊用途固体饮料以及其他固体饮料。

（3）感官要求　冲调后有产品该有的色泽、香气和滋味，无杂质。

（4）水分要求　不高于 7.0%。

（5）基本技术要求　主要是果汁含量、蛋白质含量、茶多酚含量、咖啡因含量等要求，分类进行了介绍。

（6）给出了感官检验及理化检验应采用的方法。

NY/T 1323—2017《绿色食品　固体饮料》的主要内容包括：

（1）产品分类　分为蛋白固体饮料（细分为 4 种）、调味茶固体饮料（细分为 3 种）、咖啡固体饮料（细分为 3 种）、植物固体饮料（细分为 4 种）、特殊用途固体饮料以及其他固体饮料。

（2）要求　给出了原料、生产用水、生产过程、食品添加剂应符合相关要求。

（3）感官要求　对色泽、组织状态、气味和滋味及检验方法进行了说明。

（4）理化指标　水分要求不高于 5%，其他理化指标如蛋白质、茶多酚等也做了明确的要求。

（5）锌铜铁总和及氰化物、脲酶试验。

（6）给出了污染物限量、食品添加剂和微生物限量等要求。

七、思考题

1. 固体饮料加工时还可采用哪些成型干燥方式？

2. 固体饮料加工常用的配料都有哪些类别？

3. 固体饮料未来发展趋势如何？

参考文献

［1］里士曼．微藻培养指南-生物技术与应用藻类学［M］．黄和，高振，宋萍，译．北京：科学出版社，2015.

［2］柏雪宇．论我国茶饮料市场现状及发展策略［J］．福建茶叶，2016，38（3）：40-41.

［3］晁芳芳，李森．核桃乳冰淇淋配方及生产工艺的研究［J］．冷饮与速冻食品工业，2004（3）：9-11.

［4］陈锋．茶饮料的市场现状及发展前景［J］．福建茶叶，2015，37（5）：25-27.

［5］陈功．泡菜加工学［M］．成都：四川科技出版社，2018.

［6］陈洪华，李祥睿．面包制作工艺与配方［M］．北京：中国纺织出版社，2018.

［7］陈野，刘会平．食品工艺学［M］．北京：中国农业大学出版社，2014.

［8］丁晓雯，李诚，李巨秀．食品分析［M］．北京：中国农业大学出版社，2016.

［9］杜连启，钱国友．白酒厂建厂指南［M］．2版．北京：化学工业出版社，2013.

［10］杜巧玲，顾晶晶，陈悦，等．紫薯-燕麦符合饮料的研制［J］．农业科技与装备，2020，295（1）：37-38.

［11］樊明涛，赵春燕，朱丽霞．食品微生物学实验［M］．北京：科学出版社，2015.

［12］葛邦国，吴茂玉，和法涛，等．我国浓缩苹果汁加工产业和技术发展［J］．中国果菜，2009（1）：44-45.

［13］郭艳莉，肖志刚，王利民，等．玉米淀粉基脂肪模拟物在冰淇淋中的应用研究［J］．食品与机械，2012，28（04）：32-37.

［14］韩青荣．肉制品加工机械设备［M］．北京：中国农业出版社，2013.

［15］何东平，闫子鹏．油脂精炼与加工工艺学［M］．北京：化学工业出版社，2012.

［16］何金兰，刘四新，肖开恩．椰汁冰淇淋生产工艺的研究［J］．食品科技，2010，35：132-135.

［17］侯振建，杜海丽．酸奶冰淇淋的配方及工艺条件［J］．食品与机械，2003（6）：37-38.

［18］纪杨洋，王丽萍．苹果加工研究进展［J］．保鲜与加工，2017，17（1）：126-129.

［19］蒋爱民，赵丽芹．食品原料学［M］．南京：东南大学出版社，2007.

［20］金锋．胡萝卜苹果复合饮料加工工艺研究［J］．饮料工业，2008（9）：19-21.

［21］李鸿钧，赵文秀，俞捍英，等．以果胶为基质的脂肪替代品对冰淇淋品质的影响［J］．食品科技，2008（9）：55-59.

［22］李良．食品包装学［M］．北京：中国轻工业出版社，2017.

［23］李明起．红曲色素的制备、分离及黄色素结构表征［D］．武汉工业学院，2011.

［24］李鹏飞．水酶法提取花生油及蛋白质［D］．江南大学，2017.

［25］李全阳，夏文水．市场流行搅拌型酸奶流变学特性的初步研究［J］．食品工业科技，2003，24（5）：43-47.

［26］李银花．苹果浓缩汁生产工艺对酚类物质影响的研究［J］．饮料工业，2011，14

（5）：27-31.

［27］刘梅森，何唯平，陈胜利．稳定剂对软冰淇淋品质影响研究［J］.食品科学，2006（5）：124-128.

［28］刘梅森，何唯平，盛明珠．老化时间和温度对软冰淇淋品质的影响［J］.中国乳品工业，2006（9）：33-36.

［29］刘梅森，何唯平．单甘酯系列复合乳化剂对软冰淇淋品质影响的研究［J］.食品科学，2007（5）：32-36.

［30］刘梅森，何唯平．油脂种类对软冰淇淋品质影响研究［J］.食品科学，2007（8）：40-43.

［31］刘森，陈树俊，衡玉玮，等．苦荞天然植物饮料研制及功能性研究［J］.山西农业科学，2015，43（2）：196-200.

［32］刘素纯，吕嘉枥，蒋立文．食品微生物学实验［M］.北京：化学工业出版社，2013.

［33］刘心宇．红曲色素的发酵生产、品质评价及功能成分表征［D］.福州大学，2020.

［34］刘艳怀，尹俊涛，雷勇，等．黑枸杞蓝莓复合饮料的配方工艺研究［J］.农产品加工，2018，461（8）：28-34.

［35］刘洋，龚淑英．中国调味茶的现状、问题与发展趋势［J］.茶叶，2021，47（1）：1-4.

［36］刘志勇，葛邦国，杨若因，等．低温气流膨化干燥技术生产果蔬脆片的研究进展［J］.农产品加工，2012（4）：88-90，104.

［37］刘志勇，吴茂玉．低温气流膨化干燥技术在果蔬脆片生产中的应用［J］.农产品加工，2013（9）：30-31.

［38］卢晓黎．食品科学与工程专业实验及工厂实习指导书［M］.北京：化学工业出版社，2010.

［39］陆启玉．粮油食品加工工艺学［M］.北京：中国轻工业出版社，2009.

［40］马俪珍，刘金福．食品工艺学实验［M］.北京：化学工业出版社，2011.

［41］马美湖．食品工艺学［M］.北京：中国农业出版社，2010.

［42］孟宪军，乔旭光．果蔬加工工艺学［M］.北京：中国轻工业出版，2012.

［43］缪少霞，励建荣，蒋跃明．果汁稳定性及其澄清技术的研究进展［J］.食品研究与开发，2006（11）：173-176.

［44］牛天贵．食品微生物学实验技术［M］.北京：中国农业大学出版社，2002.

［45］蒲彪，胡小松．饮料工艺学［M］.3版.北京：中国农业大学出版社，2019.

［46］阮美娟．饮料工艺学［M］.北京：中国轻工业出版社，2013.

［47］沈锡伟．补益类饮料——植物饮料发展的新思路［J］.饮料工业，2014（4）：60-62.

［48］沈怡方．白酒生产技术全书［M］.北京：中国轻工业出版社．2005.

［49］宋烨，刘雪梅，闫新焕．苹果多酚的提取及应用研究进展［J］.中国果菜，2012（11）：33-34.

［50］孙彩玲，田纪春，张永祥．TPA质构分析模式在食品研究中的应用［J］.实验科学与技术，2007（2）：1-4.

[51] 孙企达. 果蔬冷冻干燥保鲜技术 [J]. 农产品加工, 2007 (9): 23-25.

[52] 王芳芳, 于有伟, 符玉芳, 等. 红枣黑枸杞复合饮料的配方工艺研究 [J]. 农产品加工, 2016, 403 (3): 30-32.

[53] 王欢, 迟玉杰, 王晓莹, 等. 蛋清粉起泡性对戚风蛋糕品质的影响 [J]. 中国家禽, 2014, 36 (20): 34-38.

[54] 王楠, 幸胜平, 肖华志. 苹果汁的褐变控制与澄清技术研究 [J]. 落叶果树, 2010, 42 (1): 28-31.

[55] 王也, 黄茜, 马美湖. 磷酸盐对全蛋液鸡蛋干质构和色泽特性的影响 [J]. 食品工业科技, 2015, 36 (15): 265-269.

[56] 韦恩·吉斯伦. 专业烘焙 [M]. 大连: 大连理工大学出版社, 2004.

[57] 乌雪岩. 酸奶感官评价与质构的相关性研究 [J]. 中国乳品工业, 2015, 43 (10): 52-54.

[58] 许咏梅. 我国茶叶市场结构及特征分析 [J]. 茶叶通讯, 2010, 37 (2): 46-49.

[59] 杨薇, 张晓旭, 李景明. 苹果多酚功能及其作用机理的研究进展 [J]. 食品研究与开发, 2012, 33 (01): 193-196.

[60] 杨艳, 徐海祥, 雷帅, 等. 紫薯饮料工艺 [J]. 饮料工业, 2012, 15 (11): 15-18.

[61] 姚刚. 苹果清汁加工中 VC 的调控技术研究 [D]. 中国农业大学, 2015.

[62] 姚磊. 花生油特征香气成分和营养物质组成的研究 [D]. 南昌大学, 2016.

[63] 叶春苗. 冰淇淋加工技术 [J]. 农业科技与装备, 2017 (1): 62-63.

[64] 叶春苗. 国内冰淇淋研究现状分析 [J]. 农业科技与装备, 2016 (6): 55-56.

[65] 易俊洁, 周林燕, 蔡圣宝, 等. 非浓缩还原苹果汁加工技术研究进展 [J]. 食品工业科技, 2019, 40 (16): 336-348.

[66] 殷俊, 李汴生. 潮州牛肉丸质构的感官评定与仪器分析 [J]. 食品科技, 2012, 37 (5): 112-116.

[67] 尤玉如. 乳品与饮料工艺学 [M]. 北京: 中国轻工业出版社, 2014.

[68] 于东华, 刘芳, 曲昆生, 等. 不同澄清稳定工艺对浓缩苹果汁品质的影响 [J]. 食品科技, 2013, 38 (11): 103-107.

[69] 张爱民, 周天华. 食品科学与工程专业实验实习指导用书 [M]. 北京: 北京师范大学出版社. 2011.

[70] 张和平, 张佳程. 乳品工艺学 [M]. 北京: 中国轻工业出版社, 2010.

[71] 张甦. 乳制品生产检验技术 [M]. 北京: 科学出版社, 2019.

[72] 张雪. 粮油食品工艺学 [M]. 北京: 中国轻工业出版社, 2017.

[73] 赵亚男, 黄龙, 邹春雷, 等. 几种乳化剂对软冰淇淋基料乳状液稳定性的影响 [J]. 中国乳品工业, 2008, 36 (12): 34-37.

[74] 郑亚琴. 浓缩苹果汁加工中酶作用及贮藏稳定性研究 [J]. 食品科学, 2009, 30 (22): 92-95.

[75] 周光宏. 畜产品加工学 [M]. 2 版. 北京: 中国农业出版社, 2012.

[76] 周瑞宝, 周兵, 姜元荣. 花生加工技术 [M]. 北京: 化学工业出版社, 2012.

[77] 周亚军, 孙钟雷, 姚婷. 冰淇淋的发展现状与前景 [J]. 冷饮与速冻食品工业, 2003

（2）：33-35.

[78] 朱向东. 天然草本（植物）饮料新品研发与市场趋势的思考 [J]. 中国食品添加剂，2012（5）：192-202.

[79] 朱珠，梁传伟. 烘焙食品加工技术 [M]. 北京：中国轻工业出版社，2018.